[도해(圖解)] 제2차 세계대전 당시 OSS 스파이의 장비

OSS Agents' Outfit in W.W.II

제2차 세계대전 중 미국의 OSS(전략 사무국) 첩보원이 적지에 잠입할 때 휴대했던 장비는, 무기(호신용 피스톨과 비밀 나이프 등)와 정보 수집을 위한 기재(소형 카메라와 암호 해독기 등), 각종 서류(위조한 신분증과 통행증 등) 등이었다. 암살이나 파괴 공작을 목적으로 한 활동과는 별개로 첩보 활동 시에는 민간인으로 위장하고, 눈에 띄지 않도록 행동하는 것이었다. 무기는 필수 장비였지만, 사용은 긴급 시로 한정되어 있었다. 제2차 대전 중, 미국과 영국에서는 이러한 개별이 적극적으로 독일에 행해졌으며, 치열한 첩보전이 전개되었다. 대전 초기에 열세에 놓였던 영국(및 미국)에 있어을 점령했던 독일에 대항하기 위해서는 첩보전이라는 수단이 가장 유효했던 것이다.

솔더시 홀스터

콜트 자동 권총

소형이며 해머(공이치기) 내장식인 M1903은 첩보원과 공작원들이 애용했다.

▶ 페어벤 근접 전투용 무기

어떻게 드느냐에 따라 곤봉 및 나이프로 사용 가능한 호신용 무기.

곤봉

수납식 목 조르기용 와이어

벨트식 주머니칼

도해

첩보 · 정찰 장비

사카모토 아키라(坂本 明) | 지음

The ESPIONAGE OUTFIT & SCOUT WEAPONS of the World

전쟁에서 승리하기 위해서는 우선 "정보전"에서 이겨야만 한다.

현대에 들어와서 국가 간의 정면 충돌인 전면전이 발생할 일은 크게 줄었으나, 지구상에서 전쟁의 불씨는 여전히 사라지지 않았다. 예를 들어 테러 조직이나 무장 세력에 대한 폭격을 실시해야 할 경우, 폭격 목표의 선정이나 목표의 정확한 위치, 주변의 상황 등에 대한 사전 정보 수집이 반드시 필요한 법이다. 이를 위해서는 다양한 수단으로 상대의 여러 가지 정보를 입수해야 하며, 그 정보를 얼마나 효과적으로 사용할 것인지 또한 승리의 열쇠가 된다.

물론 정보 수집은 군사적인 것뿐만이 아니라, 정치, 경제, 외교에 있어서도 중요하다. 또, 비즈니스나 과학 기술 분야에서도 마찬가지다. 지금 이 순간에도, 국제 사회에서는 치열한 정보전이 펼쳐지고 있는 것이다.

정보전이라면 스파이, 그러니까 첩보원이라는 이미지가 있을 것이다. 정보전을 실시하는 국가 조직이 첩보 기관이며, 군대 또한 독자적인 첩보 조직을 운용한다. 첩보의 세계는 영화나 드라마에서도 자주 묘사되긴 하지만, 결코 그 전모가 밝혀지는 일은 없으며, 짙은 안개와 어둠 속에 숨겨져 있다. 우리는 가끔 그 희미한 끝자락을 살짝 보는 정도일 뿐일지도 모른다.

첩보 기관(정보 기관)이나 스파이에 관한 서적이나 무크는 무수히 간행되었지만, 이 책은 일부러 「각국의 첩보 기관」이나 「스파이 열전」이라는 내용을 메인 테마로 삼지 않았다. 이 책에서는 제2차 세계 대전 때부터 현대까지 첩보원이 사용한 장비(정보 수집을 위한 다양한 도구, 호신용이나 암살용 무기 등)를 추축으로 해설해보려 했다. 스파이의 장비라는 시점에서 첩보의 세계를 파헤치는 내용이지만, 첩보 기관이 단순히 정보를 수집하는 것뿐 아니라 사보타주나 파괴 공작 등, 보다 적극적인 활동을 해 왔다는 역사에 대해서도 이해할 수 있으리라 생각한다. 그리고 복잡화된 세계정세 속에서 첩보 기관의 존재감 또한 다시금 커졌다는 것도 느낄 수 있지 않을까.

또한 현대에 들어와서는 컴퓨터와 네트워크를 제외하고 정보전을 논할 수 없으며, 인간의 힘으로만 정보를 수집하는 것은 아니게 되었다. 인터넷을 경유한 정보전이나 테러리즘에 대해 알아보는 것 이외에도, 다양한 정찰기나 레이더 등의 센서 종류, 그리고 무인기에 의한 정보 수집에 대해서도 가능한 한 해설하려 노력했다. 그리고 그다지 와 닿지 않을지도 모르겠지만, 우리의 머리 위에 떠 있는 정찰 위성에 대해서도 알고 있는 정보를 모두 수록했다.

이 책을 저술하면서 막대한 시간과 에너지를 소모했음에도 불구하고 첩보의 세계는 여전히 넓고, 깊으며, 짙은 어둠속에 숨어 있었다. 이 책은 그 일부분만 간신히 건드려본 것뿐일지도 모른다. 하지만 수많은 종류의 책 중에서, 이 책은 다른 책에는 없는 개성과 장점을 지닌 책이라고 자부하고 있다. 독자 여러분께서 즐겁게 읽어주신다면 정말 기쁘기 그지없을 것이다.

사카모토 아키라

첩보·정찰 장비
CONTENTS

제2장 정보 수집 기재 CHAPTER 2 Equipment of Intelligence Gathering

제3장 정찰기와 무인기 CHAPTER 3 Surveillance Aircraft & Scout UAV

제**4**장 스파이 위성 　　　　CHAPTER **4** Reconnaissance Satellite

CHAPTER 1

Agents' Outfit

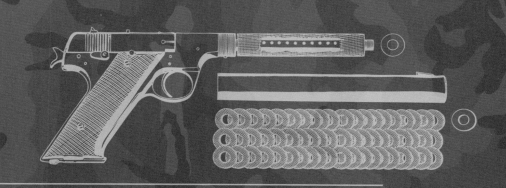

스파이 장비

스파이가 사용하는 도구에는 독특한 분위기가 있다.
군대에서 제식으로 채용되어 병사가 사용하는 무기와는 달리,
첩보원의 장비는 해당 목적에 적합한 특징을 지녔다.
이 장에서는 무기와 도구를 보며 첩보원의 모습을 따라가 보자.

01. 특수 무기(1)

특수 부대원용과 첩보원용 총기의 차이

제1장 스파이 장비

제2장 정보 수집 기재

제3장 정찰기와 무인기

제4장 스파이 위성

제2차 세계 대전 중이던 1940년 6월, 프랑스에 파견되었던 영국 해외 파견군은 독일군에 의해 *됭케르크까지 밀리게 되었다. *다이나모 작전을 통해 간신히 본국으로 철수한 영국군에는 정규군을 투입한 대규모 작전을 수행할 여력이 남아 있지 않았다. 그래서 실시된 것이 코만도 부대와 *SOE(특수 작전 집행부) 등에 의한 비정규전과 첩보 활동을 통한 반격이었다. 나치 점령 하의 유럽에서는 파괴 공작이나 요인 암살, 게릴라전이라는 수단을 이용하는 것 이외에는 싸울 방법이 없었기 때문이다.

이러한 전투에 종사했던 특수부대원이나 첩보원들은 특수 작전을 위해 개발된 화기를 사용했다. 소음기(소음 장치)가 달린 총이나 겉보기에는 총으로 보이지 않는 위장 총이었다. 이런 화기는 특수 부대 사양과 첩보원 사양의 성격이 크게 달랐다.

권총 사격 훈련을 받는 SOE 여성 첩보원. 일반 시민들 사이에 숨어들어 활동해야 하는 첩보원은 여러 가지 의미로 여성도 매우 중요한 전력이었다. 대전 중에는 상당수의 여성이 SOE에 소속되어 있었으며, 남성 첩보원과 같은 훈련을 받았다. SOE나 *OSS(전략 사무국) 등에서 주로 사용된 권총은 콤팩트한 32구경 콜트 M1903(사진의 여성이 들고 있다). 해머(공이치기)가 튀어나와 있지 않기 때문에, 옷 속에 숨겨두었다가 꺼내서 쏴도 옷에 걸리지 않아 편리했다. 이 권총의 전용 숄더 홀스터도 개발되었다.

※됭케르크 = 도버 해협에 인접한 프랑스의 항만 도시 ※다이나모 작전 = 영국이 실시한 철수 작전. 군함 이외에 수송선과 유람선, 어선, 요트까지 동원해 34만 명에 달하는 병력을 영국 본토까지 철수시켰다. ※SOE = Special Operation Executive의 약자. 1940년 7월 영국에서 설립된 첩보 조직. 나치 독일 등의 추축국(樞軸國)의 점령 하에 있던 유럽 각지에서 정보 수집 및 비정규전, 현지의 저항 운동 지원 등을 행했다(1946년 1월에 해산).

전선에서 후방 깊숙한 곳으로 침입해 파괴와 습격을 행하는 특수 부대는 적에게 발견되지 않도록 소수의 인원으로 은밀 행동을 취해, 공격이 최대의 효과를 내도록 노력했다. 이를 위해 최대한 총소리가 나지 않게 하는 것이 중시되었으며, 소음총이 요구되었다. 소위 말하는 소음기가 달린 총에는 총의 머즐(총구) 부분에 *소음기를 장착하는 머즐 타입, 총열(총신) 전체를 소음기로 개조한 인티그럴 타입, 그리고 처음부터 소음총으로 만들어진 것도 있다.

한 편, 첩보원은 파괴 공작도 수행했지만, 주된 임무는 적의 정보를 모으거나 *레지스탕스 활동을 지원하는 것이었다. 이를 위해 휴대성을 고려해 가능한 소형, 그리고 총처럼 보이지 않는 것이 사용되었다. 이러한 총은 한 발 또는 몇 발의 탄만 장전되어 있었으며, 재장전도 쉽게 할 수는 없었다. 즉, 작전 행동에서 사용하는 총이 아니라, 적에게 붙잡힐 것 같을 때나 통상 화기를 사용할 수 없는 상황 등에 쓰는 비상용이었다. 공격 병기라기보다는 최후의 호신용 병기였던 것이다.

말 위에서 스텐 기관단총을 든 *SAS 대원. 스텐 기관단총은 장탄 기구에 결점이 있었으나, 구조가 심플했기 때문에 널리 사용되었다. 구경 9mm, 전장 76cm, 중량 3.2kg. 그런데 이 세계의 특수 부대 중에서 최정예라 일컬어졌던 SAS(특수 공수 부대)는 1941년 11월에 데이비드 스털링 육군 중령의 제안으로 조직된 장거리 정찰대가 기원으로, 제2차 세계 대전 당시에는 북 아프리카 전선에서의 활약이 유명했다. 북아프리카 전선 종결 후에는 이탈리아에서 소규모 부대에 의한 습격 작전을 전개하거나, 노르망디 상륙 작전 이후에는 프랑스나 벨기에, 네덜란드 등에 주둔하고 있던 독일군의 후방에 낙하산으로 강하, 교란 공작을 수행하는 등 연합군의 진격을 지원했다.

※소음기 = 소음기라 해도 완전히 총성을 없앨 수는 없다. 그렇기 때문에 서프레서라고도 불린다. 이 책에서는 소음기라 표기한다.
※레지스탕스 = 침략자에 대한 저항 운동. 제2차 세계 대전 시에 나치 점령 하의 프랑스에서 행해진 저항 운동이 유명하다.
※OSS = Office of Strategic Service의 약자. 제2차 세계 대전 중에 설립된 미국의 첩보 기관. 훗날의 CIA(중앙 정보국)의 전신.
※SAS = Special Air Service의 약자.

02. 특수 무기(2)

작은 소리만을 내며 사격할 수 있는 권총

제2차 세계 대전의 특수 작전에서는 소음기를 장착한 총이 많이 쓰였다. 그 중에서도 영국의 SOE 첩보원이 자주 사용했던 것이 하이 스탠더드 모델B였는데, 이 권총은 22구경으로, SOE의 특수 병기 연구부문인 웰웨인 하츠에서 개발되었다. 이 권총은 훗날 미국의 OSS에도 제공되었다. OSS에서는 하이 스탠

더드 모델B가 해머(공이치기) 내장식이었던 점을 문제시하여, 같은 *22구경인 콜트 우즈맨에 소음기를 장착한 하이 스탠더드 H-D를 채용했다.

한 편, 기존의 권총에 소음기를 장착하는 것이 아니라 처음부터 소음총으로 개발된 것이 웰로드이다. 이 제품은 전장 36.5cm

▼하이 스탠더드 H-D

OSS 대원용으로 1944년에 하이 스탠더드 사(社)가 개발한 소음기 장착형 권총. 전장 350mm, 중량 1,300g. 총열(총신) 외부에 발사 시에 연소 가스를 확산하는 작은 구멍을 잔뜩 뚫었으며, 머즐 전방에는 촘촘한 철망 형태의 디스크(원반)을 몇 겹을 겹쳐서 진동을 흡수해 소음 효과를 높이는 소음기를 구성했다. 이 소음기의 효과가 매우 좋았기에 발사 시에 화약 연기도 나오지 않았으며, 총성은 평소에 문을 여닫는 소리 정도였다고 한다. 하이 스탠더드 H-D 는 구 소련 상공에서 격추된 U-2 정찰기의 파일럿, 게리 파워즈가 소지했던 것으로도 잘 알려져 있다.

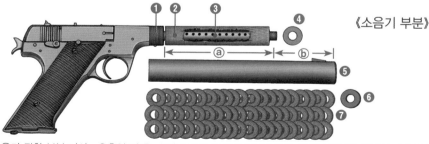

《소음기 부분》

❶소음기 장착 부분 나사 ❷총열 덮개: 수지로 감싼 금속제 메시를 원통 형태로 가공한 것으로, 총열 부분의 작은 구멍에서 뿜어져 나오는 연소 가스를 확산시켜 소음 효과를 높인다. ❸총열: 여러 개의 작은 구멍이 뚫려 있다. ❹패킹: 총열 덮개와 금속 디스크 사이의 칸막이 ❺소음기 외피 ❻패킹 ❼금속 디스크: 수지로 감싼 금속제 메시를 디스크 형태로 가공한 것. 약 60매의 디스크를 겹쳐 연소 가스를 확산시킨다. ⓐ총열 덮개가 수납되는 부분 ⓑ금속 디스크가 수납되는 부분

※22구경 = 총신의 내경이 100분의 22인치인 것을 나타냄. 1 인치는 25.4mm이므로, 약 5.6mm이다.

인 Mk.Ⅰ과 31.5cm인 Mk.Ⅱ가 개발되었다. *9mm 루거 탄을 사용하는 Mk.Ⅰ은 위력은 강하지만, 대형에 소음 성능도 낮았기 때문에 별로 쓰이지 않았다. 첩보 활동이나 특수 작전에 자주 쓰인 것이 바로 Mk.Ⅱ로, 그냥 쇠파이프에 그립을 단 것처럼 보이는 외견 (그야말로 지하 조직이 직접 만든 수제 총!) 이었지만 Mk.Ⅰ보다 소음 효과가 높았다.

▼웰로드 Mk.Ⅱ 소음 권총

SOE의 특수 병기 연구소에서 개발된 웰로드 Mk.Ⅱ는 제2차 세계 대전 중에 개발된 소음총 중에서도 높은 소음 효과를 지녔으며, 다루기 쉬운 권총이었다. *32구경(32구경 콜트 M1903의 매거진을 유용했다), 전장 315mm, 중량 1,100g, 장탄수 6발. 권총 본체는 전방 3분의 1이 소음용 소음기, 3분의 1이 총열 및 가스 확산부, 나머지 3분의 1이 발사를 위한 볼트 시스템으로 되어 있다. 발사 방법은 코킹 노브를 90도 회전시켜 노리쇠를 후방으로 당기고 총열 안으로 탄을 장전, 다시 노리쇠를 밀어 넣고 노브를 반대 방향으로 90도 회전시킨 후 방아쇠(방아쇠)를 당긴다.

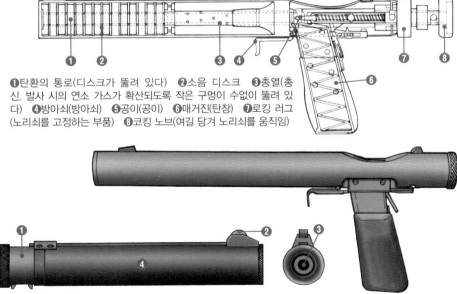

❶탄환의 통로(디스크가 뚫려 있다) ❷소음 디스크 ❸총열(총신. 발사 시의 연소 가스가 확산되도록 작은 구멍이 수없이 뚫려 있다) ❹방아쇠(방아쇠) ❺공이(공이) ❻매거진(탄창) ❼로킹 러그(노리쇠를 고정하는 부품) ❽코킹 노브(여길 당겨 노리쇠를 움직임)

▲슬리브 건

❶격발 기구 : 탄환은 이 부분을 제거하고 장전한다. 탄환을 격발하는 해머나 공이 등으로 구성되어 있다. ❷방아쇠 ❸총구(정면에서 봤을 때) ❹총열 및 소음 디스크 수납부

※ 9mm 루거 탄 = 9mm 파라블럼 탄이라고도 불린다.
※ 32구경 = 100분의 32인치는 약 8.1mm지만, 사용하는 32ACP탄은 7.65mm.

03. 특수 무기(3)

소음 장치를 장착한 기관단총

소음 권총만이 아니라, 소음기를 장착한 *기관단총과 *카빈도 존재했다. 소음기를 장착한 기관단총 중에서 유명한 것은 스텐 Mk.II 및 VI이다.

9mm 탄을 사용하는 *스텐 기관단총은, 제2차 세계 대전 초기에 무기가 부족했던 영국

제1장 스파이 장비
제2장 정보 수집 기재
제3장 정찰기와 무인기
제4장 스파이 위성

스텐 Mk.VI ▶

스텐 기관단총은 다양한 베리에이션이 개발된 것으로도 잘 알려져 있다. 특수 작전용인 스텐 Mk.VI는 스텐 Mk.V에 SOE 소음기를 장착한 것이다. 소음기가 달린 기관단총중에서도 소음 효과가 매우 높았는데, 발사 시의 화약 발화음이 거의 없으며, 노리쇠 작동음이 나는 정도였다고 한다.

※기관단총 = 권총탄을 사용하는 자동화기로 SMG라 줄여 부르기도 한다. ※카빈 = 원래는 말 위에서 쓰기 위해 전장을 짧게 줄이고 경량화한 소총으로, 기병총이라고도 부른다. 현재는 단축형 소총이라는 의미로 쓰인다. ※스텐 = 설계자 스테판과 토르핀의 이니셜 S와 T에, 개발한 엔필드 조병창(造兵廠)의 EN을 조합해 STEN이라는 이름을 붙였다. ※그리스 건 = 윤활유를 주입하는 공구. M3 기관단총은 이외에도 케이크 데코레이터(크림을 짜내 케이크를 장식하는 조리기구)라는 애칭으로 불리기도 했다.

에서 대량 생산하기 용이한 프레스 가공과 용접 작업으로 만들 수 있는 기관단총으로 설계, 생산된 것으로 잘 알려져 있다. Mk.Ⅱ, Mk.Ⅵ는 스텐 기관단총에 소음기를 장착한 것이다. SOE가 개발한 SOE 소음기(내부에 진동 흡수용 디스크를 다수 배열했다)는 소음 효과가 매우 높았다고 한다. 또, 외견으로 인해

「*그리스 건」이라 불렸던 미국의 M3A1 기관단총에도 전용 소음기가 장착되어 있었다.

◀M3S 벨 소음기 장착형 기관단총

*M3 기관단총은 전시에 기관단총 부족을 보충하기 위해 설계·개발되었으며, 1942년 12월에 채용되었다. 이 총의 특징은 격발을 위한 준비기구에 있었다. 보통, 격발을 위해 *노리쇠를 후방으로 당기고 약실에 탄약을 장전하기 위한 핸들이 달려 있다. 하지만 개량형 M3A1는 탄피(藥莢) 배출구의 커버를 열고, 노리쇠에 있는 손가락 구멍에 손가락을 끼우고 직접 후방으로 당겨 격발 준비를 했다. 그 M3A1을 특수 작전용 소음 기관단총으로 개량한 것이 바로 M3S 벨 소음기 장착 모델이다. 벨 연구소에서 개발한 소음기를 하이 스탠더드 사에서 제조, M3의 총열을 개조해 장착한 것으로, 유럽 전선과 태평양 전선의 추축국 점령 지역에 잠입하는 OSS 대원용으로 개발되었다. 제조된 것은 1000정 정도. 벨 연구소가 개발한 M3A1용 소음기는 총열의 주변을 감싸는 촘촘한 금속망이 내장된 통 부분과, 머즐 앞부분에 다는 230매나 되는 금속망으로 만들어진 디스크 부분으로 구성되어 있었다.

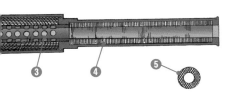

❶탄환 ❷총열 주변의 가스 확산용 금속망
❸M3A1의 총열을 개조해 직경 35mm의 작은 구멍을 48개 뚫어 두었다. ❹금속망 디스크를 230개 겹친 부분 ❺금속망 디스크

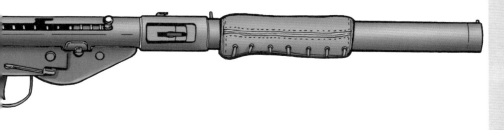

※ M3 = 제2차 세계 대전 중에 미국군이 채용했던 기관단총. 45구경(11.43mm), 전장 570mm, 중량 3.7kg. 탄피 배출구의 뚜껑이 안전장치로, 뚜껑을 닫은 상태에서는 발사할 수 없다. 탄약은 핸드건(권총)인 콜트 M1911(콜트 거버먼트)와 동일.
※ 노리쇠 = 총의 약실 뒷부분을 폐쇄하는 부품. 연사하면 후퇴와 전진을 반복해 빈 탄피를 배출하고 탄약을 장전한다.

04. 특수 무기(4)

특수전용 기관단총의 특징은

*톰슨 M1 사일런서▶

일러스트는 전시 간이 생산형 M1에 소음기를 장착한 것으로, SOE나 코만도 부대에서 사용되었다. 장착된 소음기는 엔필드 조병창에서 특수 작전용으로 설계된 타입. 내부를 몇 개의 디스크로 구분하고 있으며, 발사 가스를 내부에서 확산시켜 전방으로 뿜어내 소음 효과를 낸다. 사용하는 45 ACP 탄은 초속(初速)이 느리기 때문에 소음기와 잘 어울린다.

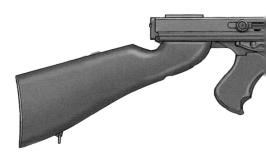

▼웰건 Mk.1 머신 카빈

레지스탕스 지원용 화기로서, BSA 사(社)가 SOE의 요청을 받아 설계, 개발을 담당했다. 스텐 기관단총의 총열, 작동 기구, 매거진 등을 유용했다. 숨겨서 휴대할 수 있도록 L형 슬라이드(총열 주위에 노리쇠를 늘릴 수 있도록 되어 있다)를 준비해 전장을 매우 짧게 했다. 신뢰성이 낮기 때문에 양산되지는 않았다. 구경 9mm, 전장 432mm, 중량 3.09kg.

▼UD M42

OSS(전략 사무국)의 요청으로 개발되었으며, 하이 스탠더드 사(社)가 양산한 기관단총. 첩보원이나 점령지의 레지스탕스들을 위해 약 15,000 자루가 제조되었다. 리시버(기관부) 오른쪽 전방의 레버를 내리면 간단히 둘로 분리할 수 있었으며, 5개의 파츠로 분해, 작게 포장해 운반할 수 있다. 구경 9mm, 전장 820mm, 중량 4.1kg.

※톰슨 = 1919년에 최초 모델이 개발된 미국을 대표하는 기관단총. 일명 「토미 건」이라 불리며, 금주법 시대에 마피아와 경찰의 전투에 사용된 것으로 유명하다. 약 170만 정이 제작되었으며, 수많은 베리에이션이 존재한다.

근거리에서 강력한 위력을 발휘하는 기관단총은 나치 독일 점령 하에 있던 나라들에서 전개된 비정규전에서도 많이 쓰였다.

이런 기관단총은 충분한 훈련을 받지 않은 사람이라도 다룰 수 있도록 구조가 단순하며, 다루기 쉽도록 설계되어 있다.

▼콜트 우즈맨 자동 권총

SOE가 개발한 제2차 세계 대전 당시 최소형 기관권총으로, 전장이 344mm밖에 되지 않았다(대형인 마우저 C96보다 40mm 긴 정도). 베이스는 22구경 콜트 우즈맨이지만, 슬라이드 기구와 격발 시스템이 개조되어 오리지널과는 상당히 다르다. ❶슬라이드 부분은 전체가 ❷익스텐션 부분 위에서 후방으로 움직인다. 풀 오토매틱으로 작동하게 할 때는 엄지로 ❸레버를 누르면서 ❹방아쇠를 당긴다. 다른 기관단총 정도의 위력은 없지만, 상의나 코트 안에 숨겼다가 필요할 때 꺼내 쏠 수 있기 때문에, 특수전에 적합했다.

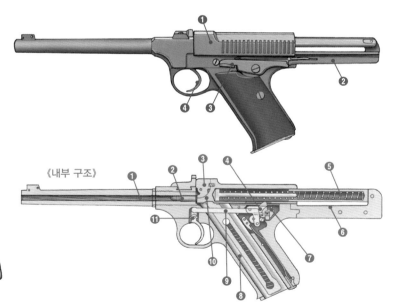

《내부 구조》

❶총열 ❷체임버(약실) ❸해머(공이치기) ❹레버(윗 그림의 ❸. 이걸 누르면 단발자(❼)가 아래로 내려진 상태가 되어, 슬라이드의 전후 운동을 간섭하지 않게 되어 연사가 가능해진다) ❺리코일 스프링(슬라이드 부분을 작동시키는 스프링) ❻익스텐션(슬라이드를 충분히 동작시키기 위한 연장 부분) ❼시어[단발자](슬라이드의 전후 운동을 제어하는 부품) ❽매거진(탄창) ❾트리핑 레버(방아쇠의 움직임을 시어에 전하는 부품) ❿슬라이드 ⓫방아쇠

05. 특수 무기(5)

총으로 보이지않도록 위장한 호신용 총기

SOE나 OSS에서는 적이 점령한 지역에 민간인을 가장하고 잠입하는 대원들의 호신용으로 다양한 총을 개발했다. 하지만 그것들은 도저히 총이라고는 생각할 수 없는 모양이었으며, 일용품으로 위장해 숨겨두었다가 긴급 시에 사용하는 무기였다.

예를 들어 적의 보초의 검문으로 의심을 사 체포될 것 같을 때, 몰래 꺼내 발사하고

▼시가형 권총

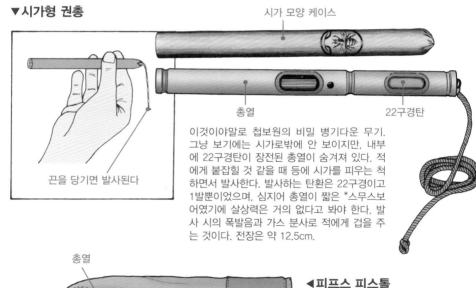

시가 모양 케이스

총열

22구경탄

끈을 당기면 발사된다

이것이야말로 첩보원의 비밀 병기다운 무기. 그냥 보기에는 시가로밖에 안 보이지만, 내부에 22구경탄이 장전된 총열이 숨겨져 있다. 적에게 붙잡힐 것 같을 때 등에 시가를 피우는 척하면서 발사한다. 발사하는 탄환은 22구경이고 1발뿐이었으며, 심지어 총열이 짧은 *스무스보어였기에 살상력은 거의 없다고 봐야 한다. 발사 시의 폭발음과 가스 분사로 적에게 겁을 주는 것이다. 전장은 약 12.5cm.

총열

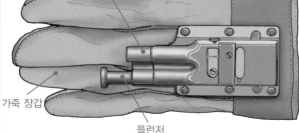

◀피프스 피스톨

가죽 장갑에 38구경 S&W탄을 발사하는 단발식 권총을 장착한 특수총. 장갑을 낀 손을 쥐고, 손등에 권총을 얹은 상태로 상대에게 플런저(방아쇠로 쓰인다)를 꽉 누르는 형태로 발사한다. 밀착한 상태에서 쏠 수 있기 때문에 발사음이 작으며, 비상시를 대비한 호신용 화기이지만 암살에도 사용할 수 있었다. 단발식이지만 탄약 재장전 가능.

가죽 장갑

플런저

※스무스보어 = 안쪽에 강선이 새겨지지 않은 총포신을 말함. 샷건(산탄총)의 총신이나 전차의 활강포가 바로 스무스보어이다.

상대가 겁에 질린 틈에 도망치는 등의 사용법이 있다.

또한, 위장이 되어 있어 무기로는 보이지 않기 때문에, 검문을 받더라도 적의 눈을 속일 수 있을 것이라 기대할 수 있었다.

▼버클 건

《버클 건의 구조》

[위에서 본 구조]

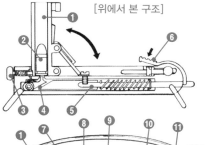

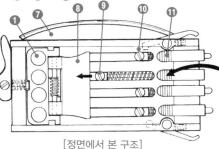

[정면에서 본 구조]

《뚜껑을 열고 총열을 세운 상태》

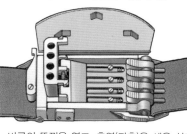

버클의 뚜껑을 열고, 총열(좌측)을 세운 상태. 해머가 당겨져 발사 가능 상태가 되어 있다. 총열의 길이로 알 수 있듯이 살상 범위는 좁으며, 정확히 조준해 발사하기도 어렵다.

나치 독일의 고관이나 친위대 고급 장교의 호신용으로 제작된 것이 버클 건이다. 독일 국방군 방첩부나 친위대 보안부 요원도 사용했다. 외견은 좀 장식이 들어간 들인 벨트 버클로밖에는 보이지 않지만, 적의 포로가 되어 무장해제를 당했을 때 벨트를 푸는 척 하면서 발사할 수 있게끔 되어 있다. 이것과 비슷한 버클 건은 연합군 측에서도 개발하여 사용했다.

❶총열(당겨 세운 상태) ❷탄약 ❸총열 록 ❹공이 ❺노리쇠 부 ❻방아쇠 ❼버클(덮개) ❽버클 록 ❾해머(격발 상태) ❿해머(당긴 상태) ⓫버클 개폐 레버(개폐 레버를 당겨 총열을 세우고, 방아쇠를 누르면 발사된다)

《장착 상태》

06. 특수 무기(6)

다양한 특수총의 구조와 사용법

제2차 세계 대전 중에 개발된 특수전용 총은 특수 부대원이나 첩보원이 사용하는 것 외에도, 추축국이 점령한 나라의 레지스탕스 조직을 위한 총이 있었다. 이런 총은 프레스 가공을 많이 사용해 단순한 구조로 누구나 다룰 수 있도록 되어 있었다.

▼스팅거

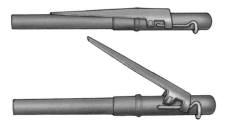

사진은 나치 독일 점령 하에 있던 덴마크에서 검문을 받는 민간인. 민간인을 가장하고 잠입하는 첩보원에겐 항상 위험이 동반되었기 때문에, 길거리에서 심문을 받을 때는 상대가 의심하지 않도록 잘 대답하는 것이 중요했다. 그러다가 위험이 닥쳐왔을 때는 숨겨두었던 호신용 무기를 쓴다.

제2차 세계 대전 도중 OSS가 Rite-Rite Mfg. Co.,에 발주, 25,000 여개가 생산된 비상용 단발 권총. 전장은 83mm로 담배 하나와 같은 사이즈이며, 22구경 쇼트 탄이 장전된 1회용 무기다. 무기로 보이지 않도록 10개가 한 세트로 케이스에 수납되며, 습기가 들어가지 않도록 패킹되어 있다. 쇠파이프를 가공해 탄약과 격발 장치를 집어넣은 단순한 구조로, 총열 부분은 스무스보어였기에 명중 정밀도는 없는 것이나 다름없었으며, 근접 거리에서 발사해 상대에게 겁을 주고, 빈틈을 타 도망치는 탈출용 무기였다.

① 케이스에서 꺼내 손에 든다

② 레버를 당겨 세운다

③ 당겨 세운 레버를 뒤로 민다

④ 레버를 누른다

⑤ 격발되어 탄환이 발사된다

스팅거의 내부에는 22구경 쇼트 탄 1발과, 격발하는 데 쓰이는 핀과 금속 잠금쇠, 스프링이 수납되어 있다. 격발 구조는 레버를 당겨 세우고, 뒤로 누르면 금속 잠금쇠와 스프링이 후방으로 눌리면서 코킹되고, 레버를 누르면 탄환이 발사된다.

Agents' Outfit

▼파이프 피스톨

겉에서 보기에는 파이프로밖에는 안 보이는 호신용 권총. 담배를 피우는 척 하면서 손에 들고 있거나, 입에 물고 있으면 의심받지 않는다. 전장 150mm 정도로, 내부에는 22 구경탄이 1발 내장되어 있어 3.5M 이내라면 살상력도 있었다. 탄약은 재장전 불가능.

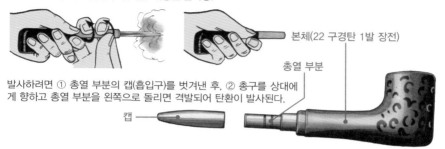

본체(22 구경탄 1발 장전)

총열 부분

발사하려면 ① 총열 부분의 캡(흡입구)를 벗겨낸 후, ② 총구를 상대에게 향하고 총열 부분을 왼쪽으로 돌리면 격발되어 탄환이 발사된다.

캡

FP-45 리버레이터▼

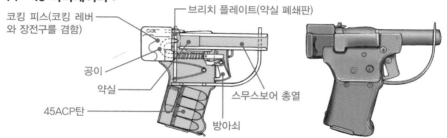

브리치 플레이트(약실 폐쇄판)

코킹 피스(코킹 레버와 장전구를 겸함)

공이

약실

45ACP탄

스무스보어 총열

방아쇠

제2차 세계 대전 중 연합국이 추축국이 점령했던 국가의 레지스탕스 조직에게 제공한 총으로, 일러스트로 사용법을 해설한 매뉴얼과 함께 대량으로 공중 투하되었다. 심플한 구조이기에 *싼 가격으로 대량생산되었다. 그립 안에 예비 탄약을 수납할 수 있지만 장탄수는 1발에 연사 기능은 없었고, 빈 탄피의 배출과 다음 탄 장전을 모두 수동으로 해야만 했다. 45구경, 전장 141mm, 중량 430g. 10M 이내라면 상당한 위력을 발휘했다.

리볼버 DD(E) 3313▶

SOE나 코만도 부대를 위해 시험 제작된 특수전용 리볼버. *더블 액션식으로 실린더 탄창에 9mm 파라블럼 탄 5발을 장전한다. 총을 쥔 채로 나이프를 꺼내 찌르는 것도 가능하다. 그립 부분을 접어서 너클 더스터(브라스 너클)로도 쓸 수 있었다. 총열을 제거하고 전장을 짧게 만들 수도 있었지만, 명중 정밀도가 낮아 실용적이 아니라는 이유로 양산되지 않았다. 전장 185mm, 중량 485g.

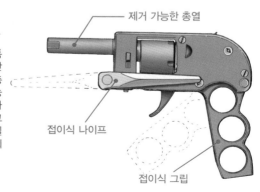

제거 가능한 총열

접이식 나이프

접이식 그립

※싼 가격으로 대량 생산 = 리버레이터는 제너럴 모터즈 사(社)에서 프레스 가공으로 생산되었으며, 한 자루 당 1달러 72센트 정도였다. 그만큼 내구성이 약해, 완전히 쓰고 버리는 1회용 총이었다. ※더블 액션식 = 방아쇠를 당길 때마다 1발씩 발사가 가능한 권총 작동 방식.

07. 특수 무기(7)

소음총 이외의 소리가 나지 않는 무기의 개발

제2차 세계 대전 당시 특수전을 전개했던 SOE나 OSS에서는 소음기가 달린 소음총 이외에도, 소리를 내지 않고 적을 쓰러뜨릴 수 있는 다양한 무기를 연구·개발했다. 이러한 무기는 독일군의 시설이나 기지에 침입할 때 보초를 쓰러뜨리기 위해, 또는 거리나

철도·버스 등의 안에서 요인을 암살하는 것 등을 목적으로 했다. 다만 개중에는 실용성이 높은 것도 있었지만, 대부분이 시제품 제작에 그치고 말았으며, 여기 소개하고 있는 「윌리엄 텔」이나 「비고트」가 바로 그러한 무기의 대표 격이라 할 수 있다.

▼윌리엄 텔

소음기를 단 권총이나 소총 같은 것들보다도, 크로스보우는 발사음이 훨씬 작고 화약을 사용하지 않기에 발사 시 불꽃도 나오지 않는다. 멀리 떨어진 거리에서 기척을 들키지 않고 상대를 쓰러뜨리는 특수전에는 최적의 병기였다. 윌리엄 텔은 SOE와 OSS가 개발한 크로스보우 중 하나로, 중량 약 2kg, 대인용 화살을 초속(初速) 63km/h의 속도로 발사할 수 있다. 사정거리는 약 200M(확실하게 한 발로 쓰러뜨릴 수 있는 거리는 약 30M). 하지만 웰로드 소음 권총이나 *드 라일 카빈 등 소음 효과가 높고 연사가 가능해 훨씬 실용성이 높은 총기가 널리 쓰였기에, 장비로는 채용되지 않았다.

❶화살을 감아올리는 볼트
❷가늠자
❸화살을 거는 손잡이
❹현(고무 밴드)
❺프런트가늠쇠
❻프런트 그립
❼화살
❽방아쇠
❾접이식 개머리판

※드 라일 카빈 = 권총탄(45 구경 ACP)을 사용하는 소음 소총.

스피곳(발사봉, 전장이 총열과 약실을 합친 길이보다도 길고, 약실에서 총구를 향해 삽입된 상태로 되어 있다). 스피곳 뒤쪽 끝부분은 약실보다도 후방으로 살짝 튀어나와 있으며, 해머를 코킹한 상태에서 방아쇠를 당기면 해머가 때린 공이가 스피곳의 뒷부분을 찌르고, 스피곳은 전방으로 밀려 다트 헤드 내부의 공포(空包)의 뇌관을 찔러 격발이 이루어진다.

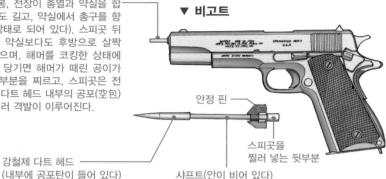

▼ 비고트

안정 핀

스피곳을
찔러 넣는 뒷부분

강철제 다트 헤드
(내부에 공포탄이 들어 있다)

샤프트(안이 비어 있다)

장전 상태

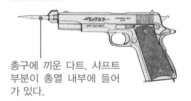

총구에 끼운 다트. 샤프트
부분이 총열 내부에 들어
가 있다.

발사

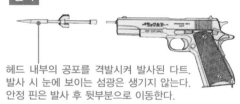

헤드 내부의 공포를 격발시켜 발사된 다트.
발사 시 눈에 보이는 섬광은 생기지 않는다.
안정 핀은 발사 후 뒷부분으로 이동한다.

OSS가 개발한 비고트는 다트(화살)를 발사하는 개조 권총. 권총 총구에 튀어나와 있는 스피곳이라 불리는 금속제 발사봉에 다트를 끼워 발사한다. 권총은 45 ACP 탄을 발사하는 콜트 M1911이 사용된다. 다트는 레지스탕스용으로 개발·대량 공급된 리버레이터 권총으로도 발사할 수 있었다. 다트 길이는 약 17cm. 자세한 문헌이 남아있지 않기 때문에, 어느 정도의 위력이 있었는지는 불명.

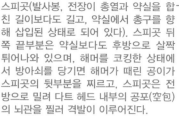

▼ 다트 펜

스프링과 피스톤으로 실린더 내
부의 공기를 압축시켜 다트를 발
사한다.

다트

방아쇠

총열
(제거하고 다트를 재장전한다)

프랑스의 레지스탕스를 위해 개발된 만년필 형태의 다트 발사기. 발사하는 다트는 레코드 바늘 정도의 크기(실제로 레코드 바늘이었다는 설도 있다). 스프링 식 공기총과 같은 발사 방식으로 사정거리는 약 12M. 다트 펜은 레지스탕스 등에 공급된 것 이외에도, 프랑스의 첩보기관에서도 사용되었다. 발사한 다트에 상대에게 치명상을 입힐 만한 위력이 없었기 때문에, 일부 레지스탕스 활동가들은 침에 독을 발라 사용했다고 한다. 개발은 영국 육군 정보부 MI9. 전장 약 18cm.

※공포 = 케이스(탄피) 안에 장약은 채워져 있지만, 탄두(탄환)가 없는 탄약.
※MI9 = 군 정보부 제9과. 현재는 통합되어 국내 담당인 MI5와 국외 담당인 MI6로 되어 있다.

08. 특수 무기(8)

효율적으로 상대를 쓰러뜨리는 특수전용 나이프

제1장 스파이 장비

제2장 정보 수집 기재

제3장 정찰기와 무인기

제4장 스파이 위성

적지에 잠입하는 첩보원이나 특수부대원은 필연적으로 직면할 위기를 회피하기 위해 다양한 기술을 익힌다. 물론 처음부터 위기에 빠지지 않도록 하는 것이 중요하지만, 살인 테크닉도 철저히 익혔다.

특히 소리를 내지 않고 상대를 쓰러뜨릴 방법으로서, 맨손이나 나이프를 이용한 격투술이 중시되었다. 그리고 효율 좋게 상대를 쓰러뜨릴 수 있도록, 수많은 특수전용 나이프가 개발되었다.

그 중에서도 유명한 것이 페어번 사익스 전투 나이프라는 현대 전투용 나이프의 원형이라 할 수 있는 제품이다. 이 나이프는 개량을 거듭하며 1980년대까지 각국의 특수부대 등에서 사용되었다.

영국군 코만도 부대의 나이프 격투 훈련. 인체의 급소인 주요 장기나 혈관 위치를 익히고, 급소를 찔러 단시간에 상대를 쓰러뜨릴 수 있도록 반복 훈련이 실시되었다.

▼페어번 사익스 전투 나이프

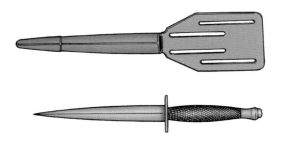

1940년에 영국 육군의 *W·E·페어번 대위와 E·A·사익스 대위에 의해 설계된 무기. 두 사람이 상하이에서 경찰로 근무할 때 현지의 범죄에서 자주 사용되었던 상하이 나이프(*대거의 일종)가 원형으로, 몸집이 큰 백인이 접근전에서 사용하기 용이하도록 개량되었다. 전장 30cm(날 길이 18cm) 정도의 양날 칼로, 칼의 단면은 평행 사변형. 그립으로도 타격이 가능하며 잔뜩 껴입은 옷 위로도 급소나 흉곽의 뼈와 뼈 사이를 이용, 확실하게 장기를 찔러 상대를 재빨리 쓰러뜨릴 수 있도록 설계되어 있다. 1941년 노르웨이 기습 작전에서 코만도 부대가 처음으로 실전에서 사용했다. 첩보 기관에서도 이 나이프를 채용해, 첩보원이나 공작원들에게 지급되었다.

▼스마쳇 나이프

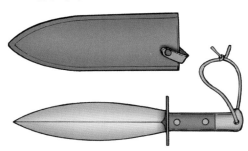

제2차 세계 대전 중 페어번 대위가 설계한 전투용 나이프. 필리핀이나 인도네시아 등지에서 농작업 및 무기로 사용되던 *볼로 나이프와 마체테를 참고해 개발되었다. 전장 41cm의 양날 칼. 가늘고 긴 이파리 형태로 된 칼날은 두께가 두꺼우며, 베거나 찌를 수 있다. 중량이 약 1kg 정도나 나가기 때문에 내리쳐도 위력이 있었으며, 그립으로 상대를 타격할 때도 큰 데미지를 줄 수 있었다. 블레이드(칼날)는 고탄소강(순도가 높은 탄소가 함유된 강재)으로, 실용 경도가 높고 베는 맛이 좋았다고 한다. 이 나이프는 코만도 부대나 OSS에서 사용했다.

▼찌르기 전용 나이프

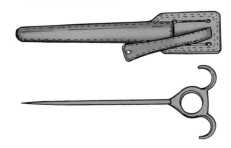

찔러서 상대를 쓰러뜨리는 아이스픽 같은 형태의 나이프. SOE에서 근접 전투나 암살용으로 사용되었다. 손가락 3개로 브라스 너클처럼 쥐고, 머리나 척추, 심장 등의 급소를 찔렀는데, 칼날의 단면이 원형이 아닌 삼각형이기 때문에, 찔렸을 때 상처에서 출혈이 많아졌다. 이러한 찌르기 전용 나이프는 힘이 없어도 틈을 보아 찌르기만 하면 상대를 쓰러뜨릴 수 있기에 여성 에이전트들이 즐겨 사용했다. 이 형식의 나이프는 여러 종류가 개발되었다.

※W·E·페어번 대위 = 상하이에서 일본의 유도와 중국 무술을 배웠으며, 현대 군대 격투술의 원류가 된 페어번 시스템을 만들어냈다. 1942년에는 OSS의 교관으로 초빙되어 실전적인 격투술을 지도했다. 또, 몇몇 특수한 나이프를 설계·개발하기도 했다.
※대거 = 단검을 의미. ※볼로 나이프와 마체테 = 둘 다 나무나 작물 등을 절단할 수 있도록 칼날이 긴 나이프이다.

09. 특수 무기(9)

단숨에 상대를 행동불능으로 만드는 무기

제1장 스파이 장비

제2장 정보 수집 기재

제3장 정찰기와 무인기

제4장 스파이 위성

옛날부터 첩보 활동 시에는 나이프가 자주 사용되었다. 찌르고, 베고, 도려내고… 이렇게 나이프의 사용법은 다양한데, 접근전에서 상대를 쓰러뜨리는 무기로서 엄청나게 유효하기 때문이다. 하지만 나이프를 사용하는 격투에 익숙해지기 위해서는 상당한 훈련이 필요하다. 그래서 SOE와 OSS에서는 단기간의 훈련으로도 확실하게 상대를 쓰러뜨릴 수 있도록, 다양한 살인용 나이프를 개발했다. 대부분은 상대를 방심하게 한 후 심장 등의 급소를 찔러 쓰러뜨리기 위한 나이프였다. 찌르는 쪽이 출혈량이 적고, 급소를 찌르면 여성이라 해도 단숨에 상대를 행동불능으로 만들 수 있기 때문이다. 또한, 상대의 빈틈을 노린다는 점에서는 특수 경봉도 유효한 무기였다.

▼스프링 코쉬

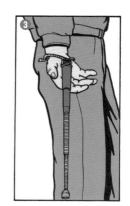

소리를 내지 않고 적을 공격할 때는 곤봉도 상당히 유효한 무기다. 제2차 세계 대전 당시, SOE나 OSS의 첩보원들은 스프링 코쉬(접었다 폈다 할 수 있는 곤봉)라 불리는 접이식 특수 곤봉을 사용했다. 소매 등에 숨겨 두었던 곤봉을 상대가 눈치 채지 못하도록 살짝 꺼내서 순간간에 내리친다. 이 곤봉은 삼단으로 길이가 조절되는 방식으로, 끝부분에는 타격력을 높이기 위한 추가 달려 있다. 전장은 약 30cm.
①스프링 코쉬를 소매 등에 숨겨둔다. ②상대가 눈치 채지 못하도록 꺼낸다. ③스프링 코쉬를 든 팔을 휘둘러 신축식 곤봉을 길게 늘린다. ④상대를 내리친다(일러스트에서는 상대의 관자놀이를 노렸다).

◀프리스크 나이프

상완부나 하퇴부에 테이프(또는 끈 등)로 장착해 숨겨 두었다가, 긴급 시에 상대의 급소를 찌르기 위해 사용하는 나이프. 칼날과 손잡이가 일체 성형되었으며, 몸에 밀착해 숨기기 쉽도록 전체가 평평하게 만들어져 있다. 전장은 약 18.5cm. OSS에서 사용했다.

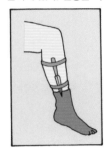

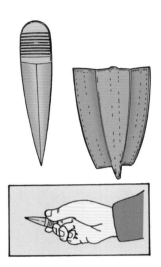

라펠 나이프▶

엄지 나이프라고도 불리는 전장 약 7cm 정도의 소형 나이프로, 일러스트처럼 엄지와 검지로 잡고 사용한다. 칼날이 짧기 때문에 치명상을 입히기는 어렵지만, 안면이나 손목 등을 찌르거나 베어 상대에게 겁을 준 후 그 틈에 탈출하기 위한 용도로 사용한다. 칼집에 넣어서 재킷 안쪽 등에 숨겨두었다.

◀사보타주 나이프

접이식 나이프로, 일반 칼날 외에도 발톱 모양 칼날(「매의 부리」라고 불렸다)이 달려 있다. 정차 중인 적의 트럭이나 차량의 타이어를 칼날로 찢어서, 달리지 못하게 만들어 파괴 공작을 하기 위해 디자인된 것. 칼날을 접은 상태에서는 약 12cm, 칼날 길이는 약 7.8cm, 발톱이 약 3cm이다.

슬리브 대거▶

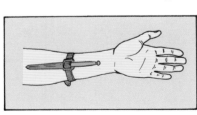

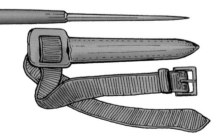

대거(단도)라는 이름이 붙었지만, 형태는 송곳에 가까운 찌르기 전용 무기. 일러스트처럼 칼집에 넣고 팔에 감아 숨기며, 긴급 시에는 다른 손으로 뽑아 상대의 급소를 찌른다. 칼날과 그립은 일체 성형이며, 칼날의 단면은 삼각형으로 되어 있다. 또, 그립 부분 끝의 돌기로 상대를 때려눕히는 것도 가능. 전장은 약 17.5cm.

10. 특수 무기(10)

파괴 활동에 사용되는 「안전한 폭탄」

폭약에는 다양한 종류가 있는데, 다음에 설명하는 것들이 대표적이다.

◎ 피크린산: 주요성분은 석탄산, 유산, 초산으로 이루어진 노란색 결정체. 폭파 속도는 초속 7,800M. 러일 전쟁에서 일본 해군이 사용한 *시모세 화약의 주성분으로 알려져 있다.

◎TNT(트리니트로톨루엔): 진한 황산과 진한 초산의 혼합물을 톨루엔에 반응시킨 것. 폭발력은 크지만 감도가 낮아 다루기 쉽고 안전하게 저장할 수 있기 때문에, 제2차 세계 대전 이후 주요 폭약 중 하나가 되었다. 폭파 속도는 초속 약 7,000m.

◎ RDX(헥소겐): 시크로트리메틸렌과 트리니트로아민을 원료로 하는 무색의 결정체로, 폭파 속도는 초속 9,100M에 달한다. 미사일의 탄두 작약에 사용되며, 폭약 중에서도 최대의 위력을 발휘한다.

◎ PBX(플라스틱 폭탄): RDX나 HMX 등의 고성능 폭약에 왁스나 유지 등의 가소제(可塑劑)를 첨가한 것. 안정성이 매우 높으며, 외부에서 타격을 가해도 폭발하지 않아 안전하게 다룰 수 있다. 플라스틱 폭탄은 특수 부대나 레지스탕스의 파괴 활동에 많이 쓰인다.

이런 폭약들은 화약 종류이긴 하지만, *뇌관을 발화시켜 한쪽 끝에 충격을 주면 내부에서 고속으로 충격파가 발생, 화약이 단숨에 화학 반응을 일으키며 고압 가스화 한다. 이것이 주위의 공기를 압축해 고압력의 충격파를 발생시키며, 그 에너지를 전달해 커다란 파괴력을 발휘하게 되는데, 이 현상을 폭굉(爆轟)이라 부른다. 또한, 뇌관을 쓰지 않고 성냥 등으로 불을 붙였을 경우, 폭약은 그냥 연소되기만 할 뿐이다.

일반적으로 「화약」이라 불리는 것에는 「화약」, 「폭약」, 「화공품」 3종류가 존재한다. 「화약」은 고체 연료 로켓의 추진제나 총탄 및 포탄의 발사약(장약)으로 쓰이는 것이다. 일반적으로 로켓 추진제로 쓰이는 것은 니트로글리세린, 니트로셀로스, 안정제 등을 주성분으로 하는 더블 베이스 화약. 탄환의 발사약에는 흑색 화약과 무연 화약이 있다. 흑색 화약은 초산 칼륨, 목탄, 유황 혼합물로, 13~19세기 말까지 총탄의 주요 발사약으로 사용되었다. 한 편, 무연 화약에는 니트로셀로스를 주성분으로 하는 싱글 베이스 발사약, 니트로셀로스에 니트로글리세린을 첨가한 더블 베이스 발사약 등이 있다.

제1장 스파이 장비

제2장 정보 수집 기재

제3장 정찰기와 무인기

제4장 스파이 위성

※시모세(下瀬) 화약 = 일본 해군의 기술자 시모세 마사치카(下瀬 雅允)가 실용화한 폭약으로, 포탄의 작약으로 사용되었다. 주성분인 피크린산은 당시 최강의 폭발력을 지닌 소재였다.
※뇌관 = 기폭약(열이나 충격 등의 자극을 받으면 폭발한다)과 도폭약으로 구성된 점화 기구.

이것들을 밀폐된 용기에 충전하고 연소시 키면 고온고압의 연소 가스를 발생시킨다. 이때 용기 한쪽 끝에 구멍을 뚫어 두면, 거기서 가스가 분출되어 추진력이 된다. 화약은 고속으로 연소하지만, 폭약처럼 충격파가 동반되지는 않는다(이 현상을 폭굉과 비교해 폭연(爆燃)이라 부른다).

「폭약」은 앞서 기술한 것처럼 폭굉하는 화약을 말한다. 「화공품」은 화약을 점화시키거나 폭약을 폭발시키기 위한 도화선, 뇌관, *신관 등을 말한다.

●플라스틱 폭탄과 퓨즈

제2차 세계 대전 이후 군용 폭약으로 많이 쓰이는 플라스틱 폭탄은, TNT 등의 고성능 폭약에 왁스나 유지 등의 가소제를 첨가하여 봉 모양으로 가공한 것이다. 가소제를 첨가했기 때문에 굉장히 안정적이며, 해머로 때려도 폭발하지 않는다. 잡아당겨 늘리거나 뭉개서 덩어리로 만드는 등 자유로운 형태로 사용이 가능하지만, 폭발시키기 위해서는 기폭제가 될 기폭 충격을 일으키는 퓨즈(신관)가 필요하다. 미군이 사용하는 플라스틱 폭탄 컴포지션 C4는 하얀색 점토 상태의 폭약을 사각형 봉 형태로 만들고, 플라스틱 커버로 전체를 덮어둔 것이다. 전장 약 28cm, 가로 세로 약 5cm, 중량 1.1kg 정도로, TNT와 어깨를 나란히 하는 주요 폭약이다.

▼가몬 수류탄 (Gamon Hand Grenade)

▼플라스틱 폭탄과 *도폭선

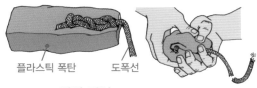

플라스틱 폭탄　　도폭선

제2차 세계 대전 당시 사용된 수류탄 중에, 플라스틱 폭탄을 사용한 가몬 수류탄이라는 좀 특이한 것이 있다. 가장 두드러지는 특징은 직접 조립하는 수류탄이라는 것. 전방향 신관과 천으로 만들어진 주머니로 구성되어 있으며, 사용할 때는 주머니 아래쪽의 구멍으로 플라스틱 복약을 채우고 구멍을 닫은 후, 신관 캡을 벗겨 투척하기만 하면 된다.

가몬 수류탄은 영국 공수 부대가 사용한 것으로 유명하다. 공수 부대의 병사들은 일반적으로 파괴 공작용 플라스틱 폭탄을 휴대했는데, 이 폭약을 필요한 크기로 늘리거나 덩어리로 뭉쳐서 주머니에 채워 넣었다. 폭발시킬 것에 따라 폭약의 양을 조절했는데, 가옥 안의 적을 쓰러뜨릴 때는 봉 형태의 플라스틱 폭탄 절반 정도의 양을, 철근 콘크리트로 만들어진 토치카나 건물을 파괴할 때는 플라스틱 폭탄 2~3개를 채워 넣는 식이었다. 일러스트 왼쪽은 폭약을 채운 상태, 오른쪽은 신관과 주머니.

▼발화 장치

퓨즈 관　　공이치기　　풀 링

발화 장치　　뇌관　　스프링　　안전핀

안전핀을 뽑고 풀 링을 당기면 스프링의 힘으로 공이치기가 뇌관을 때려 폭발한다. 플라스틱 폭탄은 하나의 봉 형태로 형성되어 있으므로, 필요한 만큼 나이프로 잘라서 사용한다. 우선 매듭을 만들어 둔 도폭선을 폭약 안에 묻는다. 도폭선 끝에 달려 있는 퓨즈 관(끝에 뇌관이 들어 있다)을 제거한다. 퓨즈 관에 발화약을 넣고, 도폭선과 함께 테이프로 고정한다. 퓨즈 관과 발화 장치(스프링 식 발화 장치)를 다시 단다. 안전핀을 뽑고 풀 링을 당기면 스프링의 힘으로 공이치기가 뇌관을 때리고, 뇌관이 격발해 발화 장치에 점화. 점화된 도폭선이 플라스틱 폭탄에 기폭 충격을 주어 폭발시킨다.

※신관 = 뇌관에 기폭 타이밍 감지와 안전장치의 기능을 추가한 점화 장치.
※도폭선 = 내부의 심이 폭약으로, 폭굉을 전달하는 로프 형태의 화공품. 디터네이션 코드, 데터 코드라고도 불린다.

11. 특수 무기(11)

적 선박을 파괴하기 위한 시한 폭탄

제
1
장

스
파
이
장
비

제2차 세계 대전 당시 OSS의 SO(특수 작전부)와 OG(전략 전투단) 등 실행 부대가 적 선박을 공격할 때 사용한 것이 린페트나 핀 업 걸 등 선박 파괴용 기뢰였다. 이것들은 공격 목표의 수면 아래의 선체에 장치하는 시한 폭탄으로, 폭약에는 *토펙스가 사용되었다.

제
2
장

정
보
수
집
기
재

●린페트(흡착식 기뢰)와 AC 딜레이(시한 신관)

▼AC 딜레이(시한 신관)

린페트나 핀업 걸 등, 선박을 폭파하는 폭탄에 달린 시한 신관. 안전핀을 뽑고 신관 상부의 나사를 돌려 캡슐을 부수면, 내부에서 산이 흘러나와 공이를 누르고 있던 셀룰로이드를 녹이기 시작한다. 셀룰로이드가 완전히 녹으면 공이가 뇌관을 찔러, 점화약을 점화시킨다. 캡슐은 안에 채워져 있는 산의 pH 지수에 따라 색이 나뉘어 있어(산도가 높을수록 셀룰로이드를 녹이는 시간이 짧다 = 폭발까지 걸리는 시간이 짧다), 사용자가 알기 쉽도록 배려했다.

▼AC 딜레이의 사용법

AC 딜레이 내부에 산이 들어 있는 캡슐(폭발시킬 시간을 선택)을 넣고, 기뢰의 작약을 폭발시키는 점화약이 든 부분을 장착한다. (1) AC 딜레이의 준비가 완료되면 기뢰를 장착한다. 장착은 스패너를 사용한다. (2) 안전핀을 뽑는다. (3) 나사를 돌려 작동시킨다.

《AC 딜레이》　　《캡슐》

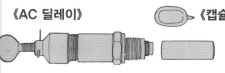

《AC 딜레이 내부》

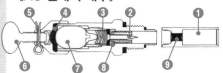

❶점화약　❷공이
❸흡수제 패드
❹고무 씰링　❺안전핀
❻나사　❼캡슐
❽셀룰로이드　❾뇌관

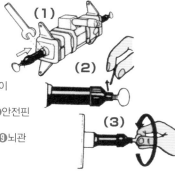

(1)
(2)
(3)

제
3
장

정
찰
기
와
무
인
기

▼린페트

❶ AC 딜레이
❷ 기뢰 본체
❸ 자석

수송선 등을 파괴하기 위한 흡착식 기뢰. 플라스틱으로 만든 방수 케이스 안에 고성능 폭약이 채워져 있으며, 선체에 부착하기 위한 6개의 강력한 자석이 달려 있다. AC 딜레이를 신관으로 사용한다. AC 딜레이를 장착하지 않은 상태에서는 전장 약 40cm, 중량은 약 4.5kg. 보통 수송선의 외벽(흘수선 아래)을 폭파한 경우, 약 6평방 cm의 구멍을 뚫을 수 있었다. 이 기뢰 하나로는 침몰시킬 정도의 위력이 나오지 않으므로, 한 척에 여러 개씩 장치했다.

제
4
장

스
파
이
위
성

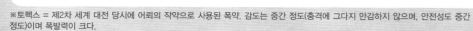

※토펙스 = 제2차 세계 대전 당시에 어뢰의 작약으로 사용된 폭약. 감도는 중간 정도(충격에 그다지 만감하지 않으며, 안전성도 중간 정도)이며 폭발력이 크다.

●자석

린페트나 핀업 걸을 장착할 때는 접이식 부착봉의 끝부분 고리에 기뢰를 걸고, 수면 아래의 선체 부분에 부착한다. 린페트는 자석으로 부착되지만, 핀업 걸은 철제 핀으로 고정된다. 로드 끝부분의 갈고리로 기뢰 고정 장치의 격발륜을 벗겨내면, 폭약으로 철제 핀이 배 표면에 박혔다. 이러한 기뢰는 1척에 최소한 3개를 장치했는데 보일러가 설치되어 있는 보일러 실이나 주 기관실이 있는 구역 외벽에 장치하는 것이 이상적이었다. 시한 신관을 사용하기 때문에, 배가 외양으로 나갔을 때 폭발시키는 것도 가능했다.

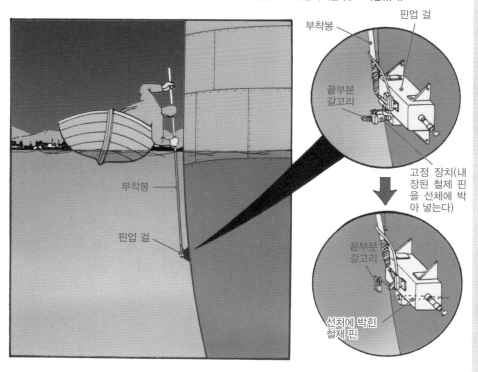

부착봉

핀업 걸

끝부분 갈고리

고정 장치(내장된 철제 핀을 선체에 박아 넣는다)

끝부분 갈고리

선처에 박힌 철제 핀

▼핀업 걸(장착식 기뢰)

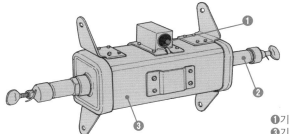

① 기뢰 고정 장치 장착용 구멍   ②AC 딜레이
③기뢰 본체(린페트와 동일하다)

▼기뢰 고정 장치

폭약을 이용해 철제 핀을 선체에 박아 넣어 핀업 걸을 고정한다.

격발 고리

12. 특수 무기(12)

제1장 스파이 장비

제2장 정보 수집 기재

제3장 정찰기와 무인기

제4장 스파이 위성

고온을 방출해 소각시키는 소이탄

제2차 세계 대전 당시 파괴 공작에 사용된 폭탄 중에 소이 폭탄인 테르밋 웰이 있다. 산화하기 쉬운 금속 분말과 환원되기 쉬운 금속제 산화물 분말을 혼합해 점화하면, 금속 분말은 산화물의 산소를 빼앗아 연소하며, 산화물은 용융 금속이 된다. 이 금속과 산화물의 혼합제를 테르밋이라 부르며, 금속 분말은 보통 알루미늄이 쓰였다.

●테르밋 웰(소이 폭탄)

레지스탕스들이 공장 기계나 발전소의 모터, 선박의 엔진이나 가동부 등 다양한 장치를 파괴할 때 사용했다. 이 폭탄은 점화 장치가 하나인 소형과 2개인 대형이 있었다(일러스트는 후자). 크기는 9cm×4.5cm, 높이 19cm.

▼테르밋 웰의 구조

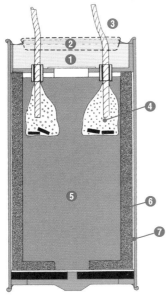

❶공기 구멍을 막아두는 종이 씰 ❷상부 덮개 ❸도화선 ❹점화제(도화선에 이어 테르밋을 점화시킴) ❺테르밋 ❻세라믹 라이너 ❼마분지 상자

※사보타주 = P.60 참조.

테르밋 폭탄은 알루미늄이 산화할 때 5000도 이상의 고온을 발해 장치한 목표물을 용해시켜버린다. 발전기나 공장 기계 등에 장치하면 주요 부품을 녹여 움직이지 못하게 만들기 때문에, 전력 공급이나 공업 생산에 큰 차질을 줄 수 있다. *사보타주에는 그야말로 안성맞춤인 폭탄이었다.

고온을 발하는 테르밋 반응을 이용한 레일 용접 작업.

●파이어 플라이

OSS가 개발한 파이어 플라이는 방화용 폭탄이었다. 독일군의 기지나 보급소에 집적되어 있는 가솔린에 불을 질러 병참 활동이나 군사 작전을 방해하기 위해 사용되었다. 폭탄을 점화, 폭발시키려면 안전핀을 뽑은 후 폭탄을 가솔린 안에 던진다. 폭탄 내부에는 작약(TNT), 점화약, 뇌관 등이 장치되어 있으며, 안전핀을 뽑으면 스프링에 의해 공이치기가 뇌관을 때리고 점화약이 발화, 그 충격으로 작약을 폭발시키는 구조이다. 이 폭탄의 특징은 안전핀을 뽑아도 곧바로 공이치기이 뇌관을 때려버리는 일이 없도록, 가솔린에 녹는 고무 받침쇠를 이용해 3중 구조로 공이치기를 고정해 두었다는 것. 가솔린의 온도에 따라서도 달라지긴 하지만, 대개는 2~7 시간 안에 고무 받침쇠가 녹아서 공이치기가 작동, 폭발한다. 가솔린을 발화시키는 것이 목적인 폭탄이기에, 폭탄 자체에는 대단한 파괴력은 없었고 일러스트처럼 손바닥에 들어갈 정도의 크기로 만들어졌었다.

❶안전핀 ❷받침쇠 ❸공이치기
❹뇌관 ❺점화약 ❻작약

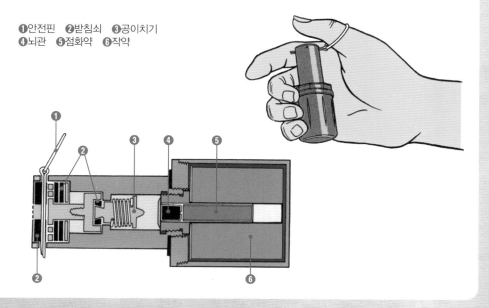

13. 특수 무기(13)

철도를 파괴하는 다양한 폭파 장치

제2차 세계 대전 당시에는 병력이나 물자 등을 수송하기 위해 철도가 많이 사용되었다. OSS나 SOE는 독일군이 사용하는 철도를 파괴하여 물류 수송을 방해하기 위해, 다양한 폭파 장치를 개발했다.

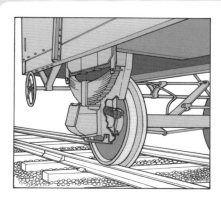

●몰(Mole, 조도 감지식 기폭 장치)

빛의 강약을 측정하는 노출계 비슷한 센서를 이용하는 기폭 장치. 일러스트처럼, 열차의 차축 받이 등에 이 기폭 장치와 플라스틱 폭약(또는 TNT)를 부착해 둔다. 열차가 달리기 시작하고 곧바로 폭발하지는 않지만, 터널에 들어가 센서가 빛의 명암을 감지하면 전기 신관이 발화, 플라스틱 폭탄을 폭발시킨다.

제어 박스
안전핀
센서
전기 신관에 부착할 단자

파괴된 독일군의 수송 열차. 후방의 화물 차량에는 티거 전차가 적재되어 있다. 앞쪽에는 레지스탕스들이 보인다. 그들은 다양한 폭파 장치를 사용해 선로나 기관차를 파괴, 독일군의 열차 수송을 방해했다.

●프로그 시그널

선로나 철도 차량을 파괴하기 위한 기폭 장치. 일러스트처럼 퓨즈 관에 도폭선(다른 한쪽 끝은 플라스틱 폭탄이나 TNT와 연결해 둔다)을 접합한 프로그 시그널을 금속 집쇠로 레일 위쪽에 고정해 둔다. 철도 차량의 바퀴가 위를 지나간 순간 고속 연소해 퓨즈 관 안의 발화약을 폭발시키고, 그 기폭 충격이 폭약에 전해져 폭발한다. 기폭 장치는 차량의 중량이 가해진 순간 압력 플레이트가 뇌관을 눌러 격발시키고, 고속 연소하는 도화선을 매개로 흑색 화약이 폭발, 퓨즈 관이 점화되는 구조. 기폭 장치의 크기는 5cm×2.4cm 정도.

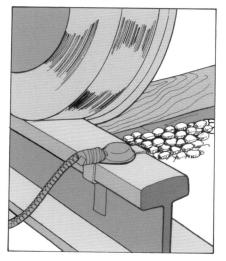

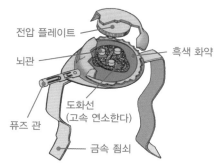

전압 플레이트
흑색 화약
뇌관
도화선
(고속 연소한다)
퓨즈 관
금속 집쇠

●석탄 폭약

❶❷석탄으로 위장한 폭탄 케이스에 도구를 이용해 뇌관을 심는다. ❸❹구멍을 막고, 적의 석탄 보관소에 놓아 둠. ❺석탄 폭약이 다른 석탄과 함께 기관차의 화실로 들어감. ❻폭약에 심어둔 뇌관이 열로 인해 기폭, 내부에서 폭발을 일으킴.

내부에 폭약을 채운 폭탄 케이스
(표면을 갉아 내거나 색을 칠하거나 하여, 그 지역에서 쓰이는 석탄처럼 보이도록 위장해 둠)

뇌관을 심을 도구

폭약에 심을 뇌관

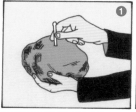

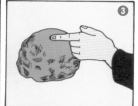

14. 특수무기와 암살

첩보 기관이 행사하는 암살이라는 수단

암살이란 정치적, 종교적 이유 또는 이해 관계에 따라 요인을 살해하는 것을 말한다. 암살은 개인이나 일반인의 작은 집단에 의해 행해지기도 하지만, 국가가 군이나 경찰, 그리고 첩보 기관에 명령을 내려 실행하는 일도 많다.

전자의 경우는 테러나 살인이라 불리는 위법 행위가 된다. 예를 들어, 1968년에 일어난 인권 운동가 · *마틴 루터 킹 목사 암살이나, 1995년에 옴 진리교가 일으켰던 경찰청 장관 · 쿠니마츠 타카지(國松孝次) 암살 미수 사건(쿠니마츠 장관 저격 사건), 또 더 거슬러 올라가서는 1909년에 있었던 초대 내각 총리 대신(당시는 한국 총감부 총감) · *이토 히로부미(伊藤博文) 암살 등이 있다.

한편, 후자는 2011년 5월 미군이 실시한 알카에다 지도자 오사마 빈 라덴 살해가 있으며, 과거에는 1942년 영국군이 파견한 부대에 의한 나치 국가 보안 본부(RSHA)의 장관 라인하르트 하이드리히 암살 등을 들 수 있다. 이런 사건들은 명확하게 국가의 의사에 의해 국가 기관이 행한 것이었다.

하지만 1963년에 일어난 존 F 케네디 대통령 암살처럼, 명백하게 범인으로 지목된 인물이 있음에도 「군산 복합체의 뜻에 따른 정부 주범설」, 「존슨 흑막설(케네디 형제에

사진은 1942년 5월 나치 국가 보안 본부 장관 라인하르트 하이드리히가 암살되었을 때 타고 있던 벤츠. 「프라하의 학살자」라 불리던 하이드리히가 지배하는 체코의 상황에 위기감을 품었던 영국과 체코슬로바키아 망명 정부가, 망명 체코 군인 중에서 10명을 선발해 암살을 실행시켰다(Operation Anthropoid). 선발대의 멤버는 SOE에 의해 필요한 훈련을 받았다.

※킹 목사 암살 = 아프리카계 미국인인 목사 마틴 루터 킹이 유세 중이던 1968년 4월에 백인 남성의 총격을 받고 사망.
※이토 히로부미 암살 = 당시는 일본 통치 하에 있어 '범죄자'로 취급되었으나, 제2차 세계 대전 종전 이후의 대한민국에서는 항일 투쟁의 영웅 · 의사로 칭송되고 있다.

의해 한직으로 밀려난 린든 존슨 부통령을 흑막으로 하는 설)」, 「마피아 주범설」 등의 음모설이 끊임없이 주장되는 암살사건도 있다.

그리고 2006년 11월에 발생한 알렉산더 리트비넨코 독살도 음모설이 제기되는 사건 중 하나이다. 러시아 FSB(러시아 연방 보안청)의 정보 장교였던 리트비넨코는 영국으로 망명해 반체제 활동가·작가 되어, 푸틴 정권 하에 있는 러시아 정부를 비판하거나 내정을 폭로하는 책을 출판했다. 독살된 그의 체내에서는 미량이긴 하지만 강한 방사선을 발하는 *폴로늄 210이 대량으로 검출되었던 사실을 들어, 러시아 정부나 첩보 기관이 관여된 것이라 지적되고 있다. 폴로늄 210은 우라늄 광석 안에는 극소량만 포함되어 있기 때문에 인공적으로 생성되는 방사성 물질이며, 대량으로 생성하기 위해서는 대규모의

원자력 시설이 필요하기 때문이다(러시아 측의 보도에서는 리트비넨코가 핵물질 밀수와 관련되어 있는 것으로 되어 있다). 리트비넨코를 암살한 것은 전 KGB(구 소련 국가 보안 위원회) 요원 안드레이 루고보이를 주범으로 하는 그룹이라 한다.

첩보 기관의 주된 임무는 정보 수집이며, 암살 등은 원래의 임무가 아니다. 하지만 역사적으로 보면 요인 암살에 관여해 있는 것만은 명백하다. 미국, 러시아(구 소련), 중국의 첩보 기관은 오히려 더 적극적이라고도 할 수 있을 정도로 검은 소문이 끊이지 않는다. 이런 나라들의 첩보 기관에는 암살 등을 실행하는 특별 부대가 존재하며, 암살에 사용하는 각종 무기도 개발하고 있다.

●구 소련 첩보 기관의 암살용 무기

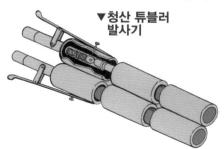

▼청산 튜블러 발사기

공포탄의 발화에 의해 소형 앰플을 파괴하고, 청산을 암살 상대에게 뿌리는 장치. 일러스트는 2연식. 발사 시에는 사용자도 청산 가스를 뒤집어쓰게 되기 때문에 해독제가 필요했다.

▲트로이카

청산이 든 앰플을 발사하는 소형 권총. 발사 방식은 튜블러 발사기와 동일했다.

※폴로늄 210 = 방출하는 알파선은 투과력이 낮아 종이로도 차단할 수 있는 정도지만, 체내에 들어갔을 경우에는 심각한 내부 피폭을 일으킨다. ※공포탄 = 케이스(탄피) 내부에 화약은 채워져 있으나, 탄두(탄환)가 없는 탄약을 말함.

15. 잠입 장비(1)

하늘에서 적지로 강하하는 낙하산

낙하산은 적지에 은밀히 잠입하거나, 단시간 내에 공중에서 일정 병력을 투입할 수 있다는 이점이 있다. 당연하게도 제2차 세계 대전 당시 SOE나 OSS의 첩보원 잠입에도 자주 이용되었는데, 레이더가 발달되지 않았던 당시에는 야간에 적지 상공으로 비행기를 날리고, 거기서 낙하산으로 강하하면 어둠을 틈타 발각되지 않고 잠입할 수 있었다. 이 방법은 여행자 등을 가장하여 엄중한 심사가 진행되는 세관을 통과해 입국하는 것보다 훨씬 위험성이 적었다. SOE의 첩보원의 경우, 낙하산 강하 훈련소는 영국의 던하임에 있었다.

연인 사이였던 SOE의 첩보원이 낙하산 강하로 잠입하기 전에 작별을 아쉬워하는 모습. 한번 임무에 투입되면 목숨을 걸어야 했으며, 두 사람이 재회할 가능성은 매우 낮았다.

「리지」라는 애칭을 지닌 웨스트랜드 라이샌더 *정찰 및 다목적 연락기는 1938년에 취역한 기체로, 제2차 세계 대전 중반에는 이미 구식이 되어 있었다. 하지만 주익 앞부분의 *슬랫과 뒷부분의 *플랩덕분에 저속 성능이 좋았으며, 들판에서도 이착륙이 가능한 튼튼한 고정식 랜딩기어가 있었기 때문에 독일 점령지로 첩보원들을 잠입시킬 때 사용되었다. 이 임무 전용으로 개발된 라이샌더 Mk.Ⅲ는 엔진을 환장하고, 동체 하부에 대형 연료 탱크를 달아 비행 시간을 8시간으로 연장시키기도 했다.

●적지로 낙하산 강하하기 위한 장비

강하모▶

▼SOE 점프 슈트 (강하복)

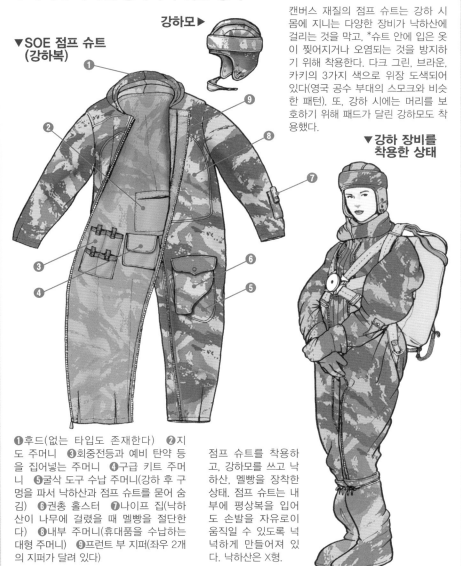

캔버스 재질의 점프 슈트는 강하 시 몸에 지니는 다양한 장비가 낙하산에 걸리는 것을 막고, *슈트 안에 입은 옷이 찢어지거나 오염되는 것을 방지하기 위해 착용한다. 다크 그린, 브라운, 카키의 3가지 색으로 위장 도색되어 있다(영국 공수 부대의 스모크와 비슷한 패턴). 또, 강하 시에는 머리를 보호하기 위해 패드가 달린 강하모도 착용했다.

▼강하 장비를 착용한 상태

❶후드(없는 타입도 존재한다) ❷지도 주머니 ❸회중전등과 예비 탄약 등을 집어넣는 주머니 ❹구급 키트 주머니 ❺굴삭 도구 수납 주머니(강하 후 구멍을 파서 낙하산과 점프 슈트를 묻어 숨김) ❻권총 홀스터 ❼나이프 집(낙하산이 나무에 걸렸을 때 멜빵을 절단한다) ❽내부 주머니(휴대품을 수납하는 대형 주머니) ❾프런트 부 지퍼(좌우 2개의 지퍼가 달려 있다)

점프 슈트를 착용하고, 강하모를 쓰고 낙하산, 멜빵을 장착한 상태. 점프 슈트는 내부에 평상복을 입어도 손발을 자유로이 움직일 수 있도록 넉넉하게 만들어져 있다. 낙하산은 X형.

※정찰 및 다목적 연락기 = 영국 육군의 지상 작전을 지원하기 위한 항공기. 라이샌더는 정찰과 착탄 관측, 물자 투하에 쓰였다. 경폭격기나 연락기로서도 사용되었다. ※슬랫 = 주익 앞부분을 움직여 주익과의 사이에 틈을 만들어서 양력(揚力)을 증폭시키는 장치. ※후연 플랩 = 주익 뒷부분에 있는 양력을 증폭시키는 장치로, 착륙 시의 활주 거리를 단축시키기도 한다. ※슈트 안에 입는 옷 = 첩보원은 점프 슈트 안에 민간인의 옷을 입고, 강하 후에는 재빨리 점프 슈트를 벗어 낙하산과 함께 처분했다.

16. 잠입 장비(2)

공작원이 적지 잠입에 사용하는 반잠수정

CIA와 그 전신인 OSS가 반잠수정을 개발했었다는 것이 1980년대에 판명되었다.

양쪽 다 적지로 공작원을 잠입시키기 위한 수단으로 개발된 것으로, 적의 레이더를 피해 해안으로 접근하기 위해 반잠수정 형태를 취한 것이다.

▼스키프의 항행 모드

가솔린 엔진

《수상 항행 모드》

잠수함 위에서 조립해 수상 항행으로 해안선으로 접근한다. 수상 항행이라면 가장 빨리 이동할 수 있다. 25마력의 가솔린 엔진을 탑재했으며, 시속 약 10km로 항행할 수 있었다.

스노클 마스트

트림 탱크

트림 탱크
밸러스트 탱크

《반잠수 모드》

적에게 탐지될 위험이 있는 해안선 근처에서는 스노클 마스트를 이용해 반잠수 모드로 항행한다. 반잠수라면 레이더에 포착될 위험이 낮아진다. 반잠수 모드 시에는 선체 안의 탱크에 물을 채우고, 부력과 중력의 균형을 적절히 맞춘 상태로 항행한다.

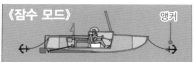

《잠수 모드》

앵커

해안에 접근해 상륙할 때는 탱크에 완전히 물을 채워 반잠수정을 잠수시키고, 앵커(닻)로 해저에 고정시켜 둔다. 철수 시에 사용할 수 있도록 해저에 배를 수몰시킨 상태로 놓아두고, 공작원은 잠수 장치를 사용해 부상한 후 해안에 상륙한다. 수심 약 10m 정도까지 잠수 가능.

●CIA의 반잠수정 「스키프」

OSS가 개발한 「기믹」. 2척이 건조되어 「기즈모1」, 「기즈모2」라는 닉네임으로 불렸다. 건조비는 2만 달러(현재로 환산하면 약 26만 6,000 달러 상당).

▼스키프(Skiff)

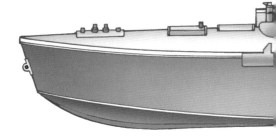

※올림픽 작전 = 미군이 계획했던 일본 본토 상륙 작전. 1945년 11월 1일 미나미큐슈(南九州)로 상륙할 예정이었다. 다음 해 3월 1일에는 칸토(關東) 지방에 상륙하는 코로넷 작전이 계획되어 있었다(이 두 가지 작전을 합쳐서 다운 폴 작전이라 부른다).

마약 조직이 건조한 코카인 밀수용 반잠수정. 반잠수정으로 만든 것은 CIA와 같은 이유 때문이다. 지금이 풍부한 마약 조직은 이 외에도 잠수정이나 UAV 등을 개발해 미국으로 마약을 밀수한다고 한다.

1945년 5월, OSS는 11월에 예정되어 있던 올림픽 작전에 대비해 훈련받은 55명의 한국계 미국인 공작원을 일본이 점령했던 한반도와 일본 본토에 은밀히 잠입시켜, 정보 수집 및 사보타주를 행하는 작전을 세웠다. 나브코 계획이라고도 불린 이 작전은, 일본과 한반도 근해까지 잠수정으로 공작원을 운반하고, 거기서 반잠수정을 이용해 상륙시키게 되어 있었다. 코드네임 「기믹」이라 불리던 반잠수정은 당시 유명한 요트 제작자인 존 트럼피가 개발했다. 나무로 만들어졌으며, 항속 거리는 176km, 수상 항행 · 반잠수 항행 · 잠수(단, 수중으로는 잠수만 가능하고 수중 항행 능력은 거의 없다) 등 3가지 모드로 운용 가능했다. 하지만 일본의 항복으로 인해 작전은 중지되었고, 기믹은 실전에 투입되지 않았다.

CIA 박물관에 전시되어 있는 스키프.

1950년대에 들어와 CIA가 기믹에 주목하고, 다시 한 번 반잠수정을 개발했다. 「스키프」라 불린 이 반잠수정은 승무원실 해치에 버블 캐노피를 사용하는 등 디자인은 진화했지만, 크기도 성능도 모두 기믹과 큰 차이가 없었다. CIA에서는 공작원의 잠입을 서포트하는 부문에서 사용하는 것으로 되어 있었지만, 실제로 사용되었는지는 불명.

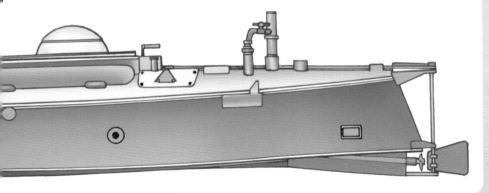

17. 기타 장비

뭔가 유머러스한 스파이 도구

첩보 활동 시 사용되는 도구는 다양한 종류가 개발되었다. 정보 수집을 위한 것, 위기에 빠졌을 때 사용하는 것, 파괴 공작을 위한 것 등, 여기서는 조금은 특이하고, 조금은 우스운 도구를 소개한다.

제1장 스파이 장비

제2장 정보 수집 기재

제3장 정찰기와 무인기

제4장 스파이 위성

❶비둘기 카메라: 비둘기에 카메라를 달아 공중에서 목표를 촬영한다. 사진은 제1차 세계 대전 당시 영국에서 사용한 것. 똑같은 것이 각국에서 만들어졌으며, 첩보 활동에도 쓰였다.

❷지향성 청음 장치: 사진은 제1차 세계 대전 당시 독일군이 사용했다고 알려진 것으로, 엄밀하게 말하면 스파이 장비가 아니다. 그렇지만 이러한 지향성 청음 장치는 첩보 활동에서도 쓰였다.

❸똥 모양 트랜스미터: 1970년대 미군이 개발한 것으로, 베트남 전쟁 당시 호치민 루트에 설치되었다. 동물의 똥으로 위장한 수지 안에 센서와 송신기, 전원으로 쓸 니켈 카드뮴 전지가 들어 있다. 도청기처럼 소리를 잡아내진 못하지만, 베트콩이나 북 베트남군의 움직임을 센서가 감지하면 신호를 송신했다. 송신 거리는 약 4km. 송신기는 호밍 비콘처럼 사용하는 것도 가능했다.

❹곤충형 MAV: 정보 수집을 위한 마이크로 센서를 탑재하는 플랫폼으로 1970년대에 CIA가 개발했다(현대의 초소형 UAV의 효시 격이라 불린다). 잠자리와 비슷한 몸체 안에 날개를 상하로 움직이는 소형 모터를 탑재, 날갯짓을 하며 비행 가능하다. 전장 6cm, 폭 9cm, 높이 1.5cm.

※호치민 루트 = 남베트남에서 남베트남 해방 민족 전선으로 이어지는 보급로의 통칭. 중립국인 라오스나 캄보디아 영내를 통과하는 길이었다. ※호밍 비콘 = 무선 지표. 발신하는 전파를 추적, 위치를 특정할 수 있다.

❺손목 시계형 무전기: 1970년대에 미국의 무전기 제작사가 시험 제작한 것으로, 첩보 활동용이라기보다는 제작사가 자신들의 높은 기술력을 자랑하기 위해 개발했다. 현재의 스마트폰에 비하면 장난감처럼 보이지만, 당시의 최첨단 기술이 사용되었다. 그야말로 당시의 스파이 장비라는 인상이지만, 실제로 첩보 활동에 사용되었는지는 불명.

❻봉투를 뜯지 않고 편지를 보는 도구: 거의 철사 수준으로 얇은 핀셋 부분을 봉투 끝부분에 밀어 넣고, 안의 편지를 잡고 둘둘 말아서 봉투에서 빼낸다. 그립 상부의 돌기 부분을 누르면 핀셋 부분이 회전하도록 되어 있다. 단, 읽은 편지를 미개봉 봉투 안에 다시 돌려놓지 않으면 의미가 없기 때문에, 실용성이 얼마나 있었는지는 불명.

❼변장 도구 세트: 1960년대 CIA 첩보원이 사용했던 것. 머리카락이나 피부색을 바꾸는 염색약이나 브러시 등의 화장 용품이 들어 있었다.

❽CIA 첩보원의 스파이 장비: 2013년 5월 모스크바에서 FSB에 체포된 CIA 첩보원 라이언 크리스토퍼 포겔이 소지하고 있던 스파이 도구.

❶변장용 가발 ❷선글라스 ❸모스크바시 가이드북 ❹봉투 ❺셀룰러폰(휴대전화) ❻플래시 라이트 ❼페퍼 스프레이 ❽접이식 나이프 ❾라이터 ❿컴퍼스 ⓫펜 나이프 ⓬비닐백(복수의 여권, 신용 카드, 컴퓨터 칩 등을 수납) ⓭메모장
(Photo/FSB)

18. SOE와 OSS

군인과는 다른 첩보원들의 싸움

제1장 스파이 장비

제2장 정보 수집 기재

제3장 정찰기와 무인기

제4장 스파이 위성

제2차 세계 대전 초기, 독일군의 쾌속 진격에 압도당해 유럽 대륙에서 밀려난 연합군의 최후의 요새가 된 것이 영국이었다. 모두가 *영국 본토 방위만을 강조할 때, 윈스턴 처칠 수상과 소수의 군 수뇌부가 더욱 적극적인 공격을 전개해야 한다고 주장했다.

당시 영국은 정규군에 의한 대규모 반격 작전이 불가능했기 때문에 소수의 특수 부대를 이용해 공격하고, 첩보 조직에 의한 독일군에 관한 정보 수집 및 레지스탕스(저항 운동) 조직 지원, 파괴 공작, 모략 등으로 독일의 힘을 약체화시키는 방법을 취했다. 이러한 작전 방침에 기초해 군사 조직으로 코만도 부대 등의 특수 부대, 첩보 기관인 *SIS(비밀 정보부), 그리고 새로이 설립된 SOE(특수 작전 집행부)가 임무를 수행하게 되었다.

코만도 부대는 군 장병들 중에서 자질, 체력이 우수한 지원병을 선발하고, 다양한 환경 하에서 싸울 수 있도록 훈련시켜 소수 정예 부대를 편성. 육상과 해상 구별 없이 투입했으며, 국지 공격을 주 임무로 하는 특수 기습 부대였다. 이 부대의 기습 작전은 상당한 전과를 올렸는데, 이는 SAS나 공수 부대 등의 특수 부대가 편성되는 계기가 되었다(이 코만도 부대를 모방해 미국에서도 레인저 부대가 창설되었다).

SOE는 군의 조직 하에 있는 것이 아니라, 전시 경제성의 관할 하에 있었다. 원래는 국가의 정책에 따라야만 하는 군대가 전쟁 수행 방침에 계속해서 딴죽을 걸면서 임기응변 대처를 방해했기 때문에, 그걸 저지하기 위한 관청의 하부 조직으로 편성되었던 것이다.

SOE는 ① 비밀 활동 사무국(조직 전체의 보안과 체크), ② 교육부(SOE 공작원의 양성), ③ 연구부(특수 장비 개발과 사용법 연구), ④ A 섹션(선전 활동 등의 심리전 담당), ⑤ B 섹션(실제 첩보 활동 수행), ⑥ C 섹션(작전 입안과 지휘 담당)의 6개 부문으로 구성되어 있었다.

한편, 대전 당시 연합국에 가담했던 미국은 제2차 세계 대전이 시작될 때까지 첩보 활동의 중요성을 인식하지 못한 상태였다. 그런 미국도 참전할 것인가 중립에 설 것인가라는 국가의 운명을 좌우하는 중대한 국면이 찾아왔을 때, 적성국(추축국)의 경제나 군사 정보를 수집 분석해 정책의 지침이 될 레벨의 정보를 제공하는 첩보 조직의 필요성을 통감하게 되었다. 그래서 SOE를 본 따 급히 설치된 것이 대통령 직할인 *OCI(정보 조정국)였다.

※영국 본토 방위 = 실제로 독일군은 영국 본토에 대한 상륙 작전인 「제뢰베(Seelöwe : 바다사자) 작전」을 계획하고 있었는데, 이에 앞서 1940년 7월부터 시작된 것이 바로 「배틀 오브 브리튼(영국 본토 항공전)」이다.　※SIS = Secret Intelligent Service의 약자. 통칭 MI6, 영화 007 시리즈의 제임스 본드는 여기 소속되어 있다는 설정이다(소설 원작자인 이안 플레밍도 전 MI6 첩보원이었다).
※OCI = Office of the Coordinator of Information의 약자.　※SO = Special Operation의 약자.　※OG = Operation Group의 약자.

OCI는 장관으로 취임한 윌리엄 J 도노반의 지휘 아래, 정보 수집과 분석 임무부터 시작해서 후방 교란, 파괴 활동까지 임무가 확대되었다. 이후 1941년 말 미국이 참전함과 함께 OSS(전략 사무국)로 승격, 관할이 통합 참모 본부로 이관되면서 대 추축국 전을 의식하여 더욱 군사적인 조직으로 변모해 갔다 (최종적으로는 CIA로 발전한다).

흥미로운 점은 SOE, OSS 모두 첩보원이 직업 군인이 아니라, 학력이나 식견을 중시해 대부분을 군인이 아닌 사람 중에서 채용하고 훈련시켰다는 점이다. 훈련 내용은 통신술, 격투기, 폭발물 취급, 사보타주나 선동 방법, 게릴라 전술, 낙하산 강하 등 다채로운 부문에 걸쳐 있었다. 훈련을 수료하고 임무에 임한 SOE나 OSS 등의 첩보원이 실시한 활동은 정보 수집이나 레지스탕스 조직 멤버를 훈련시키는 본래의 활동 이외에도, 더 적극적인 암살이나 파괴 공작도 있었다. 그렇기 때문에, 특히 OSS에서는 그런 「더러운 임무」를 담당하는 SO라 불리는 특수 작전부가 있었다. 낙하산으로 적의 전선 배후에 강하해 독일군의 시설과 수송망을 파괴하거나,

적 부대를 반복해서 공격해 혼란에 빠트리는 등의 게릴라 활동과 요인 암살을 전문으로 했다. 전쟁이 진행됨에 따라, *SO는 더욱 큰 규모의 조직인 *OG로 다시 태어났다. 전략 전투단이라 불린 이 조직은 영국군이 북 아프리카에서 설립한 SAS를 본 딴 것으로, 멤버 훈련 또한 SAS에서 행해졌다.

OG의 대원이 SOE의 첩보원과 가장 크게 달랐던 점은 활동할 때 상당한 자유 재량권이 주어져 있었다는 것이다. 조직의 편성이나 작전 실행 시기, 작전 내용 등의 중요한 사항이 대강 전해지는 것뿐이었으며, 단독으로 전개하는 것도 인정되었다. OSS에서 필요한 자금과 물자를 공급받았음에도, 작전 자체는 지도를 받지 않고 활동하는 것이 허용되어 있었다.

독일군 치하의 프랑스에서 레지스탕스 조직을 교육 및 지휘해 게릴라전을 전개했던 것이 바로 제드버러 팀이었다. 제드버러는 SOE와 OSS, 자유 프랑스 군의 첩보원이 조직을 초월해 팀을 구성하고, 3명이 1조(지휘관, 오퍼레이터, 통신수)를 이뤄 임지에 낙하산 강하로 잠입했다. 후에 제드버러에는 네덜란드나 벨기에의 군인도 참가해 조직의 세력도 확대되었다. 사진은 제드버러의 멤버가 공적을 인정받아 훈장을 받는 장면 (Photo: Lean Larrieu).

19. 첩보원

화려함과는 거리가 먼 스파이라는 직업

제1장 스파이 장비
제2장 정보 수집 기재
제3장 정찰기와 무인기
제4장 스파이 위성

　스파이란 첩보 활동을 하는 사람들의 총칭이지만, 이 호칭은 어딘지 모르게 뒤가 켕기는 느낌이 있다. 첩보원이라고 하면 듣기에는 좋지만, 그 활동은 비합법적인 것이며 때로는 사람을 속이고, 나라를 팔기도 한다. 군대가 수행하는 순수한 군사 작전과 비교하면 스파이 활동은 정당성도 없고, 수면 하에서의 활동은 눈에 띄는 것도 아니다. 말하자면 더러운 일이다. 하지만 첩보 활동의 효과는 절대적이며, 때로는 군의 대규모 부대가 행하는 작전에 필적할 정도의 성과를 올리기도 한다. 그렇기에 옛날부터 세계 각국이 스파이를 양성하고, 다양한 임무를 수행하게 해왔던 것이다.

　그럼 어떤 사람이 스파이가 되는 걸까. 어떤 사람이 스파이가 되는 이유는 천차만별이지만, 머릿속에 제일 먼저 떠오르는 것은 영화 007의 제임스 본드 같은 스파이일 것이다. 군인, 또는 민간인 중에서 첩보 기관이 선발 채용하고, 혹독한 훈련을 받은 프로 중의 프로. 폭넓고 깊은 지식과 기술을 지니고, 사상적으로도 문제가 없으며, 충성심도 강한 사람…. 그들은 외교관이나 주재 무관이라는 신분(비즈니스맨이나 저널리스트 등 민간인을 가장하는 경우도 있다)으로 해외에 파견되고, 임무를 수행한 후 귀환하면 곧 다시 다

2014년에 중국을 방문한 미국 국방장관 척 헤이글을 맞이하는 미국의 중국 주재 무관 마크 W 질렛 육군 준장(오른쪽 끝)과, 인민해방군 육해공장관. 주재 무관의 임무는 파견국이나 그 주변 국가의 정보를 수집해 자국의 권익을 지키는 것이다. 대사관 주최로 열리는 파티 등도 좋은 정보 수집터이다. 단, 주재 무관이 모두 첩보 기관원인 것은 아니다.

※인텔리전스 오피서 = CIA에서는 케이스 오피서라 부른다. ※슬리퍼 = 일본 닌자에는 「쿠사(草 : 풀)」이라 불리는 슬리퍼가 있었다. 현지에 녹아들어 2대, 3대에 걸쳐 활동했다고 한다. ※2중 스파이 = 제2차 세계대전 당시 독일과 영국 양쪽에서 훈장을 받은 스파이도 있었다. 역사에 이름은 남지 않았지만, 2중 스파이 또는 3중 스파이였던 사람은 상당히 많았을지도 모른다.

른 임무로 파견된다.

첩보 기관의 직원인 그들은 *인텔리전스 오피서(기관원)이라 불린다. 주된 임무는 파견된 나라의 정치·경제·과학·군사 정보의 수집과(때로는 가짜 정보를 흘려 교란시키기도 한다), 정보 제공 및 중개자 역할을 하는 에이전트(협력자)를 모아 네트워크를 만드는 것이다. 결코 건물이나 시설에 침입해 서류를 훔쳐내거나, 파괴 공작을 하는 것이 아니다.

이것과는 별개로, 파견지의 언어나 습관을 배우고 오랜 시간에 걸쳐 현지에 녹아들어, 때로는 그 나라 사람으로 위장하고 생활하며 본국의 지령을 받아 활동하는 *슬리퍼(공작원)라 불리는 스파이도 있다.

그런데 에이전트는 어떻게 확보하는 걸까. 현재도 쓰이는 일반적인 방법이 남의 약점을 이용하여 첩보 활동에 협력하게 하는 방법이다. 이 방법으로 확보한 인원 대부분은 우연한 기회에 스파이가 된 사람이 태반이다. 가족이 위기에 처했을 때(경제적인 문제가 많은 모양이다), 친절한 사람이 찾아와 도와준다. 그리고 어느 날 갑자기 그 「친절한 사람」이 협력을 요구한다. 그것은 명령이며 협박이기도 해서, 절대로 거부할 수 없다. 어쩔 수 없이 명령에 따라 움직이게 되지만, 한 편으로 그 「친절한 사람」이 씀씀이도 좋아서 거액의 보수를 주기라도 한다면… 이런 식으로 어느새 첩보 활동에 빠져들게 되어, 적을 위해 나라를 팔게 되는 것이다. 이러한 인물은 스팅커(역겨운 놈)라는 은어로 불리며, 첩보원들조차 경멸한다. 에이전트가 되는 동기는 금전적인 문제 이외에도, 연애나 사상이 이유일 때도 있으며, 가족을 인질로

잡혀 강요받는 경우도 있다. 어쨌든 에이전트는 첩보 기관이 가장 이용하기 쉽고, 정보 수집 활동에 있어 꼭 필요한 인간이다. 당근과 채찍을 적절히 사용해 마구 부려먹지만, 이용 가치가 없어지면 버려지는 존재다. 그 임무는 위험을 동반하며, 적에게 붙잡히면 재판도 없이 즉결 처형되는 경우도 있다.

또 첩보 기관에 있어서는 이중 스파이도 귀중한 존재다. 이중 스파이란, 적국의 첩보원을 몰래 아군으로 삼아 자국을 위해 움직이게 하는 것이다. *이중 스파이가 된 적의 첩보원은 매수되는 등 금전을 위해 배신하는 사람, 또는 체포당해 전향되는 사람이다. 첩보 기관에 있어서 적의 첩보원이 배신하게 하는 것은 메리트가 매우 크기 때문에, 수고와 돈을 아끼지 않는다. 하지만 배신한 첩보원은 나중에 도움이 되지 않게 된다면 양쪽 나라가 목숨을 노리게 되기 때문에 오래 살 수는 없다.

첩보 활동이란 이렇게 종사하는 사람들 입장에서 보아도 비정한 것이다. 임무 자체도 가혹하며, 첩보원 활동이 가능한 기간도 짧다. 게다가 대부분의 사람들을 기다리는 것은 대부분 밝은 미래가 아닌 비참한 결말이다.

20. 첩보 기관(1)

주된 활동은 따분한 정보 수집과 분석

첩보 기관에 의한 활동은 크게 일반 활동과 *비밀 활동이 있다. 기본적으로 이것은 현재도 마찬가지이지만, 방법이나 내용은 제2차 세계 대전을 경계로 크게 변했다.

일반 활동은 소위 말하는 정보 수집·분석이며, 수많은 학자와 전문가를 할당해 지극히 학구적인 활동을 한다. 전쟁 전부터 대전까지는 적국(실제로는 외국의 태반이 대상이다)의 라디오 방송이나 무선 통신 방수(傍受), 신문이나 잡지 등의 수집이 그 수단이었다. 적국의 정세나 과학 기술, 농업 생산 등 전략적으로 가치가 있을 것 같은 정보부터, 지방 신문의 가십 기사까지 다양한 정보가 모여 분석되고 내용의 중요성이 검토된다. 당시는 사람의 수작업에 의한 활동이었으며, 첩보 기관 구성원의 절반 이상이 이러한 따분한 정보 수집과 분석 작업을 했었다.

또, 오늘날처럼 외국에 관한 정보가 풍부하지 않았던 당시에는 외국을 여행한 일반인에게서 정보를 얻기도 했다. 이것은 「미니 숙모님의 선물」이라 불리는 방법으로, 1941~1942년에 걸쳐 미국의 OCI(정보 조정국)이 실시한 것이다. 이 시기에 이미 유럽에서는 전쟁이 시작됐었지만, 미국은 참전하지 않았고 업무나 휴가로 외국 여행을 떠난 미국인이 많았다. 그들이 외국에서 찍어 온 스냅 사진은 정보의 보고였다. 그렇다고는 해도, 여행자가 촬영한 사진에 군사 목표(석유 탱크, 발전소, 철도, 공장, 군사 시설 등)가 그대로 찍혀 있는 것은 아니었다. 이렇게 모은 수 천 장에 달하는 사진을 전문가들이 한 장 한 장 확대경을 이용해 분석·조사해 얻은 단편적인 정보를 이어 붙여 하나의 결론을 도출해 내는 것이다.

제2차 세계 대전 당시의 FBI(연방 수사국)의 정보 분석 작업 풍경. FBI는 법무성의 경찰 기관이지만, 당시에는 해외에 관해서도 적극적으로 정보 수집과 분석을 실시했다. 미국에 잠입해 온 나치 독일 등의 스파이 적발, 국내의 불온분자 감시 및 체포, 또 남미의 통신 방수를 위한 비밀 무선국 설치 등, 첩보 기관이나 다름없는 활동을 했다.

※비밀 활동은 일반에 잘 알려져 있다 = 모순된 표현이지만, 일반인이 스파이나 첩보 기관에 품는 이미지는 비밀 활동 쪽일 것이다.   ※FBI = Federal Bureau of Investigation의 약자.

그리고 도출해낸 추론은 현지에 잠입한 OCI의 요원이 진위를 확인했다.

그리고 외국 여행에서 돌아온 사람들에게 OCI 국원이 직접 방문해 그 나라에 대해 자세히 묻는 방법도 사용했다. 특히 외국에서 돌아온 중요 인물에 대해서는 재산, 사상, 성격, 취미, 전화 통화 기록까지 철저한 조사가 되풀이되었다. 이러한 개인에 관한 정보 수집은 조사 활동 시 협력자나 이용할 수 있는 인물을 선정할 때 도움이 되었기 때문이다.

그렇다고는 해도, 이러한 방법은 방대한 인원이 필요하고, 들어가는 비용 또한 막대했다. 첩보 활동은 낭비를 반복하는 것이고, 100개의 정보를 수집했을 때 중요한 정보가 하나만 있으면 된다고는 해도 이렇게 되면 낭비가 너무 심해서 국가 기관이 아니면 할 수 없는 일이었다. 대전 당시 독일군의 암호를 해독하기 위해 개발된 컴퓨터가 정보 분류·분석에 도입되게 된 이후부터는 작업 효율이 대폭 향상되었고 인원도 많이 줄일 수 있게 되었다.

이러한 일반 활동에 비해, 비밀 활동은 일반 사람들도 쉽게 상상할 수 있는 것이다. 예를 들자면 적진에 침입해 극비 서류를 훔치거나 촬영한다. 아니면 요인 암살, 파괴 공작, 사보타주 활동 등, 더욱 적극적인 활동이다.

하지만 대전이 종결된 후 1960년대 동서 냉전이 극도로 긴장 상태였던 시기를 제외하면, 비밀 활동이라 해도 암살이나 파괴 공작은 별로 실행되지 않게 되었으며, 난폭한 수단을 이용한 정보 수집도 그림자를 감추게 되었다. 아무리 첩보 활동이라 해도 전쟁이

아닌 한 살인이나 파괴 활동은 인정되지 않았으며, 합법적이지 않은 수단을 사용한 것을 들키게 되면 비난 여론이 들끓게 된다. 위험을 무릅쓰고 그러한 활동을 실시한다 해도, 그만한 가치를 갖지 못하기 때문이다.

그렇다고는 해도, 대전 이후 CIA 등에서는 아시아나 중동 지역을 비롯하여, 세계 각지의 반정부 세력에 무기나 자금을 제공했으며, 쿠데타나 혁명을 지원하는 등 다른 형태로 비밀 활동을 전개해 왔다. 그리고 동서 냉전이 종결되고 세계 각지에서 지역 분쟁이 활성화되고, 2000년대에 들어와 대테러 전쟁이 시작된 후 첩보 기관은 다시금 비밀 활동을 적극적으로 실시하게 되었다.

2000년대, 아프가니스탄에서 활동하는 CIA 공작원.

21. 첩보 기관(2)

준군사 활동을 행하는 첩보 기관의 부서

제1장 스파이 장비

첩보 기관은 정보 수집이 주된 임무지만, 비밀 정치 공작이나 준 군사적(Paramilitary) 활동을 행하는 부문도 있다. 제2차 세계 대전에서 활동했던 OSS의 OS나 OG, 제드버러 같은 조직이다.

예를 들면 CIA에는 *SAD(특별 활동과) 등으로 불리는 부서가 있으며, CIA가 창설된 이후 쿠바, 베트남, 니카라과, 엘살바도르, 소말리아, 아프가니스탄, 이라크, 파키스탄, 이란, 리비아 등 세계 각지에서 활동을 벌여왔다. 그리고 21세기에 들어와 9.11(미국 동시 다발 테러 사건) 이후 대 테러 전쟁이 시작된 후, 특별 활동과는 매년 규모가 커지고 있다.

CIA의 특별활동과는 크게 *PAG(정치 행동 그룹)과 *SOG(특수 작전 그룹)로 구별할 수 있다. PAG는 심리전이나 경제전, 또는 사이버 전 등 정치적으로 영향이 강한 활동을 담당한다. 그리고 SOG는 군의 특수 부대처럼 준 군사적인 활동을 하는 부문이다. 그렇기 때문에 육상 부대(지상에서의 비밀 작전이나 지원국의 현지 주민의 군사 훈련 등을 담당한다), 해상 부대(해상에서의 비밀 작전이나 수송 등을 지원한다), 항공 부대(작전 지역으로 CIA 공작원과 물자 등을 공수한다. 또, 프레데터 등의 UAV를 운용해 정찰이나 공격한다)의 3개 그룹으로 나뉘어 있다.

2001년 9월에 미국 동시 다발 테러가 일어난 후 CIA의 SOG는 군의 특수 부대보다도 먼저 아프가니스탄에 들어갔고, 정보 수집 및 지방 군벌 회유 등에 힘썼다(이 임무에

제2장 정보 수집 기재

제3장 정찰기와 무인기

제4장 스파이 위성

2002년 3월 아나콘다 작전 시 지원하던 CIA의 MI-17 헬리콥터. 헬리콥터에 타려는 사람들(오른쪽 끝)과 부상자와 그를 간호하는 사람들(중앙의 3명)은 특수 부대원과 CIA의 SOG 오퍼레이터이다. 아프가니스탄의 알카에다 거점 · 샤이코트 계곡에서 실시된 아나콘다 작전은 걸프 전 이후 처음으로 있었던 대규모 지상 전투였다. 미군 3개 보병 대대(제101 공수 사단과 제10 산악사단에서 편제)에 아프간 동부 동맹군과 용병 부대(서방측 PMC) 3개 중대가 중심이 되어 작전을 전개했으나, 성과를 올리지는 못했다.

※SAD = Special Activities Division의 약자. ※PAG = Political Action Group의 약자. ※SOG = Special Operation Group의 약자. ※특별 팀 = 역전의 CIA 공작원과 전 SEALS(해군 특수 부대) 대원으로 구성된 소규모 팀이었다고 한다. ※빈 라덴 = 사우디아라비아 출신의 이슬람 과격파로 알카에다 사령관. 미국 동시 다발 테러의 주모자로 지목되어, 2011년 5월 미군 특수 부대에 의해 살해되었다.

서는 코드 네임「조 브레이커」라는 특별 팀이 편성되었다). 또, 빈 라덴을 시작으로 하는 알카에다 최고 간부 포착 등의 임무를 위해 미국과 연합군의 특수 부대원으로 편성된 태스크 포스에도 CIA의 SOG 오퍼레이터가 참가했다.

참고로 CIA 정도의 규모는 아니지만, 영국의 SIS(비밀 정보부)에도 준 군사 부문이 배속되어 있다.

아프가니스탄에서 임무에 임하는 미합중국 특수 작전 사령부 소속 장병. CIA의 SOG 오퍼레이터는 이러한 특수 부대 장병 출신을 중심으로 인재를 모집한다.

●CIA의 SOG 오퍼레이터의 장비

아프가니스탄에서 활동했던 2010년 경의 CIA 오퍼레이터(다양한 사진을 참고해 그린 것). 복장이나 장비류는 각자의 군대 시절 경험과 취향에 따라 사용하기 때문에 통일되지 않았다.

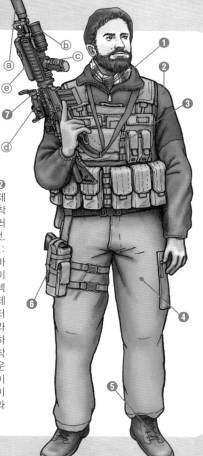

❶쉐마그: 이슬람 권에서 남성이 머리에 쓰는 장신구 ❷ 플리스 재킷: 블랙 호크나 5.11 택티컬 등의 브랜드 제품 또는 해군에서 지급되는 NWU 등의 플리스 재킷을 착용 ❸바디 아머: MAR-CIRAS 등을 사용. CIRAS(사이러스)는 이글 사(社)가 미국 특수 작전군용으로 개발한 것. DBT, PPM, BHI 등 각종 파우치 장착. ❹택티컬 팬츠: EOTAC(이오택)이나 5.11 택티컬 등의 택티컬 팬츠. 청바지를 입는 사람도 있다. ❺택티컬 부츠: 메렐이나 베이츠의 택티컬 부츠 등의 브랜드 제품 또는 벨빌이나 고어텍스 등의 관급품 사막화. ❻레그 홀스터: 권총은 CIA 제식 채용 권총으로까지 일컬어지는 글록 17. 오퍼레이터는 군의 특수 부대 출신자가 많으므로, 각자의 취향에 따라 M19111이나 M9, 시그 자우어 P226 등을 사용하기도 하며, 개중에는 방탄복의 웨빙 테이프에 직접 홀스터를 장착하는 사람도 있다. ❼M4 카빈: 액세서리 종류는 ⓐ사운드 서프레서, ⓑ플래시 라이트, ⓒ포어 그립, ⓓ도트 사이트(에임 포인트 COMP M2), ⓔIR 레이저 / IR 일루미네이터 ANPEQ-2. 총의 액세서리 종류도 각자의 취향에 따라 사용.

※쉐마그 = 케피예, 아프간 스톨이라고도 불린다.

22. 파괴 공작(1)

사보타주는 정면으로 싸우지 않는 전법

일본어로 「사보루(サボる)」라고 하면 일할 때 게으름을 피운다는 의미지만, 그 어원인 프랑스어 *사보타주는 파괴 공작을 의미한다(게으름을 피운다는 뜻은 없다). 사보타주에서의 사보는 나무를 파내 만든 나무 구두(sabot)로, 18~19세기에 농민들이 이걸 신고 지주의 땅을 짓밟아 어지럽히거나, 직공들이 공장의 기계에 던져 불만을 표시하는 상징이 된 것에서 유래했다고 한다.

사보타주에는 소극적(간접적) 사보타주와 적극적(직접적)인 사보타주가 있다. 소극적 사보타주란 폭력적인 수단을 쓰지 않고 적의 사기를 꺾으며, 적의 자원에 손해를 입히는 방법이다. 예를 들자면 노동자를 선동해 일의 생산 효율을 저하시키거나, 공장에 폭파 예고 전화를 걸어 일시적으로 종사자들을 피난시켜 생산을 중단시키는 등의 수단이 있

다. 심리적으로 적을 공격하는 것이다.

한편, 적극적 사보타주란 전쟁 중에 자주 쓰이는 방법으로, 군사 또는 산업 시설 등을 파괴해 적의 전쟁 수행이나 정치 체제의 유지를 방해하는 것이다. 예를 들면, 적 또는 적의 지배 아래 있는 공장이나 중요 시설의 파괴, 건물에 대한 방화나 폭파, 공업 기계에 이물질을 넣어 움직이지 못하게 하거나, 발전용 터빈에 철봉을 꽂아 넣어 망가뜨리는 등의 행위를 말한다. 또한, 폭탄이나 특수한 폭약을 장치해 적의 사령부, 정치 기관, 통신 계통, 교통 기관 등을 파괴하는 것도 포함된다. 적의 요인 암살이나 유괴 또한 적극적 사보타주의 수단 중 하나이다.

이런 것들은 주로 전쟁 시에 군의 특수 부대나 첩보 기관의 공작원에 의해 실행된다.

적극적인 사보타주를 실행하는 경우에는

●캐컬루브(Caccolube)

얇은 고무주머니에 화학 물질의 혼합물을 채운 것으로, OSS나 SOE가 사용한 파괴 공작용 아이템이다. 주차 중인 트럭 등의 연료 탱크에 고무주머니 째로 집어넣거나, 아니면 혼합물을 물에 녹여 직접 카뷰레터에 흘려 넣는다. 트럭이 달리기 시작하면 혼합물이 가솔린에 녹아 엔진의 실린더 안으로 방출되고, 실린더의 상하 운동이 내부를 마모시키면서 엔진을 못 쓰게 만드는 원리이다.

※사보타주 = 파괴 공작이긴 하지만, 주 목적이 비전투원을 표적으로 하는 인원 살상이 아니라는 점이 사보타주와 테러리즘의 차이이다.

나중에 자신들의 활동에 영향을 미치지 않도록, 어느 정도까지 실시해야 좋을지를 잘 생각해 결정한 후 무차별 파괴 공작이나 철저한 파괴가 되지 않도록 하는 것이 중요하다.

●거너 사이드 작전

역사적인 성과를 올린 적극적 사보타주라면, 제2차 세계 대전 시 실행된 「거너 사이드 작전」이다. 이것은 노르웨이의 중수(重水) 공장을 파괴하는 것으로, 나치 독일의 원자 폭탄 개발을 저지한 작전이다. 1942년 3월, 연합국은 노르웨이인 공작원을 노르웨이 텔레마크 지방에 낙하산 강하시키고, 몇 개월에 걸쳐 정찰하게 했다. 그 정보를 바탕으로 다음해 2월에 실행된 작전은 SOE에서 훈련을 받은 노르웨이인으로 편성된 특수 부대원 10명이 참가했다. 그들은 노르웨이 군의 제복을 입고 깎아지른 듯한 절벽을 올라, 경비를 뚫고 공장에 침입해 공장 시설 폭파에 성공했다. 그 후 독일군의 수색을 따돌리고 전원이 무사히 도망쳤다.

노르웨이군 병사로 위장한 대원들은 스키를 이용해 이동했다.

노르웨이의 텔레마크 지방에 있는 벨모르크 수력 발전소. 원폭 제조에 필요한 중수는 앞쪽의 노르스크 수소 공장에서 생산되었다.

캐컬루브

23. 파괴 공작(2)

바다에서의 파괴 공작에 사용된 수중 카누

제1장 스파이 장비

제2차 세계 대전 전반, 영국 해군과 SEO는 카누를 사용해 적지의 항만에 정박해 있는 함정을 공격해 전과를 올렸다. 하지만 얼마 안 가 적이 레이더와 어뢰 방지망, 수상 순찰 등으로 항만의 경비를 강화해 쉽게 잠입할 수 없게 되었다. 그래서 적의 방위책의 의표를 찔러 공격하기 위해 개발된 것이 *SB정이라 불리는 모터 수중 카누(제식 명칭은 *MSC)였다. 이 잠수정은 영국 육군의 퀸틴 리브스 소령의 아이디어로 시작되어, 1942년 개발되었

제2장 정보 수집 기재

다. 참고로 리브스는 육군의 장교이면서도 영국 해군의 2인승 인간 어뢰 채리엇 개발에도 관여한 바가 있는 수중전 전문가였다.

SB정에 흥미를 보였던 것은 영국 해군보다 SEO 쪽으로, 경비가 삼엄한 적의 항만에 잠행으로 공격 목표인 함선에 접근, 기뢰(핀 업 걸이나 린페트라는 이름이었다)를 장치하는데 사용하게 되었다.

SB정이 실전에 어느 정도 사용되었는지에 대한 자세한 기록은 없으나, 1944년 영국,

제3장 정찰기와 무인기

제4장 스파이 위성

●SB정

위에서부터 수상 항행, 반잠수 항행, 수중 항행 모습. SB정은 모함에서 발진하면 자력으로 수상 항행하여 적의 방위선까지 접근한 뒤에 물을 넣어 잠항, 적의 항만 내부에 잠해해 공격 목표에 접근했다. 반잠수 항행은 목표를 확인하기 위해 잠시 부상할 때 사용했다. 수상 항행 시에도 물보라를 일으키지 않고 무척 조용해서, 특수 작전에 안성맞춤인 병기였다.

❶주수 밸브 ❷방수 구역 문 ❸트림 탱크 송기관 ❹트림 탱크 및 밸러스트 탱크 송기 밸브 ❺계기 ❻조타 장치 ❼잠항타 ❽키 ❾스크류 ❿부력 탱크 ⓫전동 모터(24 볼트 5마력) ⓬시트 ⓭전동 모터 제어 장치 ⓮트림 탱크 및 밸러스트 탱크 주수 밸브 ⓯산소 봄베 ⓰주수 밸브 ⓱밸러스트 탱크 ⓲트림 탱크 주수관 ⓳배터리(6 볼트×4기) ⓴트림 탱크

※SB = Sleeping Beauty(잠자는 숲속의 미녀)의 약자.
※MSC = Motorised Submersible Canoe의 약자.

오스트레일리아, 뉴질랜드의 혼성 특수 유닛 에 사용했다는 기록이 남아 있다.
Z가 싱가포르에 정박해 있던 일본 함정 공격

●영국 해군의 잠수 장치

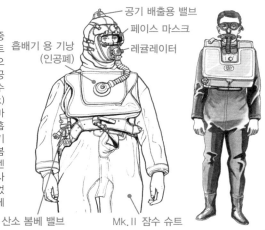

SB 정은 탑승자가 드러나기 때문에, 수중
항행 시는 호흡 장치가 필요했다. 일러스트
왼쪽은 슬레이든 잠수 장치라 불리는 것으
로, 캔버스 천에 고무를 입혀 방수 가공
처리한 Mk.Ⅱ 잠수 슈트와 *순환식 잠수
장치(폐쇄 회로식 잠수 장치), 즈크(doek)
로 만든 잠수화 조합. 호흡 장치는 가스 마
스크를 개량한 잠수용 페이스 마스크와 흡
배기 용 기낭(인공 폐. 페이스 마스크와 기
낭은 고무 호스로 연결되어 있다), 산소 봄
베(2개의 산소 봄베를 가죽 벨트로 등에 멘
다) 등으로 구성되어 있다. 순수 산소를 사
용하기 때문에, 산소 중독의 위험성이 있었
다. 일러스트 오른쪽은 영국 해군이 최초에
개발했던 수륙양용 1형 잠수 장치.

공기 배출용 밸브
페이스 마스크
레귤레이터
흡배기 용 기낭
(인공폐)
산소 봄베 밸브
Mk.Ⅱ 잠수 슈트

▼SB정 내부

SB정은 전동 모터로 전진하는 카누로, 제2차 세계 대전 중에 개발된 최소형 잠수정이
었다. 선체는 알루미늄으로 만들어졌으며, 전장 3.86m, 전폭 0.69m, 중량 273kg, 최대
속력 시속 8.1Km, 순항 속도(시속 6.5km)로 74km 항행 가능.

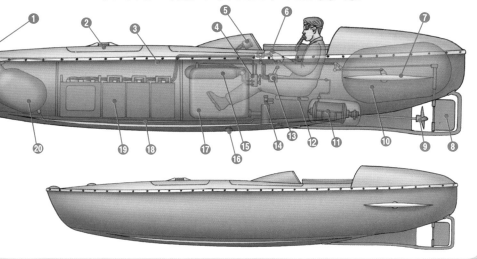

※순환식 잠수 장치 = 착용자는 산소 봄베의 순수 산소를 흡입하고, 내쉬는 숨을 기낭 안의 금속캔에 충전된 소다 석회에 통과시켜 탄
소 가스를 제거. 정화한 내쉬는 숨의 산소와 봄베의 산소를 기낭 안에서 혼합해 흡기에 재이용한다. 현재의 순수 산소를 이용하는 순
환식 잠수 장치의 한계 심도는 7m 정도로 되어 있으나, 당시에는 이 장치로 무려 30m 이상 잠수했던 사람도 있었다고 한다.

CHAPTER 2

Equipment of Intelligence Gathering

정보 수집 기재

정보 수집이야말로 모든 첩보 활동의 기본이며,
스파이의 주된 임무라 해도 좋을 것이다.
이 장에서는 다양한 정보 수집 기재에 대한 상세 사항부터,
무전기, 암호, 그리고 사이버 전까지 둘러보도록 하자.

01. 도청 기재(1)

옛날부터 실행되었던 정보 수집의 기본

제1장 스파이 장비
제2장 첩보 수집 기재
제3장 정찰기와 무인기
제4장 스파이 위성

첩보 활동 시 정보를 입수하거나 적 스파이를 감시하기 위해 옛날부터 사용된 방법이 바로 도청이다. 첩보 기관의 가장 중요한 일은 정보 수집이며(암살이나 파괴 활동 등도 첩보 활동의 영역이긴 하지만, 주된 임무는 아니다), 도청이나 감시는 중요한 수단이다. 그리고 도청에는 도청기, 감시에는 도촬용 카메라 등 영상기록 장치가 사용된다.

도청기는 비교적 단순한 구조라 소형화할 수 있어서, 옛날부터 펜이나 장식품 등 다양한 물건에 숨겨둘 수 있었다. 최근에는 엄청나게 소형이면서도 고출력인 장치가 개발되어, 발견하기가 어려워졌다. 시판 중인 도청기도 있으며, 누구나 간단히 구입할 수 있게 되었다. 그렇기 때문에 탐정이나 흥신소 사람들이 도청기를 구입해 불륜 조사나 신변 조사 등에 사용하기도 한다. 또 일반인이 흥미 삼아 구입해서 어딘가에 장치하고 도청하는 경우도 있다. 그뿐이 아니라 혼자서 사는 젊은 여성의 생활을 도청하고, 그걸 이용해 스토커 행위를 일삼는 사건도 일어난다. 하지만 이런 행위는 모두 불법이다. 일본의 경우, 기본적으로 경찰의 수사 활동 시에조차 도청은 인정되지 않는다.

참고로 가장 대규모 도청이 실시된 예로 1960~1970년대 중반까지의 베를린을 꼽을 수 있다.

당시는 동서 냉전이 한창 치열할 때였으며, 동서로 분단되어 있던 베를린에서는 수많은 스파이들이 활동했다. 그래서 당시 동

●도청기의 구조

도청기는 소리를 포착하는 소형 마이크와 발신기, 안테나, 전원으로 쓰이는 배터리로 구성되어 있다. 전기·전자 부품이 소형화 및 고성능화가 진행되었기에, 현재의 도청기는 엄청나게 작아져 발견하기 어렵게 되었다. 도청기가 발신한 전파는 리시버(무선을 수신하기 위한 *광대역 수신기)로 수신하고, 보이스 레코더를 달아 녹음한다.

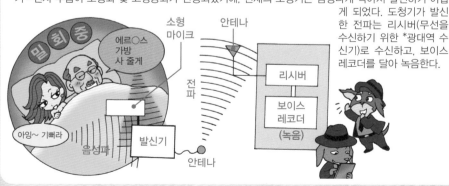

※광대역 수신기 = 와이드밴드 리시버라고도 불린다. 시판되고 있으며, 녹음 기능을 지닌 것도 있다.

독의 *MfS(국가 보안부)에서는 동 베를린에 잠입해 있던 서방 측의 스파이와 협력자를 붙잡기 위해, 전화국을 이용해 시내의 다양한 통화를 도청했다.

●도청기는 3종류로 분류할 수 있다

도청기는 전원 취급 방식에 따라 크게 3종류로 구별할 수 있다. 전지식은 다양한 장소에 장치할 수 있지만, 전지가 떨어지면 사용할 수 없게 된다. *AC 전원식은 장기간에 걸쳐 도청이 가능하지만, 최근에는 너무 잘 알려져 있기 때문에 발각되기 쉽다. 또, 전지식이나 AC 전원식 도청기는 리시버에 의해 비교적 간단히 탐지되고 만다.

전지식(내장식)

전지가 내장되어 있기 때문에, 전원을 확보할 필요가 없다. 단, 사용 시간은 전지의 수명에 따라 제한되고 만다.

펜 형

박스 형

전화 회선식

위장 부품으로 전화기 안에 넣어 둔다.

도청기

50엔 동전과 비슷한 정도의 크기

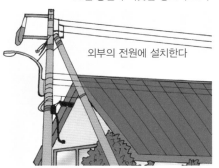

외부의 전원에 설치한다

AC 전원식

AC 플러그 형

AC플러그 안에 도청기가 장치되어 있다.

전원은 가정용 콘센트(AC 100V)에 기생해 얻는다. 강력한 전파를 장기간 발신할 수 있지만, 탐지되기 쉽다.

가장 발각되기 어려운 것이 전화 회선식으로, 크게 전화기 안에 소형 도청기를 장치하는 방법과 집밖의 전화선에 도청기를 설치하는 방법으로 나뉜다. 전자는 전화기 안에 장치하는 행위 자체가 어렵다. 한편, 후자는 비교적 쉽게 설치할 수 있다. 하지만 전화 회선식의 경우, 전화를 사용 중일 때 잡음이 들리거나 혼선이 일어나기 쉽기 때문에, 도청되고 있다는 사실을 탐지당하기 쉽다.

※MfS = Ministerium für Staatssicherheit(독일어)의 약자, 통칭 「Stasi(슈타지)」. 냉전 하의 동독에서 철저히 감시망을 구축했으며, 서독으로도 다수의 스파이를 보냈다. 냉전 종결 후 해체. ※AC= Alternating Current의 약자로 「교류」를 의미함. AC 전원은 교류 전원을 말한다. PC는 AC 어댑터로 전원을 교류에서 직류로 변환해 사용한다(이 AC 어댑터로 위장한 도청기나 도촬 카메라도 존재한다).

02. 도청 기재(2)

적외선 레이저를 도청 장치에 이용한다

제1장 스파이 장비

제2장 정보 수집 기재

제3장 정찰기와 무인기

제4장 스파이 위성

*레이저란 빛을 증폭시켜 방사하는 장치다. 방사되는 레이저는 가시광선부터 *자외선이나 X선, 심지어 *적외선까지 있으며, 모두 다 전자파이다.

군용(경찰용)으로 사용되는 레이저의 대부분은 적외선 레이저이며, 그 중에서도 근적외선이 사용된다. 근적외선은 파장이 0.75~1.4 *마이크로미터(750~1400나노미터)의 전자파로 적색 가시광선에 가까운 성질을 지녔지만 불가시광선으로, 적외선 카메라나 적외선 통신 등에 사용된다. 이러한 근적외선을 사용하는 적외선 레이저는 적외선을 증폭해 방사하는 것으로, 적외선 파장은 일정하게 유지된다. 예를 들어 군용총의 필수 액세서리 중 하나인 적외선 레이저 포인터(조준 장치)에 사용되는 레이저도 근적외선이다.

군이나 경찰에서 사용하는 클래스1으로 분류되는 적외선 레이저 포인터는 파장이 900 *나노미터, 출력이 5*밀리와트 정도의

적외선 레이저 포인터에서 방출되는 레이저 광선. 근적외선 레이저이므로 육안으로는 보이지 않으나, 암시 장치를 통해 보면 사진처럼 보인다. 참고로 총의 조준 장치 중 하나인 적색 빔을 발사하는 레이저 포인터는 적색 가시광선을 방출한다.

※레이저 = Light Amplification by Stimulated Emission of Radiation(복사의 유도 방출에 의한 빛 증폭)의 약자 LASAR를 연결해 부르는 것. ※자외선 = 가시광선의 자주색보다 파장이 짧으며, 인간의 눈에 보이지 않는 전자파. 눈에 보이는 가시광선과 비교해, 자외선과 적외선을 불가시광선이라고도 부른다. ※적외선 = 가시광선의 적색보다 파장이 길고, 인간의 눈에 보이지 않는 전자파. 파장에 따라 근적외선, 중적외선, 원적외선으로 분류된다. ※마이크로미터 = 100만분의 1미터(1000분의 1mm). ※나노미터 = 10억분의 1미터(100만분의 1mm). ※밀리와트 = 1000분의 1와트.

적외선 레이저 광선을 방출한다.

참고로 페이브웨이 등의 레이저 유도 폭탄의 유도에 쓰이는 레이저(레이저 조사 장치에서 조사된다)도 근적외선 레이저(개량형 페이브웨이는 1.064마이크로미터 정도)가 사용되지만, 복수의 폭탄을 유도하거나 방해를 받지 않기 위해 3자리 또는 4자리 숫자의 레이저 코드화되어 있다.

또, 2000년대에 들어와 하이테크 도청기 중 하나로 주목받게 된 레이저 도청장치도 대부분이 근적외선을 이용한 적외선 레이저를 방출해 도청을 실시한다.

●적외선 레이저 도청 장치

실내에 도청기를 장치하지 않고, 건물 외부에서 도청이 가능한 것이 적외선 레이저 도청 장치의 특징이다. 도청 장치는 레이저 발신기와 수신기로 구성된다. 인간이 내는 목소리는 공기를 진동시켜 전해지며, 상대의 고막을 울려 들리는 원리로 되어 있는데, 실내에서 대화할 경우, 공기의 진동은 그 방의 유리창에도 전해져 미묘한 진동을 일으킨다. 적외선 레이저를 진동하는 유리창에 조사하면, 레이저가 유리창의 미묘한 진동에 의해 변조되어 반사되며, 반사된 레이저를 수신해 변조된 진동을 다시 음성신호로 복조(demodulation)하는 것이 적외선 레이저 도청 장치의 원리이다. 여기서 사용되는 적외선 레이저는 파장이 700~900 나노미터, 출력이 30~50 밀리와트 정도. 장해물이 없이 탁 트여 있을 경우 300~500m의 거리까지 도청이 가능하다(레이저는 직진하기 때문에, 중간에 장해물이 있으면 도청할 수 없다). 다만 인간이 생각하는 내용을 멀리 떨어진 장소에서 읽어내는 적외선 사고 도청 장치 같은 것은 존재하지 않는다.

독일 PKI 일렉트로닉 인텔리전스 사(社)의 PKI 3100 레이저 모니터링 시스템. 적외선 레이저 조사 장치(카메라)와 레이저 수신 장치로 구성된 도청 장치. 법집행 기관을 위해 개발된 대 테러 용 감시 장치이다. 최대 300m의 거리에서 건물 외부에서 적외선 레이저로 내부의 회화를 도청 · 기록 가능하다.

회의 중

도청 장치의▶ 비교

적외선 레이저

유리창에 반사된 적외선 레이저

적외선 레이저 도청 장치라면 건물 외부에서 도청할 수 있으며 상대에게 들킬 가능성도 낮다(단, 상대가 적외선 레이저 도청 장치 탐지기를 사용한다면 탐지당하고 만다).

일반적인 도청기는 건물 내부(실내)에 설치할 필요가 있기에, 도청기 자체가 발견될 위험이 있다.

03. 도촬 카메라(1)

몰래 촬영할 때 쓰이는 초소형 위장 카메라

제1장 스파이 장비

제2장 정보 수집 기재

제3장 정찰기와 무인기

제4장 스파이 위성

첩보원이 잠입지나 침입지에서 비밀 서류를 촬영하거나, 적의 군사 시설이나 병기를 몰래 촬영하기 위해 개발된 것이 도촬 카메라다. 상당히 소형이며, 얼핏 보기에는 카메라로 보이지 않도록 만들어져 있다.

1949년에 개발된 슈타이넥 ABC. 개발은 슈타이넥 카메라베르크. 12.5mm, *F2.5의 렌즈가 탑재되었으며, 24mm의 디스크 형 필름에 5.5mm의 원형 사진을 8컷 촬영할 수 있었다. 1949년 독일이 동서로 분열된 국가가 되면서, 이 카메라는 동독과 소련의 첩보 기관에서 많이 사용되었다.

❶파인더 ❷렌즈 ❸조리개 조절(노랑색은 밝게, 파란색은 어둡게) ❹셔터

제2차 세계 대전 당시 독일군이 점령했던 파리에서 정보를 교환하는 연합국의 첩보원(두 사람 사이로 제복을 입은 독일 군인이 보인다). 담배를 피는 남성의 손앞에는 성냥갑이 놓여 있다. 성냥갑 카메라는 그냥 보기에는 성냥갑으로만 보이기 때문에, 대화를 나누며 주변에 들키지 않고 전달하기 좋았다(제2차 대전 당시의 포스터에서).

※F＝F 수치. 렌즈의 밝기를 나타내는 수치(초점 거리를 유효 구경으로 나눈 수치). F 수치가 적을수록 밝은 렌즈이며, 셔터 속도가 빨라진다.

●도촬용
성냥갑 카메라

도촬용으로 OSS가 사용했던 16mm
필름을 사용하는 소형 카메라. 손바닥
에 숨기고 촬영할 수 있는 크기로, 성
냥 라벨을 붙여 성냥갑으로 보이게 했
다(이때 붙이는 라벨은 주로 스웨덴
어나 일본이었다고 하는데, 사용하는
지역에 맞게 교체할 수 있도록 세계
각지에서 시판되는 성냥 라벨이 준비
되어 있었다).

①렌즈 **②**케이스 **③**카메라 본체 **④**필름
⑤필름 감기 다이얼 **⑥**셔터

▼성냥갑 카메라 사용법

노출 조정
셔터 고정 레버
케이스 고정 레버

성냥갑 카메라는 고정 초점식이며, 노출과 셔
터 스피드가 각각 2단계로 구별되어 있어 야
외·실내 등의 촬영 조건에 따라 조절할 수 있
었다. 사용하는 필름은 16mm. 파인더가 없으
므로, 카메라를 손에 쥐고 촬영 대상에 렌즈를
향하기만 하면 촬영할 수 있었다. 당연하겠지만
찍히는 사진은 그렇게 선명한 것이 아니었다.

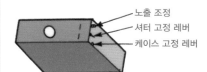

①촬영

②촬영 종료

③케이스를 연다

④카메라 본체의
덮개를 벗겨낸다

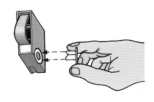

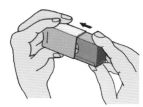

⑤필름을 빼낸다

⑥필름 교환

⑦케이스에 재장전
(③~⑦의 조작은 암실에서 한다)

04. 도촬 카메라(2)

문서 복사도 가능한 고성능 소형 카메라

제1장 스파이 장비

제2장 정보 수집 기재

제3장 정찰기와 무인기

제4장 스파이 위성

적의 본부에 잠입해 금고에서 비밀 서류를 훔쳐내 복사하거나, 공장에 잠입해 신형 병기를 몰래 촬영하는 것 등은 스파이 영화에서 아주 익숙한 장면일 것이다. 그럴 때 활약하는 대표적인 소형 도촬용 카메라가 바로 미녹스 카메라다.

라트비아 출신 독일인 광학 기술자 발터

자프(미녹스 사의 창업자)를 중심으로 한 팀이 개발한 미녹스는 원래 1937년에 발매된 시판용 카메라였다. 그러다가 성능을 인정받아 첩보 활동에 사용되게 되었고, 스파이 카메라로 유명해졌다. 1990년대까지 각국의 첩보 기관에서 계속 사용되었다.

●미녹스 카메라

《카메라 전면》

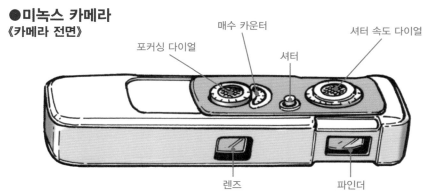

포커싱 다이얼 / 매수 카운터 / 셔터 / 셔터 속도 다이얼

렌즈 / 파인더

《카메라 윗면》

개발 당시에도 미녹스는 경이적인 성능을 지닌 카메라로 첩보 기관에서 인기가 있었다. 전장이 8cm 정도로 손 안에 다 들어갈 정도로 작고, 셔터 스피드의 고속화가 용이한 *슬라이드 날개형 포컬 플레인 셔터를 사용했다. 또, 렌즈는 성능이 좋아서 촬영한 화상을 큰 배율로 확대할 수 있었다(단, 사용하는 것은 9.5mm 필름이기 때문에, 크게 확대하면 그만큼 입자가 거칠어지고 흐려진다). 개량을 거듭하면서 1990년대까지 사용되었다. 일러스트는 1936년에 개발된 최초의 모델 "리가 미녹스 카메라".

※슬라이드 날개형 포컬 플레인 셔터(focal plane shutter) = 화상의 바로 근처에 셔터가 설치되어 있으며, 2장의 차광용 셔터 막을 화면 끝에서 주행시켜 개폐하는 방식.

Equipment of Intelligence Gathering

모터 감기 기구를 장착했으면서도 세계에서 가장 작은 카메라였던 "테시나 카메라"는 초소형으로, 빈 담배 케이스에 넣어 도촬에 쓸 수 있었다. 35mm 필름을 사용하는 스위스 제 카메라로, 10장까지 연속으로 촬영 가능. CIA를 비롯한 각국의 첩보 기관에서 사용되었다.

◀촬영법

렌즈의 개방 F 수치(렌즈의 조리개를 가장 크게 연 상태를 말함)가 *F3.5로 고정되어 있으며, 광량이 부족한 상태라 해도 보정을 위해 빛을 사용하지 않고 서류 등을 접사할 수 있었다. 하지만 초점을 맞추는 기능은 없었고, 최단 촬영 거리는 50cm였기 때문에 서류 촬영 시에는 일러스트처럼 촬영 거리의 기준이 되는 측정용 체인을 사용했다. 필름을 감는 것은 푸쉬풀 조작으로, 19mm 필름 카세트 하나로 50매의 사진을 촬영할 수 있었다. 또한 직접 현상, 확대할 수 있도록 다양한 도구가 개발·판매되었다.

계측용 체인

카메라 및 현상 키트▼

사진 확대기▶

램프 하우스

네가 트레이

현상용 탱크▼

차광식 현상액 주입구

램프 제어 버튼

인화용 틀 개폐 버튼

변압기

인화용지

플러그

카세트 폴더

네가 용 루페▶

▲카세트식 필름

▲미녹스 카메라

※F3.5로 고정 = 조리개를 작게 하면 회절(回折) 현상에 의해 화질의 저하가 일어난다(번짐 현상). 이 현상을 억제하기 위해 항상 3.5로 사용하게 되어 있었다.

05. 도촬 기재

법으로는 금지되어 있지만 첩보에는 자주 쓰인다

도촬이란 피사체(촬영되는 사람)나 촬영 대상물의 관리자(소유자)의 양해를 얻지 않고 몰래 촬영(정지 화상 및 동화 포함)하는 행위를 말한다. 도촬이라고 하면 영화관에서 상영 중인 영화를 녹화하거나, 아니면 외설적인 목적으로 공공장소나 탈 것 안에서 몰래 촬영하는 행위를 말하는 경우가 많다. 범

죄를 입증하는 증거로서의 도촬도 있지만, 법정에서는 *증거 능력이 부정된다.

하지만 탐정이나 흥신소가 불륜 조사나 신변 조사를 할 때는 불법임에도 불구하고 자주 사용하는 수단이며, 첩보 기관에서는 기밀 정보 입수나 협력자가 될 인재 확보 등의 수단으로 자주 쓰고 있다.

도촬 중에서 의외로 맹점인 것이 PC에 달려 있는 카메라다. 카메라를 기동시키는 바이러스 프로그램을 보내고, PC의 소유자가 눈치 채지 못하고 그걸 실행하면 PC가 바이러스에 감염, 카메라가 멋대로 실내 상황이나 소유자의 생활을 촬영해 외부로 송신해버리는 사례가 있다. 무선 LAN을 사용하면 그 전파에서 방수될 위험성도 있다. 최근 무료로 이용할 수 있는 Wi-Fi 스팟이 증가하고 있지만, 이것들은 프로토콜이 암호화 되어 있지 않거나, 암호화 강도가 약하기 때문에 간단히 도청·방수되고 만다. 그 결과로 화상 정보나 어카운트 정보 등 개인 정보를 도둑맞고, 자기도 모르는 새에 자신의 명의로 인터넷 쇼핑을 사용하는 등의 피해가 발생하고 있다.

※증거 능력이 부정된다 = 불법적인 수단으로 수집된 증거는 채용되지 않는다. 단 감시 카메라의 영상 등은 피사체의 허가 없이 촬영된 것이라 해도 증거 능력을 인정받은 판례가 있다.
※LAN = Local Area Network의 약자. 일반 가정, 사무실, 공장 등의 시설 내에서 쓰이는 컴퓨터 네트워크. 이걸 무선 통신으로 사용하는 것이 무선 LAN.
※Wi-Fi 스팟 = 무선 LAN 액세스 포인트를 설치한 역이나 공공기관, 카페 등의 공간 및 그걸 이용한 공중 무선 LAN.
※프로토콜 = 컴퓨터끼리 통신할 때의 규격 및 공통 언어.

●도촬용 카메라

배터리 내장식
초소형 카메라

외부 전원 공급식
초소형 카메라

▼초소형 CCD 카메라와 CMOS 카메라

외부 전원 공급식
초소형 카메라

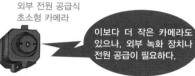

이보다 더 작은 카메라도
있으나, 외부 녹화 장치나
전원 공급이 필요하다.

장소나 상황에 따라
카메라를 구별해 사용

무선식이 아닌 카메라를 설치했을 경우에는 녹화 화상을 회수해야 하는 문제도 있다.

현재 도촬에 쓰이는 소형 카메라는 상당한 숫자가 개발·판매되고 있다. 그 중에서도 실내도촬 등에 많이 쓰이는 것이 초소형 *CCD 카메라와 *CMOS 카메라. 전용 핀홀 렌즈를 장착하면 직경 2mm 정도의 구멍 안에서도 촬영이 가능하다. 촬영한 화상을 전파에 실어외부로 송신하는 무선식도 있다. 단, 이런 카메라는 전원으로 쓸 콘센트나 외장 배터리가필요하기 때문에, 카메라가 들키지 않도록 설치하기 어렵다. 발견하기 어렵게 하려면 전기나 가스 공사·정기 점검 등을 가장해 실내로들어가거나, 부재중일 때 침입해 카메라를 인테리어 안에 숨기거나 해서 설치하는 방법을사용해야 한다. 한편, 배터리 내장식 초소형카메라는 설치하는 것보다 촬영자가 몰래 숨겨 지닌 상태로 촬영하는 쪽에 더 적합하다.

▼안경형 비디오 카메라

일반적인 도촬 수법은 촬영 대상자를 미행하며 행동을 감시, 증거가될 장면을 카메라나 비디오로 촬영하는 것으로, 대상자는 물론, 주변에도 들키지 않고 촬영할 수 있다면 쓸데없는 트러블을 피할 수 있다. 이러한 일에 적합한 것이 바로 안경 카메라다. 이것은 안경테 중앙(렌즈와 렌즈 사이)에 CMOS를 이용한 소형 카메라가 내장되어 있으며, 거의 착용자의 시선에서 고해상도 동영상과 정지 화상을 촬영할 수 있다. 촬영한 화상 데이터는 사이드 프레임에 삽입되어 있

는 micro SD 카드에 저장된다. 전원은 충전식 리튬 배터리이며, 사용 방법에 따라 차이가 있지만 대략 1~2 시간 정도 촬영이 가능하다. 보통 안경에 비해 안경테가 다수 두껍고 조작 스위치가 있는 등의 차이점이 있지만, 잘 살펴보지 않으면 쉽게 알기 어렵다. 이러한 카메라는 다양한 메이커에서 개발·판매 중이다.

※CCD = Charge−Coupled Device의 약자. 전하 결합 소자(반도체 소자)라는 의미로, 디지털 카메라, 비디오 카메라에 많이 쓰인다.
※CMOS = Complementar Metal Oxide Semiconductor의 약자. 상보성 금속 산화막 반도체라는 의미. CMOS는 CCD보다 저렴하며, 휴대 전화의 카메라에도 쓰인다.

06. 무전기(1)

첩보 활동용 슈트케이스형 무전기

제2차 세계 대전 당시 적국에 잠입한 첩보원과 본국을 연결하기 위해, 무전기는 중요한 역할을 수행했다.

당초 연합군의 첩보원이 사용한 무전기는 군용 또는 민수용으로 개발되었던 것이었다. 그러다 1942년 6월부터, SOE는 고성능이며 운반하기 편리한 무전기를 연구·개발하기 시작했다. 마찬가지로 OSS에서도 독자적으로 첩보 전용 무전기를 개발하고 있었다.

가장 많이 쓰인 것은 1942년 말 경부터 사용되기 시작한 타입 A Mk.2 및 타입 B Mk.2 무전기다.

이것들은 슈트케이스에 수납되며, 출력 20W, 발신 전파 주파수는 3.0~16MHz, 교신

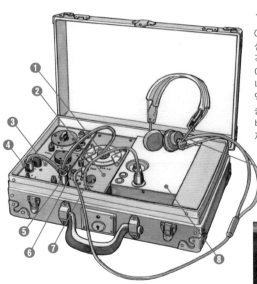

◀ SSTR-1 무전기

OSS가 사용했던 슈트케이스 형 무전기. 송신기, 수신기 및 배터리로 구성되어 있다. 각각의 기기가 별개의 파츠로 슈트케이스에 수납되어 있기 때문에, 케이스에서 꺼내 사용하는 것도 가능. 송신 거리는 최대 약 160km 정도였다. 이런 형태의 무전기는 송·수신기의 소형화 및 전원으로 쓰이는 배터리의 중량 경감 등, 해결해야만 하는 문제가 많아서 실용화가 어려웠다.

*모스 신호를 보내는 훈련을 받는 중인 여성 첩보원. 여성의 손이 키를 조작하는 데 더 적합했다고 한다.

❶주파수 전환 스위치
❷무전기 본체(수신기)
❸무전기 본체(송신기)
❹전원 플러그
❺헤드셋 플러그
❻송·수신 전환 스위치
❼볼륨 다이얼
❽배터리
❾헤드셋

※모스 신호 = 단점(··)과 장점(–)을 조합해 문자나 숫자나 기호를 표현하는 모스 부호를 사용한 신호(일본에서는 단점을 「톤(dot)」, 장점을 「츠(dash)」라고 표현한다). 현재는 거의 사용되지 않지만, 열악한 통신 환경 하에서 최대한의 의사소통이 가능하기 때문에, 원양 어업 시의 무전이나 자위대의 야전 통신 등에서 사용되고 있다.

거리는 최대 800km였다. 수신기는 음성 교신도 가능했지만, 키(전건)로 모스 신호를 보내는 전신식(電信式) 쪽이 적은 전력으로 교신 거리가 더 길었기 때문에, 보통 런던의 본부에서 송신하는 것은 전신식이 사용되었다.

이 슈트케이스 형 무전기는 상당히 우수했지만, 초기 제품은 시중에서 판매 중이던 영국제 슈트케이스에 수납되어 있었다. 그 때문에 독일이 점령한 나라에 잠입한 첩보원이나 지하 조직 멤버가 차례로 체포되고 말았다. 소지하고 있던 슈트케이스가 전부 같은

크기의 영국제였기 때문에, 독일 방첩 요원들이 살짝 보기만 해도 스파이를 쉽게 판별할 수 있었던 것이다. 그러면서 슈트케이스에 문제가 있다는 것을 깨달은 SOE 연구소는 낡은 가죽을 수 백 장 모아 위장하기 쉬운 것을 선별, 그것들을 세공해 통신기재를 수납해 무전기가 들어있는 케이스를 쉽게 간파할 수 없게 만들었다.

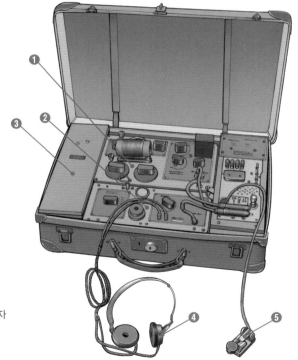

타입 A Mk.2▶
슈트케이스 무전기

*수정 발진기를 사용한 3밴드 송신기와 *슈퍼 헤테로다인 방식의 수신기를 조합한 무전기. 전원은 전구 소켓 등의 가정용 전원 (97~250볼트)을 사용하는데, 케이스 안에 들어 있는 배터리를 이용하는 것도 가능했다. 송신기, 수신기, 배터리, 헤드셋, 키 및 예비 부품이 하나의 슈트케이스에 수납되어 있다. 중량은 14.4kg으로, 그때까지의 무전기에 비하면 소형 경량화 되었고 성능도 향상되었다.

❶송신기
❷수신기
❸부품 상자
❹헤드셋
❺전신 키

※수정 발진기 = 전파의 기본이 되는 고주파 전류를 만들기 위해 수정 발진 회로를 사용하는 방식.
※슈퍼 헤테로다인 방식 = 수신 감도를 올리기 위해 안테나로 수신한 전파의 신호를 변환하는 방식.

07. 무전기(2)

무선 통신이 진짜인가 아닌가 하는 문제

제1장 스파이 장비

제2장 정보 수집 기재

제3장 정찰기와 무인기

제4장 스파이 위성

제2차 세계 대전 당시 독일이 점령한 나라에 잠입한 SOE나 OSS 등의 연합국 첩보원은, 무선 통신을 이용해 런던 본부에 보고하거나 지시를 받기도 했다. 본부와 교신할 때는 미리 통신 시간이 정해져 있었으며, 정해진 시간에 정기적으로 통신을 교환했다. 이로 인해 본부 측은 잠입해 있는 첩보원의 무사를 확인할 수 있었다(적에게 붙잡히거나 신상에 이변이 생기면 정기 통신이 불가능하다). 또, 정기 통신이 끊긴 후 며칠 또는 1주일 후에 통신이 재개됐을 경우에는 체포된 첩보원이 적에게 통신을 강요당한 것으로 생각할 수 있었다.

당시 무전기는 키(전건)로 모스 신호를 치는 전신식이 주류였으며, 통신은 첩보원이 자신에게 부여된 코드네임을 보내는 것으로

개시되었다. 예를 들어 코드네임이 「RSL15-26'이라면, 키를 두드려 2회 반복해 보낸다. 런던의 본부가 코드네임을 확인하고 교신을 나눌 경우, 사인이 보내져 온다. 첩보원은 리시버(수신기)를 이용해 사인이 보내져 오는 주파수를 찾는다. 이때 독일 측에 방수될 위험성을 고려해 본부 측이 사용하는 주파수는 일정하지 않았다. 첩보원은 수신기의 주파수 전환 노브와 튜닝 노브를 조작해 그때그때 사용 주파수를 탐지해야만 했다. 첩보원은 주파수를 맞춘 후 통신을 보내기 시작하지만, 그 전에 자신의 시큐리티 체크 코드를 송신해야만 했다.

적지에 잠입한 첩보원이 송신하는 통신 내용이 진짜인지 아닌지 본부가 확인하기 위해, 2중 3중으로 체크 수단을 취했기 때문

무전기 키 조작을 배우는 OSS 대원. 당시의 무전기는 음성 교신도 가능하긴 했지만, 장거리 교신에는 모스 신호 쪽이 적합했다.

이다. 만약 첩보원이 적에게 붙잡혀 고문을 받고 통신을 강요당했다 해도, 시큐리티 체크 코드를 보내지 않거나 일부러 틀리게 보내면 수신하는 본부 측이 통신 내용이 수상하다는 것을 판별할 수 있는 것이다. 실제로 이 시대에는 체포한 연합국 첩보원에게서 갱신되는 주파수나 암호 등을 알아내, 독일 통신수가 거짓 교신으로 정보를 캐내는 경우가 상당히 많았다. 이 경우 전신기의 키를 두드리는 쪽에 개인적인 버릇이 드러나기 때문

무선 교신 훈련을 받는 OSS 대원. 벽에 「ACCURACY FIRST!(정확이 최우선!)」라는 표어가 붙어 있는 것이 보인다. 무전기 조작법 숙지는 첩보원에게 필수였다.

에, 그 첩보원의 버릇을 조사한 후에 실행했다고 한다.

　시큐리티 체크 코드는 다양한 방법이 있었는데, 예를 들자면 발신하는 문자의 16번째에 일부러 틀린 키를 보내고, 메시지의 5번째와 12번째의 문자를 알파벳으로 일부러 5문자씩 밀려서 보내는 등의 방법이었다. 통신 시작 시에 정확한 코드 명을 발신해 런던 본부가 통신에 응했다 해도, 시큐리티 체크 코드를 보내지 않으면 본부가 통신 내용이 수상하다고 알아채기도 했으며, 자신이 적의 손에 떨어졌다는 것을 알리게 되기도 했다. 또, 첩보원 쪽에서는 본부와 통신을 성공했기에, 말한 내용이 사실이라는 걸 독일 측이 믿게 만드는 것도 가능했다.

　이 시큐리티 체크 방법은 상당한 성과를

올린 것으로 알려져 있지만, 발신하는 첩보원과 수신하는 본부의 담당자가 유능하지 않을 경우에는 도움이 되지 않는 경우도 많았다고 한다. 때때로 시큐리티 체크 코드가 들어 있지 않은 통신이 보내져 온다 해도, 본부 측에서 단순히 삽입하는 걸 깜빡하고 송신했다고 생각해버리는 경우가 꽤 많았기 때문이다. 독일 측에 붙잡혀 통신을 강요당한 첩보원이 시큐리티 체크 코드를 넣지 않고 송신해 체포됐다는 사실을 알리려고 했지만, 런던의 본부는 시큐리티 체크 코드를 넣으라고 주의를 주는 걸로 끝내버리는 바람에 오랫동안 독일 측의 가짜 정보를 계속 받았던 일도 있었다.

08. 전파 방향 탐지기(1)

전파를 탐지해 적의 위치를 포착한다

무선 통신의 전파를 방수(傍受)해 발신원(무선국)을 탐지하는 장치가 바로 전파 방향 탐지기이다. 적의 전파 발신 방향을 측정하는 것은(통신 내용이 불명이라 해도) 적의 위치를 탐지해 공격하거나, 교신하는 스파이를 적발하기 위해 유효한 수단이다.

제2차 세계 대전 중, 독일군은 연합국 첩보원이나 레지스탕스 색출에 전파 방향 탐지기를 사용했다.

한편, 연합국은 독일의 U보트 대책으로 HUFF/DUFF라 불리는 함재용 전파 방향 탐지기를 사용해 효과를 올렸다. 또, 전파 방향 탐지기는 항공기의 항법에도 사용되었다.

HUFF/DUFF

미 해군의 구축함인 USS「앨런타운」. 메인 마스트(주 돛대)의 후방에 서 있는 미즌 마스트(후방 돛대)의 꼭대기에 HUFF/DUFF의 안테나가 달려 있다. 대서양을 항행하는 수송 선단을 지키는 연합군 함정은 이 장치로 U보트의 정기 통신을 방수, 송신 전파의 발신 방향을 추측해 U보트의 대략적인 위치를 파악하면 일제히 그 위치를 향해 대잠공격을 가했다.

제2차 세계 대전 당시 독일군이 사용한 EP2a 무전기(오른쪽). 상부에 보이는 안테나는 직교 루프 안테나로, 전파 방향을 탐지할 때 안테나를 회전시킬 필요가 없다. 직교 루프 안테나에 고니오미터(goniometer)라 불리는 장치(코일을 이용해 안테나에 전파가 도착했을 때 흐르는 유기 전류를 검사하는 간단한 장치)를 달아, 회전 기구를 쓰지 않고도 안테나를 회전시키는 것과 마찬가지의 효과가 있었다. 또, 수신 감도가 높은 커다란 안테나를 달 수도 있었다. 참고로 현재는 이런 형식보다 루프 안테나와 직교 안테나를 조합한 형식 쪽이 더 많이 쓰인다.

●전파 방향 탐지의 원리

전파 방향 탐지기는 루프 안테나의 방향과 전파의 도래 방향의 관계에 의해 전파의 발신 위치를 탐지한다. 전파의 도래 방향과 안테나의 면이 평행할 때, 안테나의 수직 2변인 AB, CD에 도래하는 전파는 거리 AD 만큼 시간차가 생기기 때문에, 양변에 걸리는 전기장의 상황이 달라 유기되는 기전력의 차이로 전류가 흐른다. 이 현상을 조사해 전파의 방위를 탐지할 수 있다.

한편, 안테나 면이 전파의 도래 방향에 대해 수직일 때는 AB, CD 사이에 기전력이 유기되지 않기 때문에 전류가 흐르지 않는다. 안테나를 회전시켜 안테나 면과 전파의 도래 방향의 각이 0~90도 사이일 때는 흐르는 전류가 최대부터 최소까지의 수치가 되기 때문에, 전류의 흐르는 방향을 보면 전파 방향을 자세히 파악할 수 있다. 그런데 실제로는 안테나 면과 전파의 도래 방향이 평행이 되어 전류가 최대치가 된다 해도, 전파가 A→D 또는 D→A 중 어느 방향에서 오는지는 루프 안테나 만으로는 판별할 수 없다. 그렇기 때문에 또 하나의 수직 안테나를 이용해 정확한 방향을 조사한다(또는 루프 안테나를 2개 수직으로 조합한 직교 루프 안테나를 사용한다). 루프 안테나는 뿔 모양과 원 모양 모두 같은 방식으로 작동한다.

또, 전파의 방향 탐지는 지향 특성을 지닌 야기(八木) 안테나를 사용하는 방법도 있지만, 50MHz 이하의 전파(초단파 일부와 단파 이하)의 방향 탐지에는 위에서 기술한 2개의 안테나를 쓰는 방법이 더 적합하다(주파수가 낮은 전파는 파장이 길기 때문에, 야기 안테나로 대응하려면 안테나를 크게 만들어야만 한다). 제2차 세계 대전 당시 연합국의 첩보원이 사용한 무전기(송신기)의 주파수는 20MHz 이하였으므로, 독일에서는 방향 탐지에 수직 안테나가 사용되었다.

▼루프 안테나

《안테나 면이 전파의 도래
방향에 대해 평행》

《안테나 면이 전파의 도래
방향에 대해 수직》

《원형 안테나》

▼전파 방위 탐지기의 구성

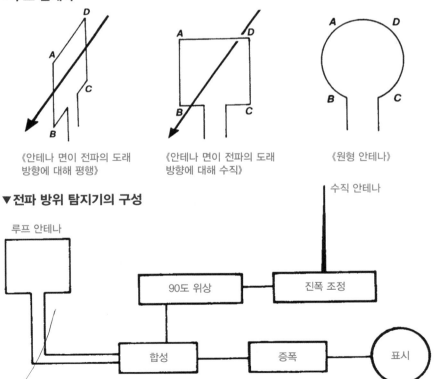

09. 전파 방향 탐지기(2)

무선 통신을 추적한 독일군의 스파이 사냥

제1장 스파이 장비

제2차 세계 대전 당시 독일군은 자신들이 점령한 국가에 잠입한 연합국의 첩보원이나 레지스탕스를 색출하기 위해, 그들이 런던과 취하는 무선 통신을 항상 방수하고 있었다. 20분 이상 진행된 통신은 방향 탐지기에 의해 무선국의 소재 위치를 파악하는 것이 가능했다.

예를 들어 프랑스에서는 파리의 애비뉴 포슈의 게슈타포 본부에서 30명의 직원이 교대로 24시간 무선을 방수했다. 가장 많이 쓰인 10KHz~30MHz의 주파수 대역의 전파로 범위를 좁히고 방수했으며, 이 주파수대의 전파가 발신되면 즉시 지휘 하에 있는 브레스트, 아우구스부르크, 뉘른베르크의 고정식 방위 탐지국에 연락해 전파의 발신원의 대략적인 위치를 크로스 방위법으로 산출해

냈다. 그리고 방향 탐지기를 탑재한 차량(탐지차) 3~4대가 1조가 되어 약 160km에 달하는 지역에 흩어졌으며, 전파가 다시 발사되기 시작하면 각 차량이 전파가 강한 방향을 탐지해 발신원의 위치를 서서히 좁혀갔다. 이 작업을 반복해 전파의 발신원을 찾아냈던 것이다.

탐지 차량의 전파 방향 탐지기로는 발신원이 어느 건물인지 어느 방인지까지는 알 수 없기 때문에, 구역별로 전기 송전을 끊었다. 어느 구역의 전기를 끊었을 때 전파 발신이 멈추는지를 조사해, 최종적으로 발신원을 특정해 스파이를 체포한 것이다.

무선 방수 중인 독일 국방군 통신원. 대전 초기 런던의 본부는 잠입한 첩보원에게 긴 문장을 송신하게 하는 경향이 있었다. 그렇기 때문에 교신 시간이 길어지고, 독일 측에서 전파 방향 탐지가 용이했다.

●무선 발신원의 방향과 위치의 탐지

그림은 무선 전파의 발신원(무선국)을 탐지하는 크로스 방위법을 나타낸 것. 전파의 도래 방향을 알아도 위치까지 특정할 수는 없기에, 우선 고정식 방위 탐지국에서 대략적인 전파의 도래 방향을 측정(오른쪽 그림)하면, 전파 방향 탐지기를 탑재한 2대의 탐지차(이동국)를 이용해 전파의 도래 방향을 세밀하게 측정해 간다. 도래 방향이 아래 그림의 점선처럼 되면, 2대의 탐지 차량에서부터 선을 그어 그 연장선이 교차하는 점에 전파를 발신하는 무선국이 있는 셈이 된다. 하지만 전파는 다양한 영향을 받기 때문에, 지상에서는 이 방법으로 위치를 특정할 수 없다. 그래서 3대(또는 4대)의 탐지차를 사용, 전파의 도래 방향을 조사하고, 지도상에서 수신했을 때 각각의 탐지차의 위치를 직선으로 연결한 삼각형 ABC를 만들면 그 안 어딘가에 무선국이 있는 것이 된다(삼각형을 합성할 수 있도록 탐지차를 움직인다). 그리고 위치 특정을 위해 각 차량이 이동, 범위를 더 좁힐 수 있다(삼각형 A'B'C').

실제로는 3개소의 고정식 방향 탐지국에서 15분 이내에 한 변이 16km인 삼각형까지 발신원의 범위를 좁히고, 계속해서 탐지차로 한 변이 약 300m인 삼각형까지 범위를 좁힐 수 있었다.

이러한 전파 발신원의 방향과 위치 특정의 기본 원리는 전자기기가 발달한 현대에도 크게 달라지지 않았다. 발신된 전파의 주파수를 조사해 전파를 특정하기 위한 시간은 단축 되었지만, 위치 특정을 위해서는 역시 2개소 이상에서 측정해야만 한다.

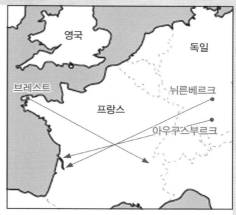

▲독일군의 고정식 방향 탐지국

하늘이나 해상에서라면 방해가 없기 때문에 2대의 전파 방향 탐지기를 쓰면 전파의 발신원 위치를 탐지할 수 있다.

해상의 무선국

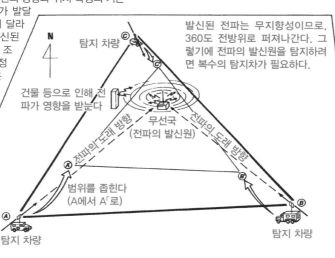

N

탐지 차량 ⓒ

C

발신된 전파는 무지향성이므로, 360도 전방위로 퍼져나간다. 그렇기에 전파의 발신원을 탐지하려면 복수의 탐지차가 필요하다.

건물 등으로 인해 전파가 영향을 받는다

전파의 도래 방향

무선국 (전파의 발신원)

전파의 도래 방향

A

범위를 좁힌다 (A에서 A'로)

B

ⓐ 탐지 차량

ⓑ 탐지 차량

10. 암호(1)

첩보에서 중요한 암호란 어떤 것인가

암호란 통신할 때 통신문을 특정한 인간(특정 암호 시스템의 열쇠를 지닌 사람) 이외는 이해할 수 없는 방법으로 문장을 표현하는 기술을 말한다. 첩보 활동이란, 적이 통신문을 입수한다 해도 간단히 해독할 수 없게 하는 것이다. 여기서 말하는 「열쇠」란 알파벳이나 특수한 도형 등으로 송신자(암호를 만드는 쪽)과 수신자(해독하는 쪽)가 공통으로 준비하는 것을 의미한다.

암호에는 사이퍼(암호)와 코드(부호)가 있다.

사이퍼란 알파벳 중에서 어떤 문자를 다른 문자로 바꾸거나, 문자 순서를 바꾸거나, 아니면 알파벳을 숫자나 기호로 바꾸고, 거기에 문장 중에 무의미한 문자를 넣거나 해서 통신문을 만드는 방법을 말한다. 하지만 되는 대로 마구 바꾸기만 해서는 의미가 없으므로, 알고리즘(일정한 약속)에 따라 변환한다. 이렇게 하면 그냥 보기에는 문자와 숫자의 나열로밖에 보이지 않지만, 제대로 의미를 지닌 암호문이 만들어진다. 가장 오래된 사이퍼는 *시저 암호라 불리는(후술할 플레이페어 암호와 델라스텔 암호도 사이퍼이다). 에니그마 등의 기계식 암호 장치는 복수의 알고리즘에 따라 암호를 만드는 것이므로, 기계식 사이퍼라고도 부른다.

다른 하나인 코드란, 특정한 의미의 말을 표시할 때 사전에 정해 둔 말이나 프레이즈, 문자나 기호로 전환하는 방법이다. 그렇기 때문에 기본이 되는 코드북이 필요하다. 일본 해군이 진주만 공격 시 사용했던 「니이타카야마노보레1208(12월 8일에 일미 개전)」, 「토라, 토라, 토라(나, 기습에 성공할지니)」는 코드의 예로 알려져 있다.

사이퍼나 코드는 제2차 세계 대전 당시에 많이 쓰였으나, 이것들은 송신자와 수신자가 공통의 열쇠를 가지고 문장을 암호화 하거나 암호를 복호화했다.

이러한 암호 방식을 공통 열쇠 암호라 하며, 1970년대 미국에서 공표된 DES(데이터 암호화 표준), 2000년대에 공표된 AES(고도 암호화 표준)도 이에 속한다.

DES나 ASE는 블록 암호(데이터를 일정 길이의 블록 별로 구별하고, 블록 단위로 암호화한다. DEA는 1블록이 64비트, AES는 128비트)로, 암호 알고리즘이 공개되어 있는 점이 가장 큰 특징이다.

하지만 공개 열쇠 암호의 등장으로 인해 암호의 상식이 완전히 변해버리고 말았다. 공통 열쇠 암호는 서로가 공통된 열쇠를 가지고 있어야 하기 때문에, 열쇠를 어떻게 안

※시저 암호 = P.88 참조   ※에니그마 = P.90 참조   ※복호 = 암호를 열쇠를 이용해 원래 문장으로 되돌리는 것. 해독은 열쇠를 쓰지 않고 암호를 해독하는 것.   ※DES = Data Encryption Standard의 약자.   ※AES = Advanced Encryption Standard의 약자.
※RSA = Rivest, Shamir, Adleman의 약자(개발자인 로널드 리베스트, 애디 샤미아, 레오나르도 에델먼의 이름).   ※오일러의 정리 = 복소수와 실수의 매개체가 되는 공식. 오일러는 18세기의 수학자.   ※암호를 복호할 수 없다 = 소인수분해를 반복하면 언젠가는 공개 열쇠로 복호할 수 있을지도 모른다. 하지만 군용 암호의 경우, 전용 컴퓨터라 해도 해독하려면 수 억 년이 걸린다고 하며, 실질적으로 해독 불가능이라고 할 수 있을 것이다.   ※평문 = 암호화되기 전의 문장을 말한다.

84

전히 전달하느냐가 문제였다(전달 단계에서 공통 열쇠를 도둑맞으면 암호를 제3자가 해독해버리고 만다). 그걸 해결하기 위해 개발된 것이 공개 열쇠 암호로, 송신하는 데이터의 암호화와 수신 데이터의 복호를 대응되는 2개의 열쇠를 사용해 수행하는 방법이다. 공개 열쇠 암호 중에서 가장 유명한 것이 *RSA이며, 이것은 소인수분해에 오일러의 정리를 이용해 열쇠를 만든 것이다.

수신자가 RSA로 열쇠를 2개(같은 것이 아니라 비대칭인 열쇠) 만드는데, 1개는 암호를 복호하기 위한 열쇠(비밀 열쇠), 또 하나는 송신자에게 보낼 암호를 만들어주는 열쇠(공개 열쇠)이다. 송신자는 공개 열쇠를 이용해 암호를 작성하지만, 이 열쇠로는 *암호를 복호화할 수 없으며, 비밀 열쇠를 만들 수도 없다.

공개 열쇠 암호는 네트워크에 적합한 암호법으로, 디지털 서명(디지털 문서에 정당성을 보증한다)을 이용한다. 이걸 이용함으로써 타인이 공개 열쇠를 입수한다 해도 문장을 수정할 수 없으며, 비밀 열쇠를 지닌 사람이 본인임을 증명할 수 있기 때문이다.

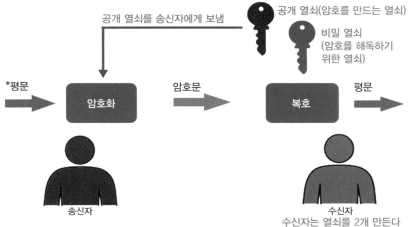

●공개 열쇠 암호

공개 열쇠를 송신자에게 보냄

공개 열쇠(암호를 만드는 열쇠)

비밀 열쇠
(암호를 해독하기
위한 열쇠)

*평문 → 암호화 → 암호문 → 복호 → 평문

송신자

수신자
수신자는 열쇠를 2개 만든다

공통 열쇠 암호에서는 「열쇠」의 안전한 전달이 어렵다(열쇠 배송 문제). 이는 송신자와 수신자가 공통된 열쇠를 사용하기 때문인데, 이를 보완하기 위해 양자가 다른 열쇠를 사용하는 방법이 고안되었다. 이것이 공개 열쇠 암호로, 암호화 열쇠와 복호화 열쇠를 다른 것으로 하여 열쇠 배송 문제를 해결했다.

11. 암호(2)

암호는 어떻게 작성하는가

제1장 스파이 장비

첩보원이 실제로 사용하는 암호는 도대체 어떻게 만드는 것일까. 여기서는 사이퍼 중에서도 유명한 플레이페어 암호와, 그걸 응용한 드라스텔 암호의 만드는 법을 확인해 보자.

제2장 정보 수집 기재

●플레이페어 암호

1854년 물리학자 찰스 휘트스톤 경이 고안한 암호로, 제2차 세계 대전 당시에도 사용되었다. 이 암호는 사용하는 첩보원이 우선 좋아하는 시나 노래 중에서 한 줄을 선택해 기억한다. 외운 한 줄을 한 번 나온 문자를 배제하면서 5×5 마스에 다시 쓴다. 이때 I와 J는 같은 문자로 취급되며, 마스에 빈 칸이 있으면 일정 법칙에 따라 아직 사용하지 않은 알파벳으로 매워간다. 즉, 알파벳 26문자 전부를 포함한 마스 칸을 만드는 것이다. 그리고 보낼 암호를 바이그램(2문자 그룹)으로 나눈다. 이때 마지막이 한 문자일 경우는 무작위로 문자를 선택해 바이그램으로 만든다. 그 후 만들어 둔 마스 칸에 문자를 맞춰보고, 그 바이그램이 만드는 방형 상에 마주보는 각의 문자를 찾아낸다. 참고로 2문자 모두 같은 가로 선상에 있을 경우는 하단의 2문자를, 같은 세로 선상에 있을 경우에는 오른쪽 열의 2문자를 사용한다. 그렇게 나온 문자를 5문자씩 그룹으로 나누면(5문자가 되지 않을 경우에는 무작위로 문자를 선택·추가해 5문자 그룹을 만든다) 암호가 완성된다.

예를 들면,
It was said that the first principle of all things was water.
(*만물의 근원은 물이라고 한다)
이 문자를 5×5 칸에 채우면

제3장 정찰기와 무인기

IJ	T	W	A	S
D	H	E	F	R
P	N	C	L	O
G	B	M	K	Q
U	X	V	Y	Z

이렇게 된다. 여기서 통신문이 「Frank safe(프랭크는 안전하다)」라면, 「FRANK SAFEZ(마지막 Z는 무작위로 선택한 문자로 채운 것)」를 2글자 바이그램으로 나눈다. 그렇게 하면 FR AN KS AF EZ가 된다. 이걸 위의 표와 대조해(바이그램이 표 상에서 FR처럼 같은 가로 선상에 있을 때는 하단의 LO를, AN처럼 표 상에서 A와 N을 정점으로 하는 사각형을 만들 수 있을 경우에는 대각선 AN와 직교하는 또 하나의 대각선 TL을 취해 TL을 대조한다. 마찬가지로 KS는 QA, AF처럼 같은 세로 선상에 늘어섰을 때는 오른 쪽 열 2문자를 취한다… 이런 식으로 대조해 나간다), FR AN KS AF EZ는 각각 LO TL QA SR RV 문자로 치환할 수 있다. 이걸 5문자 그룹으로 나누어, LOTLQ ASRRV라는 문장을 전송한다.
이 방식은 간단하지만, 반대로 말하면 해독하기 쉽다는 결점이 있었다.

제4장 스파이 위성

※만물의 근원은 물이다 = 고대 그리스의 철학자 탈레스가 한 말.

◀찰스 휘트스톤 경

1802년 생. 영국의 물리학자. 킹스 칼리지 런던 교수. 휘트스톤 브릿지라 불리는 전기 저항 측정 회로의 개량으로 잘 알려져 있다 (원형은 새뮤얼 헌터가 발명).

●델라스텔(Delastelle) 암호

플레이페어 암호의 5×5 마스 표를 이용해 더욱 복잡하게 만든 것이 드라스텔 암호다. 1943년부터 SOE 등에서 사용되었다. 우선 플레이페어 암호처럼 알파벳 26문자 전부를 포함한 5×5 마스 표를 만들고, 가로 세로 양쪽 모두에 숫자를 쓴다. 보낼 메시지를 5문자씩 그룹으로 나눠 가로로 배열하고, 각 문자에 아래에 세로로 대응하는 마스 칸의 좌표 숫자를 적는다. 다 되었다면 숫자열을 가로로 배열하고, 2개 1조의 숫자를 5개씩 그룹으로 나눈다. 그렇게 완성된 숫자로 다시금 마스 표를 이용해 알파벳으로 배열하면 송신할 메시지가 완성된다. 원래 메시지를 보기 위해서는 보내 온 메시지를 반대 순서로 되돌리면 된다.

실제로 해 보면

It was said that the first principle of all things was water.

(만물의 근원은 물이라고 한다)

이 문자를 5×5 마스에 배치하고 숫자를 붙이면(플레이페어 코드의 예문에 숫자를 붙인다).

	1	2	3	4	5
1	IJ	T	W	A	S
2	D	H	E	F	R
3	P	N	C	L	O
4	G	B	M	K	Q
5	U	X	V	Y	Z

통신문 「FRANK SAFEZ」를 5문자씩 그룹으로 나누어 가로와 세로의 숫자로 나타낸다.

FRANK SAFEZ
22134 11225
45424 54435

숫자를 2자씩 가로로 배열하고, 다시 표를 이용해 알파벳으로 변환한다.

22	13	41	12	25	45	42	45	44	35
H	W	G	T	R	Q	B	Q	R	O

이렇게 완성된 암호는

HWGTR QBQKO가 된다.

해독은 반대 순서로 한다.

델라스텔 암호는 우수한 암호였지만, 해독될 여지가 있었기 때문에 1943년 9월에는 「1회용 암호첩」이라는 새로운 시스템으로 변경되었다.

12. 암호 장치(1)

로터를 이용하는 치환 암호 장치의 원리

전쟁에서 쓰이는 가장 오래된 암호 방식 중에 *시저 암호라는 것이 있다.

예를 들어, FRANK WAS CAUGHT(프랭크가 붙잡혔다)라는 문장이 있다고 하자.

평문: FRANK WAS CAUGHT

이 문장을 시저 암호로 고치면

암호문: IUDQN ZDV FDXJWK

가 된다.

이것은 F는 I, R은 U처럼 알파벳을 3문자씩 뒤로 민 암호문이다. 이처럼 문자를 밀어 만드는 암호를 환자식이라고 하며, 암호 작성의 기초이다. 알파벳의 경우 26문자가 있으므로 한 문자마다 25자까지 밀 수 있게 된다. 하지만 이 방식으로는 몇 문자씩 밀었는가 하는 알고리즘(순서)만 알면 간단히 해독되고 만다. 그래서 환자식 암호는 글자를 미는 시프트량을 한 문자마다 바꾸는 등 다양한 방법으로 개량되어 왔다.

이 원리를 이용해 만든 것이 전동 로터식 암호 장치로, 1921년 에드워드 H 히번이 개발한 히번 사이퍼 암호기가 그 시초이다. 회

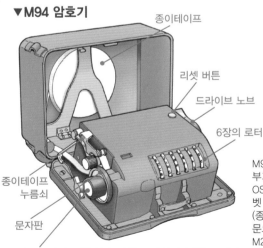

▼M94 암호기

종이테이프
리셋 버튼
드라이브 노브
6장의 로터
종이테이프 누름쇠
문자판
설정 손잡이

▼M209 암호 장치

M94는 1920~30년대에 걸쳐 미 육군 정보부가 사용했던(일부는 제2차 세계 대전 당시 OSS가 사용했다) 수동 로터 식 암호기. 알파벳 문자가 각인된 원반을 돌려 암호를 만들고 (종이에 베껴서) 보내거나, 받은 암호문을 평문으로 만드는데 사용했다.

M209는 OSS 등 연합국의 첩보 기관이 사용한 암호 장치로, 장치되어 있는 6장의 로터에 의해 입력한 평문을 자동으로 암호화(또는 암호문을 평문화)해 5문자씩 테이프에 타이프했다. 나치 점령 하의 지역에 잠입했던 첩보원과 런던의 본부와의 교신에서는 M209에 의해 타이프된 문자를 송신했고, 수신하는 측은 이 장치를 이용해 다시 평문으로 만들었다. 가지고 다니기 편하도록 소형으로 만들어졌다.

전식 로터의 매수를 늘리거나(26문자분의 접점을 지닌 로터를 4장씩 하면 26×26×26×26=45만 6976 종류의 조합이 가능하다), 회전식 로터의 접점 수를 바꾸거나, 아니면 암호기의 배선을 복잡하게 하는 등의 방법으로 해독이 어려운 암호를 만들어냈다. 기본적으로 회전식 로터를 사용한 암호 장치

인 독일의 「에니그마」나 일본의 97식 구문 인쇄기, 또는 미국의 M209 등도 히번 사이퍼 암호기로 분류할 수 있다.

●히번 사이퍼 암호기

이 전동 로터식 암호기는 양쪽에 접점을 지닌 회전식 로터를 2장의 고정식 로터에 끼워둔 것이다. 전통 타이프와 텔레타이프 사이에 암호기가 놓여 있으며, 복수의 케이블로 접합되어 있다. 암호기의 각각의 로터는 접점에 의해 전기적으로 접합되어 있으며, 전동 타이프를 치면 암호기를 거쳐 텔레타이프에 전달돼 문자가 인쇄된다. 이 때, 전동 타이프로 한 문자씩 칠 때마다 회전식 로터가 돌아가, 친 문자와는 다른 문자가 되도록 접점이 변환(스크램블이 걸린다)되어 텔레타이프에 인쇄된다. 예를 들어 A라고 친 문자가 회전 로터로 변환되어 X라는 문자가 인쇄되는 것처럼, 환자식으로 암호화하는 장치인 것이다. 만약 회전식 로터가 알파벳 26문자분의 접점을 지니고 있다면, 26가지 암호 조합이 가능해지게 된다.

▼히번 사이퍼 암호기의 구조

▼히번 사이퍼 암호기

※시저 암호 = 고대 로마의 줄리어스 시저(율리우스 카이사르)가 처음으로 사용한 암호라 하며, 카이사르 암호라고도 불린다.

13. 암호 장치(2)

전기 기계식 암호 장치 에니그마의 비밀

제2차 세계 대전 당시 독일이 거의 전군에서 사용한 「에니그마(수수께끼)」는 통신문을 암호화하는 장치로, 설령 적이 통신을 방수한다 해도 해독이 엄청나게 어려운 우수한 것이었다. 이 전기 기계식 암호 장치는 유고 코호라는 네덜란드 인이 제안·발명한 원형 특허를 독일 기술자 아르투어 세르비우스가 구입해 개량 발전시킨 것이었다. 독일군은 이 에니그마 암호 장치를 1925년에 채용했다. 이후, 로터 기구나 플러그 판의 개량 등이 수없이 이루어졌고, 독일군은 종전까지 이 기계를 계속해서 사용했다.

에니그마의 우수한 점은 설령 이 암호 장치 자체가 적의 손에 넘어간다 해도, 장치를 사용할 때 열쇠가 되는 조작(통신 시에 정기적으로 변경되는 로터나 플러그 조합 등)을 알지 못하는 한 해독이 매우 곤란하다는 것이었다.

*하인츠 구데리안 장군(사진 중앙)의 야전 사령부 통신 차량. 왼쪽 앞에 놓여 있는 것이 에니그마로, 이 장치로 암호화한 문장을 통신기(에니그마 뒤쪽)로 송신했다.

※극비 기밀 = 영국은 에니그마 암호를 해독해, 1940년 11월에 공업 도시 코벤트리를 독일군이 폭격할 것임을 사전에 알고 있었다. 하지만 처칠 수상은 독일이 해독을 성공했다는 사실을 알지 못하도록, 코벤트리가 무방비로 폭격당하게 했다… 라는 소문도 돌았다. 영국이 에니그마 해독 사실을 공표한 것은 종전 후 20년 이상이 지난 후였다.
※하인츠 구데리안 = 전차를 중심으로 한 기갑 사단에 의한 전격전을 주도했던 독일군 장군.

영국을 중심으로 한 연합국 측은 에니그마 해독에 수학자와 물리학자 등 당시의 두뇌의 정수를 모았고, 실제로는 대전 도중 해독에 성공했다. 하지만 그것은 *극비 기밀이었기 때문에, 독일군은 종전까지 에니그마를 계속 사용했다.

●에니그마 암호 장치

예를 들어 아래 그림처럼 키보드로 「H」를 누르면, 플러그 판에서 전기 신호로 변환되어(접속 방식에 따라 신호가 변한다) 12~18의 배선을 흘러 로터 부분에 전달된다. 로터 부분에서는 로터 조합에 따라 다른 암호 문자의 전기 신호로 변환. 변환된 문자의 전기 신호는 다시금 플러그 판으로 돌아가 16~9의 배선을 통해 라이트 보드의 「A」를 점등시키고, 입력한 문자가 암호로 변환되었음을 알리게 되어 있다. 에니그마의 가장 중요한 부분은 로터 부분이다. 주기(1회전하는 타이밍)가 다른 4장의 로터 조합으로 암호 키를 만든다. 각각의 로터 주기는 서로 다른 소수로, 17, 19, 23, 29로 하면 최초에 로터에 세트하고 다시 암호 키가 원래대로 돌아올 때까지 각각의 주기에 걸린 최소공배수 $17 \times 19 \times 23 \times 29 = 21$만 5441회 이상의 주기가 필요하다. 또 플러그 판도 플러그를 꽂는 소켓 구멍이 1에서 27까지 있어서, 어떤 조합이라 해도 처리가 가능했다. 이러한 초기 세팅에 의해 거의 무한의 암호를 만들 수 있다. 그렇기 때문에 설령 적이 똑같은 「에니그마」 암호기를 입수했다 해도, 초기 세팅을 알지 못하면 해독하는 것은 거의 불가능했다.

▼에니그마 암호기의 원리(로터 4장식)

〈로터 부〉

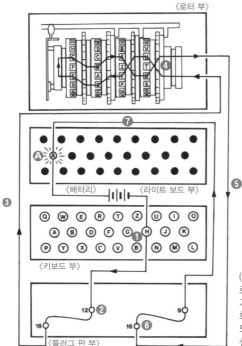

▼에니그마 암호기(로터 3장식)

(왼쪽 그림) ❶ 문자를 입력하면 ❷ 전기 신호로 변환되어 ❸ 로터에 입력된다. ❹ 전기 신호가 로터를 통과함에 따라 결선이 전환되며 암호화된다. ❺ 암호화되어 다른 전기 신호로 변환되어 ❻ 다시 플러그 판에 입력. ❼ 변환된 전기 신호가 라이트 보드를 점등시킨다.

14. 암호 장치(3)

일본의 암호는 어떻게 해독되었는가

제2차 세계 대전 발발 전, 일본의 외무성이 해외의 일본 대사관과의 통신에 사용했던 외교 암호를 미육군은 「퍼플」이라 불렀다. 이것은 당시 가장 해독하기 어렵다고 일컬어지던 암호였다. 미국은 1937년 퍼플 암호가 사용되기 시작했을 때부터 방수를 해왔으며, 어떻게든 해독해 보려고 혈안이 되어 있었다.

퍼플 암호는 일본 해군의 암호 코드 「J」에서 난수로 암호화한 통신문(암호화된 3문자로 이루어진 약호)을 97식 구문인자기(97은 일본의 기원절 2597년을 나타냄)에 입력해 만들어졌다. 97식 구문 인자기는 에니그마 암호기를 구입한 해군이 독자적으로 개발한 91식 암호기(이것이 당시 「레드」라 불린 암호를 만드는 장치)를 외무성이 개량한 것이었다.

이 암호를 해독하기 위해 윌리엄 프리드먼이 이끌던 *SIS(미 육군 통신대 정보부)의 해독 팀이 투입되었으며, 해군의 암호 해독 팀도 협력했다.

해독은 1937년부터 1940년경까지 방수한 퍼플 암호에서 공통된 법칙성을 발견하는

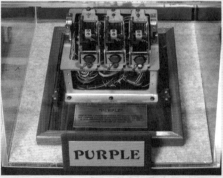

PURPLE

태평양 전쟁 당시 일본 해군의 함정이 사용했던 암호기(기계식 암호기). 알파벳 26문자가 아니라 카나(カナ) 48문자와 기호 2문자를 암호화하는 것이었으나, 이 장치도 「바이퍼」라 불리는 모조기와 「래틀러」라 불리는 열쇠 탐색 장치의 개발에 의해 해독이 가능해졌다.

미국 공문서관에 전시되어 있는 퍼플 암호기(97식 구문 인쇄기). 장치는 입출력용 타이프라이터, 플러그 보드, 로터리 라인 스위치, 스위치 구동 제어부 등으로 구성되어 있으며, 로터리 라인 스위치 전환에 의해 알파벳 26자를 암호화했다.

▼에니그마 암호기의 원리
(4장 로터식)

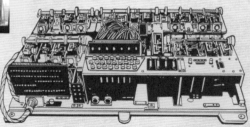

※SIS = Signal Intelligence Service의 약자.　※선전 포고 = 단, 일본이 전쟁을 걸어올 것이라는 것은 암호 해독으로 알 수 있었으나, 오아후 섬의 진주만을 공격할 것이라는 건 적혀 있지 않았다(일본 해군은 진주만 공격에 대해 외무성에 전하지 않았다).
※NSA = National Security Agency의 약자.

작업부터 시작되었으며, 그때까지 일본 대사관이 사용해 이미 해독되어 있었던 레드 암호와의 비교(퍼블과 레드의 2개 암호 방식으로 만들어진 같은 암호문을 입수해 비교·검토했다)하는 방법으로 진행되었다.

한편, 해독 팀은 방수한 퍼플 암호를 기초로 암호기를 복제했으며, 당시 전화에 사용되던 스테핑 계전기를 사용해 97식 구문 인자기와 같은 기능을 지닌 모조 암호기를 만드는데 성공했다. 이 장치가 완성되면서 암호 해독 작업에 큰 진전이 있었으며, 1940년 가을 쯤에는 퍼플 암호 해독에 거의 성공했다.

그리고 1941년 12월 8일 일본 해군에 의한 진주만 공격 전날, 워싱턴의 일본대사관에 보내진 선전포고문은 일본 대사가 미국 국무성에 전달하기 이전에 해독되어 있었다.

윌리엄 F 프리드먼 ▶

퍼플 암호 해독에 큰 역할을 했던 프리드먼은 제1차 세계 대전 시부터 암호 해독 및 작성의 제1선에서 활동했으며, 제2차 세계 대전 후에도 미국의 암호 최고 권위자로서 NSA(국가 안전 보장국)에서 활약했다. 또, 그의 부인 엘리자베스도 암호 해독 전문가였다.

1945년 7월 30일, 괌에서 레이테 섬을 향해 단독 항행하던 미해군의 중순양함 인디아나폴리스(테니안 섬으로 완자 폭탄 부품과 재료를 운반하는 극비 임무 귀로였다)는, 일본 해군의 잠수함 이53(伊58)의 어뢰 공격을 받고 격침되었다. 승무원 1199명 중 약 900명이 바다로 탈출했고, 8월 2일 초계기가 발견하고 5일 후 구출될 때까지 보트도 없이 표류했다. 그 동안, 체력의 한계나 상어의 습격 등으로 인해 약 580명이 사망했다. 이때 미 해군 당국은 제이드 암호기 등의 암호 해독으로 일본 잠수함의 활동을 파악하고 있었으나, 암호 해독의 기밀을 지키기 위해 인디아나폴리스 격침 정보의 전달을 미뤘는데, 이것이 구조가 늦어지는 원인이 되었다고 한다.

15. 암호 장치(4)

암호 해독에서 탄생한 컴퓨터

제2차 세계 대전 당시, 독일은 에니그마를 상회하는 고도의 암호 장치를 사용했다. 「게하임슈라이버」와 「로렌츠 SZ20/42 암호기」였다. 전자는 히틀러나 군의 고급 간부들의 기밀 통신에 쓰이는 장치였다. 이 암호 장치에는 10~12장의 로터가 장착되어 있어 더욱 복잡한 암호문을 만들 수 있었다. 하지만

이 장치가 만들어내는 암호문은 스웨덴 정보부의 암호 전문가 안 보일린에 의해 해독되고 말았다.

한편, 「로렌츠 SZ20/42 암호기」는 텔레타이프 단말(전동 기계식 타이프라이터)로 입력해 평문을 암호기로 암호화, 자동으로 통신 회로를 통해 송신하고, 수신측에서는 수

▼ 콜로서스

진공관과 사이라트론(가스 봉입형 열음극관)을 사용한 독자적인 회로를 *CPU(중앙 처리 장치)로 사용하는 프로그래밍이 가능한 제1세대 컴퓨터. 스테이션 X에서는 독일이 로렌츠 SZ42 암호기로 암호화해 발신하는 통신을 방수해, 그 통신문을 콜로서스가 해독, 종이테이프 또는 텔레프린터로 출력했다. 1943년에 콜로서스가 만들어지고, 1944년에는 더욱 진화한 「콜로서스 Mk. II」가 완성되었으며, 2대가 24시간 가동에 들어갔다. 이후 1946년에 에니악이 완성될 때까지 10대의 콜로서스가 완성되었다고 한다.

※스테이션 X = 제1차 세계 대전 후 설립된 영국의 정보기관. 1939년에 버킹엄셔 주의 브레칠리 파크로 이설되었으며, 독일의 에니그마 암호 해독에 성공했다. ※콜로서스 = 컴퓨터의 역사에 관한 국제회의에서, 1976년 영국이 공표하기 전까지는 비밀이었기 때문에 존재가 알려져 있지 않았었다.

제1장 스파이 장비

제2장 정보 수집 기재

제3장 정찰기와 무인기

제4장 스파이 위성

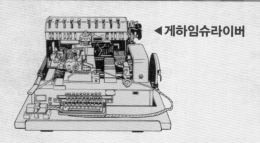

◄게하임슈라이버

신한 통신을 자동으로 암호기로 보내 평문화해 텔레프린터로 출력하는 방식을 취하고 있었는데, 12장의 로터를 사용하는 암호기로였기에, 암호 해독이 대단히 어려웠다고 한다.

이에 대응하기 위해 영국 암호 해독 부서 *스테이션 X에서는 1943년 12월에 로렌츠 SZ20/42 암호기를 해독하기 위해, 프로그래밍 가능한 세계 최초의 진공관식 컴퓨터(진공관을 1500개 사용했다)「*콜로서스」를 완성했다. 스테이션 X에는 수학자 *앨런 튜링과 기술자 토머스 H 플라워즈 등의 두뇌가 집결되어 콜로서스 개발에 관여했다. 영국 정부는 대전 이후에도 스테이션 X의 존재와 업무 내용을 최고 기밀로 공개를 금지했기 때문에, 그들이 세계 최초의 컴퓨터를 개발한 사실은 물론이고 그 존재조차 발표할 수

없게 되었다.

스테이션 X나 튜링 등의 공적이 알려지게 된 것은 1974년 「울트라 시크릿」이라는 책을 F·W·윈터보덤이 출판한 이후의 일이었다(이 시점에도 사실, 기밀이 완전히 해제되지는 않았다. 영국 정부가 정식으로 기밀을 해제한 것은 2009년의 일이었다).

◄에니악

콜로서스의 존재가 공표될 때까지 세계 최초의 컴퓨터는 「*ENIAC(에니악)」으로 되어 있었다. 이것은 탄도 계산을 위해 미 해군과 펜실바니아 대학이 공동으로 개발에 착수, 1946년 12월에 완성시킨 전자계산기이다. 콜로서스의 존재가 발표되었을 때, 어느 쪽이 세계 최초의 컴퓨터인지 논란이 있었으나, 컴퓨터의 정의를 「전자 회로를 이용한 계산 장치」라고 한다면 콜로서스 쪽이 더 먼저인 셈이 된다. 다만, 콜로서스는 에니악과 마찬가지로 디지털 전자식 컴퓨터이긴 하지만, 암호 해독에 특화된 것으로 에니악처럼 임의의 연산을 실행하는 범용성은 없었다.

※앨런 튜링 = 에니그마를 해독하기 위한 장치「bombe」를 개발한 과학자. 현재의 컴퓨터의 기본적 원리가 되는 가상의 계산기(튜링 머신)의 개념을 제창했다. ※CPU = Central Processing Uint의 약자. ※ENIAC = Electronic Numerical Integrator And Computer 의 약자.

16. 컴퓨터

컴퓨터를 통한 정보 처리의 원리

컴퓨터는 이미 현대 사회와는 떼려야 뗄 수 없는 관계가 되어 있다.

인간이 하면 몇 시간이 걸릴지 모르는 계산을 극히 짧은 시간에 해내고, 교통 기관이나 라이프라인 등 복잡하기 그지없는 시스템을 관리, 또 *3D 그래픽으로 실제로는 있을 수 없는 공간을 현실세계처럼 보여주는 것도 가능하다.

그렇다고는 해도, 컴퓨터의 본질은 문제를 생각해 답을 도출하는 것이 아니라, 미리 프로그램된 처리 방법(논리계산)에 따라 답을 내는 것이다.

●컴퓨터의 논리 회로란

논리 회로를 만드는 논리 연산의 가장 기본적인 것은 AND, OR, NOT의 3종류 회로이다. 간단히 설명하면 다음과 같이 설명할 수 있다.

《AND 회로》…유코 씨는 꽃미남이고 부자인 사람을 좋아한다. 따라서 꽃미남이고 부자라면 YES, 그 이외는 NO. 어느 한쪽만 만족해도, 양쪽 다 아니어도 NO.
《OR 회로》…요코 씨는 꽃미남이거나 부자, 둘 중 하나의 조건만 맞으면 YES. 물론 양쪽 다여도 YES고, 어느 조건도 부합되지 않았을 때만 NO.
《NOT 회로》…헨코 씨는 심술꾸러기라서, 양쪽 다 아닐 때만 YES이고 그 이외는 NO. 양쪽 조건을 다 만족해도, 어느 한쪽만 만족돼도 NO.

여기서 각각의 YES일 경우를 회로에 전류가 흐른 상태로 하여 출력 1, NO이고 전류가 흐르지 않은 상태를 출력 0으로 한다. 이것이 논리 회로의 원리이다. 컴퓨터에서는 이러한 3개의 기본이 되는 회로를 여러 가지로 조합하여 정보를 처리한다. 실제 계산에서 논리 회로는 전류가 흐르는 길로, 2진법으로 변환한 전류가 흐른다(예를 들어 *5라면 2진법으로 101, 이걸 펄스 신호로 치환한 것이 입력된다). 그렇기 때문에 2진법으로 계산하는 컴퓨터는 수많은 논리 회로가 필요해진다. 컴퓨터의 능력을 향상시키는 열쇠는 논리 회로를 많이 쌓는 것이며, 그렇기 때문에 반도체를 사용한 회로를 집적한 IC(집적 회로)가 개발되게 되었다.

▼논리 회로의 원리

《AND 회로》

(A)꽃미남 + (B)돈

양쪽 모두를 원하는 유코 씨
《AND 회로의 논리 기호》

입력 A
입력 B ─────D─ 출력

《OR 회로》

(A)꽃미남이기만 함 or (B)돈만 있음

어느 한쪽만 있으면 되는 요코 씨
《OR 회로의 논리 기호》

입력 A
입력 B ─────D─ 출력

《NOT 회로》

(A)꽃미남도 (B)돈도 NO

어느 쪽도 필요 없는 헨코 씨
《NOT 회로의 논리 기호》

입력 ─▷o─ 출력

컴퓨터 내부에는 논리 연산을 하기 위한 논리 회로(전기 회로 및 전자 회로)가 만들어져 있다. 그리고 수많은 정보를 컴퓨터가 처리하려면, 다수의 논리 회로가 필요해진다.

보통, 컴퓨터의 계산은 [입력] → [인코더(디지털 데이터를 일정 규칙에 따라 목적에 맞는 부호로 변환하는 것을 인코드라 하는데, 그 회로를 말함)] → [논리 회로] → [디코더(인코드한 정보를 원래대로 되돌리는 것을 디코드라 하며, 그 회로를 말함)] → [출력]이라는 순서로 수행된다(참고로 PC에서 일어나는 문자 깨짐 현상은 인코드와 디코드 방식이 다른 것을 사용했을 때 부호가 원래대로 돌아오지 못하는 경우에 발생한다). 입력에는 숫자가 쓰이지만, 컴퓨터는 2진법(0과 1만으로 계산한다)을 사용하기 때문에, 인코더로 입력받은 10진법 수치를 2진법으로 변환하고, 논리 회로에서 계산, 디코더를 통해 그 수치를 다시 10진법으로 바꾸는 작업이 진행된다.

●컴퓨터를 발달시킨 반도체

반도체란 은이나 구리처럼 전기가 잘 통하는 도체와 통하지 않는 유리나 고무 같은 부도체의 중간 성질을 지닌 것으로, 실리콘이나 게르마늄 등이 대표적이다(이런 것들의 결정으로 트랜지스터를 만듦). 전자 회로에 사용되는 *IC(주로 반도체 집적 회로) 칩은 실리콘 기판에 트랜지스터와 다이오드 등의 소자를 집적한 것이다. 집적도가 높은 IC 칩은 하나에 처리 기능, 기억 기능, 입출력 기능을 지녔으며, 계산부만이 아니라 프로그램 실행부까지 들어 있다. 하나의 칩이 컴퓨터의 *CPU(중앙 연산 처리 장치)를 지니고 있는 듯한 것으로, 컴퓨터를 대폭 소형화/고성능화할 수 있었다.

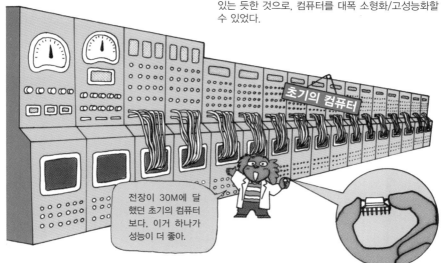

초기의 컴퓨터

전장이 30M에 달했던 초기의 컴퓨터보다, 이거 하나가 성능이 더 좋아.

※3D 그래픽 = 3차원 컴퓨터 그래픽스.　※5라면 2진법으로 101 = 10진법으로 0은 2진법으로 0, 1은 1. 하지만 10진법의 2는 2진법으로는 10, 마찬가지로 3은 11, 4는 100, 5는 101, 6은 110, 7은 111, 8은 1000, 9는 1001, 10은 1010… 이 된다.
※IC = Integrated Circuit의 약자. 다수의 반도체 소자를 하나로 만든 전자 부품.
※CPU = Central Processing Uint의 약자. 컴퓨터의 전자 회로로, 중심적인 처리 장치로 움직이는 것.

17. 인터넷(1)

편리한 인터넷 뒤에 숨어 있는 위험이란

현재는 인터넷 보급에 의해 집에 있으면서도 전 세계의 다양한 정보를 입수할 수 있으며, 전 세계의 사람들과도 정보 교환이 가능하게 되었다. 게다가 물건 판매나 금융 거래 등도 인터넷 상에서 할 수 있게 되는 등, 현대 사회에서의 인터넷은 우리의 생활과 떼려야 뗄 수 없는 인프라가 되어 있다. 또, 인터넷을 매개로 하는 비즈니스도 번성하고 있으며, 잘만 한다면 거액의 이익을 남기는 것도 가능하다. 이 정도까지 진행되면, 범죄가 개입할 여지가 생겨나는 것은 당연하다고도 할 수 있다.

테러리스트나 범죄 신디케이트는 인터넷을 범죄에 이용하고 있다(과격파 조직 IS 등은 인터넷 상에서 신입 대원 모집까지 실시한다). 그들은 각국에 존재하는 동료나 관계 조직과의 연락 및 정보 교환에 인터넷 상에서 오가는 메일을 사용한다. 그렇다고는 해도 인터넷을 통해 유통되는 메일은 패킷 통신이라 불리는 데이터 송수신 방식이 사용되며, 그 자체는 암호화되어 있지 않기 때문에 간단히 훔쳐볼 수 있다. 그렇기 때문에 스테가노그래피(steganography) 등의 디지털 암호 기술로 메일을 가공해 보내는 것이다(그 기술을 사용한 화상이나 음성 파일은 얼핏 보기에는 일반 파일과 거의 구별이 되지 않는다고 한다). 실제로, 과격파 테러 조직 알카에다가 테러 표적에 관한 정보(사진이나 지도 등)나 지령 데이터를 포르노 사이트의

화상이나 스포츠 관련 채팅 룸의 발언 등에 숨겨서 보낸 예가 있다고 한다.

범죄자의 인터넷 이용에 대해, 미국에서는 FBI(연방수사국)나 *NSA(국가 안전 보장국)이 전자 메일이나 웹 사이트를 감시하고 있는데, FBI가 사용했던 감시 소프트 「카니보(DCS-1000)」가 특히 유명하다. 또, 일본 경찰청에서도 마찬가지의 기능을 지닌 감시 소프트를 도입했다고 한다.

정부 기관에 의한 인터넷 감시라면 일반 사람들에게는 완전히 남 얘기로밖에는 느껴지지 않지만, 일반인도 자신의 컴퓨터의 데이터나 메일을 감시당하고 있는 것이다.

예를 들어 우리가 인터넷에 자신의 PC를 항상 접속한다면, 그것만으로도 부정 액세스

사진은 FBI의 인터넷 범죄 감시 전문가들. FBI에서는 감시 소프트 「카니보」를 탑재한 20대의 전용 컴퓨터를 이용해, 수사 대상인 인물이 송수신하는 모든 통신 내용과 통신 기록을 방수해 왔다(연방법으로는 전화 등의 도청이 금지되어 있으며, 네트워크 상에서의 도청도 법률에 저촉된다는 의견도 있다). 「카니보」는 1997년부터 사용되었으나, FBI는 2005년 이 소프트의 폐지를 발표했다. 다른 상용 소프트로 전환하고, 인터넷 감시도 통신 사업자에게 위탁할 것임을 발표했다. 현재는 나르스 인사이트라는 방수 프로그램이 사용된다고 한다.

※NSA = National Security Agency의 약자.

에 의한 공격을 받는 것이다.

보통 인터넷에서는 네트워크를 경유해 다른 컴퓨터와 접속(액세스)해서 데이터를 전송하는데, 프로토콜이라 불리는 일정 수단을 거쳐야만 한다. 그런데 이 과정을 거치지 않고 멋대로 남의 컴퓨터에 액세스하는 사람이 있는 것이다. OS(기본 소프트)나 어플리케이션 소프트 등에 존재하는 시큐리티 홀이라 불리는 보안상의 약점을 악용해 컴퓨터를 부정 이용하거나, 보존되어 있는 파일을 몰래 보고, 삭제나 변경하는 등의 행위(부정 액세스)가 실제로 이루어지고 있다. 인터넷에 접속해 있는 동안 자신이 액세스한 적도 없는 상대가 멋대로 액세스하고, 메일 박스에서 메일을 가져가버리거나, 데이터를 훔쳐가는 일도 있다. 심지어는 알지도 못하는 사이에 실행되고 있는 것이다.

또, 무료로 다운로드해 사용하는 소프트웨어에 사용 대가로 소프트웨어 제작사가 무단으로 유저의 PC에 액세스해 정보를 수집할 수 있는 기능을 넣어두거나, 스파이웨어를 보내거나 하는 일이 있다. 인터넷에 접속하기만 했을 뿐인데 자기도 모르는 사이에 정보를 도둑맞을 가능성이 높은 것이다.

이러한 공격을 방지하기 위해서는 외부의 부정 액세스를 방어하는 방화벽(특정 컴퓨터 네트워크와 외부의 통신을 제어하고, 전자의 안전을 유지하기 위한 소프트)을 사용할 수밖에 없다. 그리고 무엇보다, 중요한 데이터는 컴퓨터 안에 두지 않는 것이 최대의 방어책일 것이다.

18. 인터넷(2)

인터넷을 이용하는 새로운 테러리즘

인터넷이 보급되고 새로운 통신 시스템이 폭발적인 기세로 퍼져나가면서, 새로운 형태의 테러리즘 전쟁이 발생했다. 그것이 바로 *사이버 테러리즘과 사이버 전쟁이다. 이것들은 인간이 실제로 무기를 사용해 실행하는 것이 아니라, 컴퓨터를 구사해 인터넷 등의 네트워크를 통해 실행되는 것이다.

그런데, 사이버 테러리즘과 사이버 전쟁은 어떻게 다른 것일까.

사이버 테러리즘이란 주로 크래커가 벌이는 컴퓨터 시스템에 대한 부정 침입 등의 크래킹, 또는 인터넷 상의 사이트 서비스를 이용 불능으로 만들어 버리는 DoS 공격 등 네트워크를 이용해 벌어지는 테러 공격을 말한다.

개인이나 작은 집단에 의해 실행되며, 사회적이나 정치적인 이유가 존재하는 경우도

●크래커가 벌이는 사이버 전쟁과 사이버 테러리즘

댐 등의 인프라 파괴

중계점

도시 기능 파괴

침입 방법을 바꾼다

교통 시스템 파괴

중계점

중계점

사이버 전쟁이나 사이버 테러리즘에 있어서, 가장 큰 위협이 되는 것이 크래커라는 존재다. 그들은 컴퓨터 네트워크에 부정 침입하거나, 바이러스를 보내 데이터를 변경 또는 파괴한다. 컴퓨터 자체에 대미지를 입히는 것도 가능. 그들을 이용하면 실제 전쟁이나 테러 행위처럼 수많은 인원이나 병기, 고액의 비용이 드는 일도 없다(극단적이지만, 우수한 크래커라면 도시의 PC방에서도 공격을 실행할 수 있다). 인터넷을 경유해 목표인 나라의 기밀 정보를 훔치는 것만이 아니라, 금융 시스템, 도시 기능, 라이프라인, 교통 시스템 등 국가의 중추 기능을 관리하는 호스트 컴퓨터에 침입해 프로그램을 수정하거나 기능을 고장내 버리는 것도 가능하다. 그로 인해 대규모의 사고나 재해가 발생하게 만드는 것도 가능하다. 하지만 컴퓨터의 수많은 방위 시스템을 돌파해 침입하기 위해서는 탁월한 컴퓨터 지식과 기술, 천재적인 센스가 있어야 하며, 그것이 가능한 것은 전 세계를 통틀어도 극히 일부의 크래커 뿐일 것이다. 하지만 사이버 전쟁이나 사이버 테러를 일으키려는 국가나 테러리스트들이 그런 크래커를 고용한다면 어떻게 될까…?

있지만 흥미 본위로 저지르는 범행인 경우도 있다.

한편 사이버 전쟁은 사이버 테러리즘과 마찬가지로 사이버 공격과 방어를 하지만, 대상이 되는 상대가 국가나 기업 등이며, 군의 사이버 부대 또는 국가 기관에 고용된 *크래커 집단에 의해 실행되기에 그 스케일도 크다. 또한 사이버 전쟁의 배경에는 국가의 이권이 크게 연관되어 있다.

대표적인 예로는 *중국군 사이버 부대의 존재가 잘 알려져 있는데, 중국은 미국의 국가 기밀과 기간산업의 기업 비밀을 훔쳐내거나, 미국과 그 동맹국의 컴퓨터에 사이버 공격을 가한다고 한다. 미국은 2009년에 중국의 사이버 공격에 대항하기 위한 사이버 사령부를 창설했으며, 2014년에는 자위대에서도 *사이버 방위대를 새로이 편성했다.

미군의 사이버 오퍼레이션 센터. 미군에는 자국 및 동맹국의 사이버 공간에 있어서의 활동(군사 활동도 포함)의 자유 보장 및 확보, 또 방어를 위한 사이버 전(인터넷 및 컴퓨터 상에서 행해지는 전쟁)을 전문으로 하는 통합 부대 *USCYBERCOM(사이버 사령부)을 창설했다. 임무는 적대국의 컴퓨터에 침입해 크래킹하거나, 컴퓨터 네트워크를 파괴하는 것. 그리고 적대국이 걸어오는 그러한 행위에 대한 방어이다.

중계점

중계점

크래킹을 하는 크래커. 자신의 소재가 밝혀지지 않도록, 수많은 중계점(다른 컴퓨터)을 경유해 침입법을 변경한다.

※사이버 = 컴퓨터의~ 인터넷의~를 나타내는 접두사.
※크래커 = 크래킹(컴퓨터를 부정하게 이용하는 것)을 하는 사람을 말한다. 이것과 비슷한 해커라는 명칭이 있는데, 이쪽은 컴퓨터에 관한 고도의 전문적인 지식을 지니고 그걸 이용해 기술적인 문제를 클리어하는 사람들을 나타낸다(크래커는 악의를 지닌 해커라 할 수 있다).
※중국 사이버 군 = 상하이에 거점이 존재한다고 알려진 중국 인민해방군 61398 부대가 유명한데, 중국의 발표로는 광둥성에 있는 넷람군(NET藍軍)이라고 한다(하이난 섬 기지의 육수 신호대라는 설도 있다). 이 부대를 미국에서는 해커 부대로 보고 있지만, 중국은 넷 방위 훈련 기관이라 주장한다. 중국 사이버 군은 존재 자체는 알려져 있지만, 실체는 확실히 알려지지 않은 조직이다.
※사이버 방위대 = 자위대 지휘 통신 시스템대에 소속되어 있다고 하지만, 상세한 사항은 불명.
※USCYBERCOM = United States Cyber Command의 약자.

19. 에셜론

지구 규모의 통신 방수 시스템의 수수께끼

현재 인터넷은 통신의 주역이 되어가고 있다. 그리고 인터넷이 테러리스트나 범죄자, 크래커, 일반인 등에 의해 범죄나 반사회적 활동에 이용된다면, 당연하게도 그걸 감시하려는 움직임이 발생한다. 하지만 전 세계에서 유통되는 막대한 양의 메일을 감시하려면 세계 규모의 조직이 필요하다. 그리고 그걸 진행하려 하는 것이 NSA(미국 국가 안전 보장국)이 운영한다는 「에셜론(Echelon)」이다.

에셜론은 동서 냉전 하에서 조직된 미사일 방위 구상의 일부로, 원래는 통신 위성의 방수 시스템이었다. 하지만 냉전 종식 이후, 정보 수집 대상이 테러나 마약 등의 국제 범죄나 지하 경제 활동으로 바뀌면서, 기업이나 정치가, 일반 시민(유명인이나 요주의 인물 등)의 전화, 팩스, 전자 메일 등이 대상이 되었다고 한다. 좀 더 자세하게 말하자면, 에셜론은 원래 미국, 영국, 캐나다, 오스트레일리아, 뉴질랜드 등 5개국이 *UKUSA 협정 하에 운영하는 지구 규모의 통신 방수 시스템으로, 주로 상업 통신 위성 *인텔사트의 전파를 지상에서 방수한다. 방수 기지는 세계 각지에 19개소가 설치되었으며, 일본의 미사와 기지 내부에도 있다고 한다. 이 시스템은 무선, 휴대 전화, 팩스, 전자 메일 등 전 세계에서 행해지는 통신의 90퍼센트를 방수 가

능하다고 한다. 수집한 정보는 중요도나 키워드로 인해 랭크를 나누어 분류하며, 데이터베이스 상에 등록·축적하여 필요한 정보는 암호화된 네트워크를 통해 국내의 관계 기관으로 보내지거나, 참가국이나 협력국에 제공된다(단, 미국에게 불이익이 되지 않는 정보로 한정된다).

2001년 5월 북한의 김정일 총 서기(당시)의 장남인 김정남이 나리타 공항에서 위조 여권을 사용해 불법 입국하려다 구속된 사건은, 그 움직임이 에셜론에 의해 탐지되어 사전에 미국이 일본 정부에 통보했기 때문이라고 한다.

그렇다고는 해도, 이런 이야기는 매스컴이나 *NGO(비정부기구) 단체 등이 발표한 억측과 소문이 대부분이며, 에셜론의 실체는 여전히 베일에 싸인 상태로 미국 정부는 그 존재조차 정식으로 인정하지 않았다.

그렇기 때문에 에셜론은 「지구상의 다양한 통신 방수 가능」 같은 과대평가를 받아왔다(실제로는 광섬유 통신은 방수가 불가능한 것만 봐도, 능력에 어느 정도 한계가 있을 것이다).

하지만 회선의 브로드밴드 화가 진행되고, 인터넷이 극적으로 진화한 새로운 통신 시대가 찾아온 지금, 에셜론은 거기 대응하기 위

※UKUSA = the United Kingdom—United States of America의 약자. 협정을 맺은 것은 영국과 그 식민지였던 영연방 국가이다. 여기에 반발한 프랑스는 이에 대항하고자 프렌첼론(Frenchelon)이라는 통신 방수 시스템을 구축했다고 한다(물론 공식적으로 그 존재를 인정하지는 않았다). 이러한 통신 방수망은 러시아도 운영하는 것으로 보인다.
※NGO = Non-Governmental Organizations의 약자.

해 새로운 버전으로 진화하는 중으로 보인 다. 2013년 NSA의 정보 수집 활동을 고발 한 *에드워드 스노든에 의하면, 2007년부터 극비 통신 감시 시스템 「PRISM」이 도입되어, 유선 데이터 통신도 방수 가능하게 되었으 며, 이외에도 구글, 페이스북, 스카이프, 유튜 브 등의 웹서비스 정보도 감시 대상이 되었 다고 한다.

에셜론(프랑스 어로 「사다리의 가로대」에서 유래)을 운영한다 고 알려진 NSA의 본부와 엠블럼. 본부는 메릴랜드 주의 포트 조지 G 미드 육군기지 내에 설치되어 있다. NSA는 미국 국 방성의 첩보 기관으로, 주로 시긴트(통신 정보)를 담당한다. 전 직원이었던 스노덴의 말에 의하면, NSA는 안전 보장 분야 만이 아니라 국익을 위해서 산업 스파이 비슷한 활동도 한다 고 한다.

※에드워드 스노든 = 1983년 생 미국인. NSA 및 CIA의 직원으로 정보 수 집 활동에 종사했지만, 2013년 NSA의 통신 방수 및 해외에 대한 사이버 공격 실태를 고발했다. 기밀 정보의 폭로에 의해 FBI가 수사를 개시했지만, 국외로 도망치는데 성공했다. 현재는 러시아에 머무는 중이라고 한다.

CHAPTER 3

Surveillance Aircraft & Scout UAV

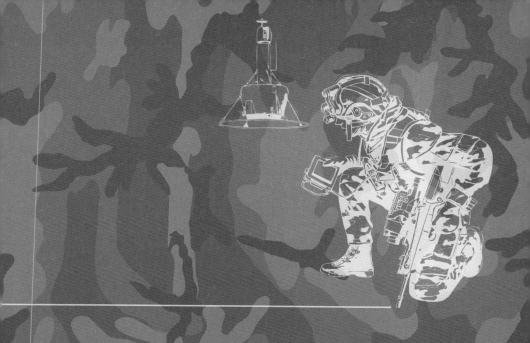

정찰기와 무인기

적에 대한 정보가 없으면 전쟁에서 승리하기 어렵다.

정찰은 전쟁의 기본이며, 평시에도 빼놓을 수 없다.

이번 장에서는 정찰기와 최근 존재감이 강해진

UAV(무인기)에 대해서도 확인해 보자.

01. 전술 정찰기(1)

전술 정찰기가 가져오는 정보의 중요성

제1장 스파이 장비

전쟁 중에는 전술 정찰기의 수요가 높지만, 평시에는 그다지 필요로 하지 않는다. 이런 이유로 각국의 공군에서는 전투기나 공격기에 정찰 포드를 달아 센서 등을 탑재할 수 있는 정도로 살짝 개조한 기체가 정찰 임무를 수행하는 경우가 많다(이러한 기체는 공대공 미사일 등을 탑재할 수 있어 자기 방어가 가능하다).

제2장 정보 수집 기재

한편, 마찬가지로 전투기나 공격기를 베이스로 하면서도, 정찰 기재를 탑재하기 위해 무장을 제거하고 기체 일부를 개조해 정찰 능력을 더욱 향상시킨 기체도 있다. 이쪽은 포드도 안 달려 있고, 기체 자체도 공기 저항이 줄어들도록 개수되었기에 더 고속으로 비행할 수 있다. 정찰기의 사명은 출격해 사진 촬영 등의 정찰 활동을 수행하고, 생환하는 데 있기에 정보를 가지고 돌아오지 못한다면 임무가 달성되지 않으므로, 무기를 갖지 않은 정찰기에 있어서는 고속 성능이야말로 최대의 무기라 할 수 있다.

제3장 정찰기와 무인기

현재는 전술 정찰기도 정찰 카메라같은 광학 장치만을 사용하는 것이 아니라, *SLAR(측방 감시 레이더)나 적외선 정찰 장치 같은 전자 정찰 장치를 탑재하고, 다양한 임무를 수행하게 되어 있다.

그리고 현재는 가시광선이나 적외선에 의한 화상 정찰 이외에도, ELINT(전자 정보 수

제4장 스파이 위성

집)나 *COMINT(통신 정보 수집) 등의 정보 수집용 각종 센서를 탑재할 수 있는 RF-4C

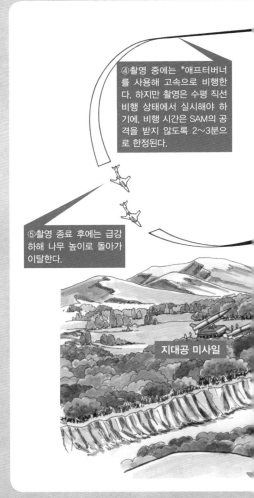

④촬영 중에는 *애프터버너를 사용해 고속으로 비행한다. 하지만 촬영은 수평 직선 비행 상태에서 실시해야 하기에, 비행 시간은 SAM의 공격을 받지 않도록 2~3분으로 한정된다.

⑤촬영 종료 후에는 급강하해 나무 높이로 돌아가 이탈한다.

지대공 미사일

※SLAR = Side Looking Airborne Radar의 약자.　※ELINT = Electronic INTelligence의 약자. 엘린트.
※COMINT = COMmunication INTelligence의 약자. 코민트.　※SAM = Surface to Air Missile의 약자.

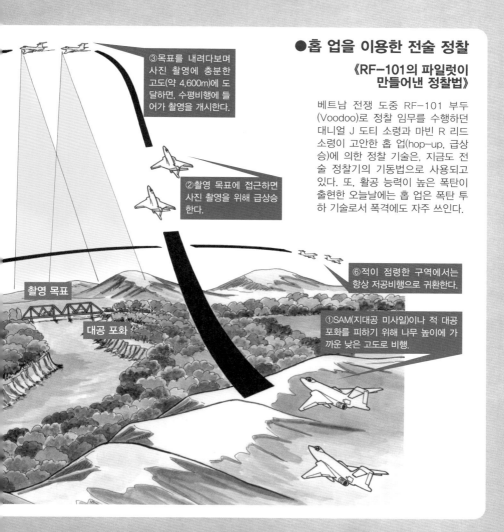

같은 기체도 있다. 화상 정찰 외에도 최대한 적의 다양한 정보를 수집할 필요가 있기 때문이다.

그렇다고는 해도, 전술 정찰기가 가져오는 정보 중 가장 큰 가치가 있는 것이 사진이라는 점은 변하지 않았다(카메라가 발달해 다양한 형태를 취하고 있는 현대에는 「화상 정보」라고 하는 쪽이 적절할지도 모르겠다). 전술 정찰기가 가져온 사진은 아마도 현지 지휘관이 입수할 수 있는 최고의 정보이기 때문일 것이다.

●홉 업을 이용한 전술 정찰

《RF-101의 파일럿이 만들어낸 정찰법》

베트남 전쟁 도중 RF-101 부두(Voodoo)로 정찰 임무를 수행하던 대니얼 J 도티 소령과 마빈 R 리드 소령이 고안한 홉 업(hop-up, 급상승)에 의한 정찰 기술은, 지금도 전술 정찰기의 기동법으로 사용되고 있다. 또, 활공 능력이 높은 폭탄이 출현한 오늘날에는 홉 업은 폭탄 투하 기술로서 폭격에도 자주 쓰인다.

③목표를 내려다보며 사진 촬영에 충분한 고도(약 4,600m)에 도달하면, 수평비행에 들어가 촬영을 개시한다.

②촬영 목표에 접근하면 사진 촬영을 위해 급상승한다.

⑥적이 점령한 구역에서는 항상 저공비행으로 귀환한다.

촬영 목표

대공 포화

①SAM(지대공 미사일)이나 적 대공 포화를 피하기 위해 나무 높이에 가까운 낮은 고도로 비행.

※애프터 버너 = 제트 엔진의 배기가스에 연료를 분사해 연소시켜 추진력을 증가시키는 장치. 그 만큼 연료를 대량으로 소비한다.

02. 전술 정찰기(2)

정찰에 특화된 자위대의 전술 정찰기

*전술 정찰기의 주 임무는 전선의 적군 배치, 이동, 집결 등의 상황을 정찰하는 것이다. 미리 사진을 촬영할 목표가 결정되어 있는 경우와, 전선 상공을 비행하며 위협이 될 법한 장소를 촬영해 나중에 공격할 것인지를 검토하는 경우 등 크게 두 가지 임무로 구별

할 수 있다.

또, 공격 후에 상대의 피해 상황을 조사하여 재공격 필요성 등의 검토(전과 판정)를 위한 사진 정찰도 전술 정찰기의 임무이다.

항공 자위대의 정찰 항공대 501 비행대가 운용하는 RF-4E. 기수 측면의 카메라 창과 기수 하면의 돌출창(전방 및 하방을 촬영하기 위한 카메라 창을 설치)이 특징. *정찰 임무에 특화되어 있기 때문에 무장은 없으며, 공중전 능력은 없다. 항공 자위대는 이외에도 요격용 전투기를 정찰기로 개조한 RF-4EJ를 운용 중이다.

❶속도계용 피토관 ❷AN/APQ-88 레이더 ❸KS-87 정찰 카메라 ❹전방 랜딩 기어 긴급 전개용 압축 공기 봄베 ❺LA-313A 광학 파인더 ❻풋 페달 ❼조종간 ❽❾사출 좌석 ❿No.1 연료 탱크(용량 805리터) ⓫No.2 연료 탱크(용량 782리터) ⓬No.3 연료 탱크(용량 696리터) ⓭ No.4 연료 탱크(용량 835리터) ⓮타칸(TACAN) 안테나 ⓯연료 공급 및 공기 계통 배관 ⓰No.5 연료 탱크(용량 760리터) ⓱No.6 연료 탱크(용량 888리터) ⓲사진 촬영용 조명탄 발사기 ⓳충돌 방지등 ⓴수평 안정판 겸 승강타 감각 시스템 압력 감지부 ㉑후미 항법등 ㉒연료 방출구(fuel jettison) ㉓후미 경계 레이더 안테나 ㉔편대등 ㉕HF 안테나 ㉖어레스팅 훅 ㉗가변 면적 애프터 버너 배기구

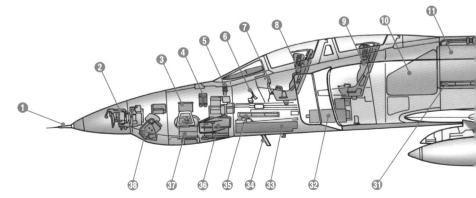

F-4B를 베이스로 정찰기로 개조한 YRH-4C 생산형. 기수부가 개조되어 APQ-99 전방 감시 레이더 및 정찰 기재를 장비했으며, 이 외에도 SLAR 등의 전자 장치를 탑재하고 있다. 1965년에 배치되었으며, 전투기를 정찰기로 개조하는 선구자격인 존재가 되었다.

▼RF-4C

전장 19.19m, 전폭 11.7m, 전고 5m, 자중 1만 2,833kg, 전비 중량 1만 9,364kg(기본 임무를 위한 전비 중량), 제너럴 일렉트릭 J79-15 터보 제트 엔진(추력 7,711kg×2), 최대 속도 시속 1,464km(마하 1.19 해면 고도) / 시속 2,034km(마하 2.17 고고도), 항속 거리 3,700km(기내 연료만으로), 전 행동 반경 846km.

▼RF-4E

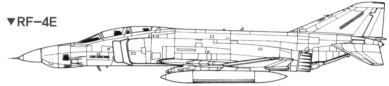

추력이 더 높은 J-79-GE-17 엔진으로 교체하고, 전연 플랩을 가동식 슬랫으로 변경하는 등 F-4E의 규격에 맞도록 RF-4C를 개조한 기체(탑재되는 정찰용 기재는 거의 변화 없음). 미 공군에서는 채용되지 않고 해외 수출용 기체가 되었다. 그림은 그 기본형으로, 일본이나 이스라엘 등에 수출된 RF-4E이다. 개량형 감지 장치 패키지를 장착할 수 있게 하거나 기수에 HIAC-1 카메라를 탑재하는 등, 각 국 공군의 사정에 맞게 개조되어 있다.

㉘외부 연료 탱크(용량 1,400리터) ㉙제너럴 일렉트릭 J-79-GE-15 터보 제트 엔진 ㉚내부 주익 파일론 ㉛편대등 ㉜APQ-102R/T SLAR 장치 ㉝APQ-102R/T SLAR 안테나 ㉞타칸 안테나 ㉟편대 등 ㊱KA-91 고고도 파노라마 카메라 ㊲KS-57 저고도 파노라마 카메라 ㊳KS-87 정찰 카메라

●RF-4C 내부 배치

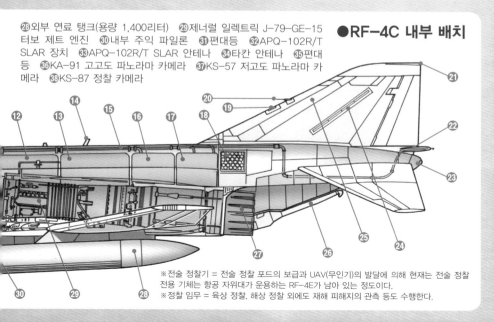

※전술 정찰기 = 전술 정찰 포드의 보급과 UAV(무인기)의 발달에 의해 현재는 전술 정찰 전용 기체는 항공 자위대가 운용하는 RF-4E가 남아 있는 정도이다.
※정찰 임무 = 육상 정찰, 해상 정찰 외에도 재해 피해지의 관측 등도 수행한다.

03. 전술 정찰기(3)

지금도 **활약**하는 **RF-4C/E**의 정찰 기재

●KS-87B 정찰 카메라

미국과 동맹국의 정찰기 사진 촬영용 카메라로 가장 널리 쓰이는 표준 모델. 전방 정찰 카메라라고도 불린다. 촬영에 쓰이는 것은 폭 약 12cm, 길이 약 300m의 롤 필름으로, 2400 컷의 사진 촬영이 가능하다. 보통은 초점 거리 약 15cm인 렌즈를 장착해 사용하지만, 사용 목적에 따라 초점 거리가 더 긴 망원 렌즈로 교환하는 것도 가능하다.

●KA-91B 고고도 파노라마 카메라

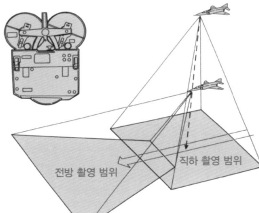

전방 촬영 범위

직하 촬영 범위

●KA-56E 정찰 카메라

No.2 스테이션에 장비되며, 수직 방향의 사진을 촬영하는 저 고도용 파노라마 카메라로 쓰인다. 렌즈 전면에 프리즘이 장치되어 있고, 이 프리즘을 회전시켜 180도 촬영이 가능하다(수평선에서 직하, 직하에서 반대 수평선까지의 180도 범위를 1매의 사진으로 촬영 가능). 촬영해서 얻을 수 있는 사진은 종횡비가 1:2 비율이다.

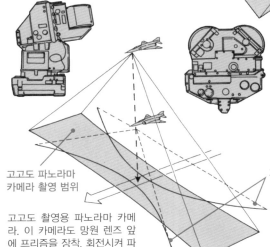

고고도 파노라마 카메라 촬영 범위

저고도 파노라마 카메라 촬영 범위

전방 촬영 위치(No.1 스테이션에 설치된 KS-87B 정찰 카메라)

AN/APG-88 레이더 안테나

고고도 촬영용 파노라마 카메라. 이 카메라도 망원 렌즈 앞에 프리즘을 장착. 회전시켜 파노라마 촬영을 실시한다. 촬영 범위는 하방 60도와 90도의 2종류지만, 저고도 파노라마 카메라보다 광범위 촬영이 가능하다. 이 카메라는 저공비행이 불가능한 경우에 쓰이는데, 목표와 그 주변의 종합적인 상황 촬영에 적합하다.

AN/APG-88 레이더 장치

※다양한 물체가 발하는 열 = 생물만이 아니라. 다양한 물체는 각각 고유한 열을 방출한다. 또, 같은 물체라 해도 상황에 따라 온도가 다른 열을 방출한다.

RF-4는 항공 자위대에서 여전히 현역으로 활동 중이며, 이바라키 현 햐쿠리 기지(茨城県百里基地)의 정찰 항공대 제 501 비행대에서 운용되고 있다. 평시에는 지진이나 화산 분화 등 재해 발생 시의 피해 상황 촬영이나 화산 관측을 위해 출동한다.

그때 사용하는 것이 다음과 같은 정찰용 기재이다.

●APQ-102SLAR(측방 감시 레이더)

기체의 진행 방향에 대해 횡 방향으로 전파를 발사하고, 지상에서 레이더 반사파를 수신해 화상을 만드는 것이 측방 감시 레이더이다. SLAR에 의한 화상은 광학계의 사진에 비해, 화상을 만드는 단계에서 컴퓨터를 통해 보정이 가해지기에 화상의 왜곡이 없고, 거리 등이 정확하게 파악되는 이점이 있다.

●AN/AAS-18A 적외선 정찰 장치

SLAR처럼 전자 화상을 만드는 장치지만, 전파를 발사하는 등의 액티브한 동작은 없으며, 지상의 *다양한 물체가 발하는 열을 감지하는 패시브 장치이다. 내장된 감지 소자가 열의 온도에 따라 발생시킨 전기 신호를 화상으로 바꾼다.

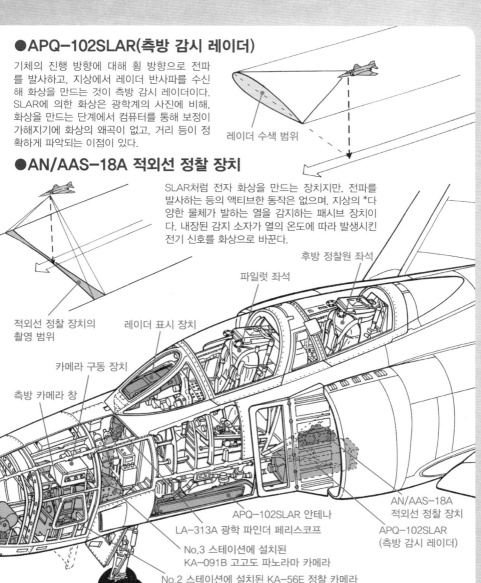

레이더 수색 범위

후방 정찰원 좌석

파일럿 좌석

적외선 정찰 장치의 촬영 범위

레이더 표시 장치

카메라 구동 장치

측방 카메라 창

APQ-102SLAR 안테나
LA-313A 광학 파인더 페리스코프
No.3 스테이션에 설치된 KA-091B 고고도 파노라마 카메라
No.2 스테이션에 설치된 KA-56E 정찰 카메라

AN/AAS-18A 적외선 정찰 장치
APQ-102SLAR (측방 감시 레이더)

04. 전술 정찰기(4)

촬영한 사진을 리얼타임으로 입수

전개가 빠른 현대전에서는 정보가 전국을 크게 좌우한다. 따라서 가능하다면 조금이라도 빨리, 최전선에서 일어나는 일과 적의 정세를 리얼타임으로 입수하는 것이 바람직하다. 하지만 종래의 정찰기로 촬영한 사진은 정찰기가 귀환하지 않으면 정보로서 이용할 수가 없었다. 게다가 기체에서 필름을 꺼내고, *현상, 건조, 프린트라는 순서를 밟기 전에는 볼 수도 없기에, 아무리 급하다 해도, 이런 작업을 거쳐 담당 부서로 보내 분석하기까지는 최소한 2~3시간이 필요하다. 이래서는 아무리 중요한 정보가 찍혀 있다 해도, 전황이 변화에 따라서는 정보가 낡은 것이 되고 말 가능성도 있었다.

이러한 타임 로스 문제를 해결하기 위해, 미 공군은 1970년대 후반부터 ESSWACS(전자 솔리드 스테이트 광각 카메라)로 대표되는 새로운 정찰 시스템 개발에 착수했다. 필름 사진처럼 해상도가 높은 화상을 리얼타임으로 입수하는 방법이 연구된 것이다.

ESSWACS는 화상 정찰 위성에 탑재되어 있는 것 같은 CCD를 사용한 전자 광학 망원 카메라 시스템이다. 렌즈를 통해 *CCD 소자에 광학 화상을 감지시키고, CCD에 발생한 전류를 다중 프로세서나 비디오 프로세서를 통해 디지털 신호로 만들어 데이터로 송신하는 것으로, 통신을 받는 쪽에서는 디지털 신호를 TV 수신기와 같은 방법으로 화상으로 복원한다(프린트 아웃도 가능). 이 방법에는 종래의 정찰 사진과 같은 화상의 왜곡도 없었으며, 거리나 크기가 정확하게 표현된다는 이점이 있었다. 이 정찰 시스템은 1978년 RF-4C에 탑재되어 최초의 테스트가 실행되었다.

1991년 걸프전 당시, U-2R에 탑재된 *EO(전자광학) 카메라로 촬영한 이라크 공군 기지. EO 카메라는 *ESSWACS로 인해 시작된 CCD 응용 기술이 발전한 것으로, *LOROP(장거리 대각선 촬영) 렌즈를 사용해 적의 지대공 미사일의 사정권 밖에서 촬영할 수 있었다. 기기의 브라운관 디스플레이로 화상 사이즈나 확대율 등을 임의로 선택해서 촬영했다.

HIP

RF-4EJ의 센터라인 스테이션에 탑재된 장거리 정찰 포드(화살표), LOROP 카메라 KS-146B를 수납하고 있다. RF-4EJ는 정찰기로서의 개수를 최소한으로 했으며, 정찰 기재는 모두 외장 포드에 수납되어 있다. 사진에 나와 있는 장거리 정찰 포드 이외에도, 전술 정찰 포드(고고도 정찰 카메라 KA-95B, 저 고도 정찰용 카메라 KS-153A, 적외선 정찰 장치 D50을 수납), 전술 전자 정찰 포드(ELINT 정보 수집 기재를 수납)를 운용할 수 있다. 참고로 RF-4도 카메라 베이에 LOROP 카메라 KS-127A를 탑재할 수 있다. 다만 이 경우에는 다른 광학식 정찰 기재는 탑재할 수 없다(사진의 정밀도는 KS-127A보다 KS-146B 쪽이 높다고 한다).

사진은 제너럴 다이나믹 사(社)의 제품 HIAC-1 고고도용 고해상도 카메라. 반사 망원식 광학 카메라로, 정면의 창 부분(이 부분은 가동식으로 각도를 바꿀 수 있다. 카메라 본체는 사진 왼쪽 끝 부분)에 들어온 빛을 반사 망원경 같은 구조로 초점 거리를 늘려 렌즈 부분에 상이 맺히게 하는 방식이다. 초점 거리가 길기 때문에, 더 높은 고도에서도 해상도가 높은 사진을 촬영할 수 있다. 창 부분의 각도를 바꾸면 대각선 촬영이 가능한 LOROP 카메라이다. 보통은 동체 아래에 매다는 전용 포드에 수용되지만, 이스라엘 공군의 F-4E(S) 정찰기의 경우, 아래 그림처럼 기수를 개조해 직접 탑재되었다.

▼F-4E(S)

HIAC-1 고고도용
고해상도 카메라

※현상 = 조금이라도 시간을 단축하기 위해, RF-4는 현상 능력을 지니고 있었다.
※ESSWACS = Electronic Solid State Wide Angle Camera System의 약자.
※CCD 소자 = 이 당시에는 소자가 5개밖에 사용되지 않았다. 반도체가 경이적으로 발달한 것은 1980년대 이후의 일이다.
※EO = Electronic Optical의 약자.　※LOROP = Long Range Oblique Photography의 약자.

05. 전술 정찰기(5)

정찰 기재를 모아 기체 외부에 장비한다

F-14 톰캣에 탑재되어 다양한 정찰 임무에 사용된 TARPS(전술 항공 정찰 포드 시스템)는 1980년대 전반기에 미 해군에 도입되었다. 그때까지 전술 정찰기라면 RF-8G나 RA-5C였는데, 둘 모두 1980년대에는 구형이 되어 신형 정찰기 개발이 필요했다. 하지만 미국 경제의 쇠퇴는 군의 예산을 압박했고, 신형기 개발은 고사하고 운용 항모의 숫자까지 줄여야 하는 사태로 이어졌다.

그러던 와중에, 어떻게든 전술 정찰기

F-14의 No.5 무장 탑재 스테이션에 탑재된 *TARPS(화살표). 미 해군에서는 1980년대 초기에 F-14A TARPS가 채용되면서 RF-8G와 RA-5C 등 정찰 전용기가 폐지되었다. 당초에는 폐지하는 데 반대도 있었으나, 현재는 정찰 포드를 전투기(포드를 달 수 있도록 일부 개조)에 탑재해 정찰 임무를 수행하는 것이 당연한 사실이 되었다. 전용 정찰기를 보유하는 것보다도 비용이 적게 들고, 거의 비슷한 능력을 지니기 때문이다.

●TARPS(LA-610)의 내부 배치

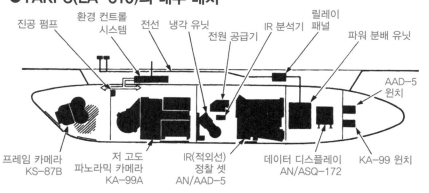

진공 펌프
환경 컨트롤 시스템
전선 냉각 유닛
전원 공급기
IR 분석기
릴레이 패널
파워 분배 유닛

AAD-5 윈치

프레임 카메라 KS-87B
저 고도 파노라믹 카메라 KA-99A
IR(적외선) 정찰 셋 AN/AAD-5
데이터 디스플레이 AN/ASQ-172
KA-99 윈치

TARPS(LA-610)이라 불리는 탑재 포드는 중량 737kg(AIM-54 피닉스 미사일 2발 상당), 전장 6.27m, 높이 0.6m(파일런도 포함하면 1M), 폭 0.66m. 중핵을 구성하는 것은 KS-87B 프레임 카메라, KA-99A 파노라믹 카메라, AN/AAD-5 적외선 정찰 셋이다. 이런 기재로 촬영한 정보는 필름에 저장되지만, 수집한 정보를 리얼 타임으로 기지나 모함으로 송신하는 것도 가능하다. TARPS는 업그레이드되어 LOROP 카메라를 탑재할 수 있게 되었다.

의 성능 향상을 위해 고안해낸 것이 보유한 RF-8G의 *엔진을 교체하여 파워 업하는 방법과, 정찰용 카메라 등의 장비 한 세트를 포드에 수납해 기체 외부에 장비하는 정찰 포드의 개발이었다. 이 포드를 이용한 방법은 기체에 다용도성을 갖게 한다는 점에서 유효했다. 예를 들어 정찰기로서 운용하던 F-14A TARPS라 해도, 정찰 포드를 떼어내고 미사일을 탑재하면 함대 방공용 전투기로 사용할 수 있었던 것이다.

F-14의 후계기 F/A-18E/F에 탑재된 AN/ASD-12 *SHARP(공유 정찰 포드, 화살표). TARPS를 대신하는 정찰 포드로 레이시온 테크니컬 서비스 컴퍼니의 SHARP가 운용되고 있다. 듀얼 밴드 EO/IR(광학/적외선) 센서를 탑재해 고해상도 정찰 정보를 수집할 수 있다. 또, 고도 정찰 압축 하드웨어를 통해 고품질 화상 정보를 압축, 단시간에 송신이 가능하며 모함이나 기지에서도 리얼 타임으로 정보를 얻을 수 있었다.

SHARP에 탑재되어 있는 듀얼 밴드 CA-270 카메라. 리콘 옵티컬 사(社)가 개발한 주·야간 촬영이 가능한 LOROP 카메라로, CCD를 사용하고 있다.

※TARPS = Tactical Airborne Reconnaissance Pod System의 약자.
※엔진을 교체 = 보관되어 있던 J57-P-420 엔진을 재이용했다.   ※SHARP = SHAred Reconnaissance Pod의 약자.

06. 고고도 전략 정찰기(1)

요격기가 올라올 수 없는 고도에서 정찰한다

1950년대, 소련의 군사 과학 발전과 군비 강화에 큰 위협을 느낀 미국은 다양한 방법으로 소련의 군사 정보를 캐내려 했다. 또한 이러한 국제 정세를 반영, 공군과 CIA에서는 고고도에서 고속으로 정찰 비행이 가능한 정찰기(고고도 전략 정찰기) 개발을 요구했다.

이에 대해, 록히드 사(社)의 *스컹크 웍스 주임이었던 켈리 존슨이 제안한 CL282(F-104를 베이스로 *어스펙트 비(aspect ratio)가 큰 주익을 단 기체)를 베이스로 개량을 가해 개발된 것이 *U-2 정찰기였다.

U-2는 적국의 군사 기지나 시설의 사진을 촬영하기 위해, 영공을 침범해도 적의 요격기가 도달할 수 없는 고도 2만 4,000m 이상의 공역을 비행할 수 있도록 고속 성능보다도 고고도 성능이 중요시되었다. 어떻게든

최대한 높은 고도를 비행하는 것을 목표로, 1kg이라도 중량을 줄이기 위해 철저한 경량화가 시도되었다. 또, 기체의 전장보다 길고, 길고 가느다란(어스펙트 비가 높은) 주익이 채용된 것이 특징이다. 당시의 공장 관계자에 의하면, 필요 강도의 한계 가까이까지 얇게 만든 알루미늄 합금 동체는 실수로 떨어뜨린 공구 때문에 움푹 들어간 자국이 생기기도 했으며, 얇은 날개는 손으로도 구부릴 수 있을 정도였다고 한다. 또한, 랜딩 기어도 도 경량화를 위해 자전거 처럼 동체 아래에 앞뒤로 2개만이 장비되었으며, 주익을 지탱하는 보조 바퀴는 기체가 이륙하는 과정에서 버리는 구조였다.

1955년 8월에 첫 비행에 성공한 U-2는 A~D까지의 각 형식가 생산되어 다양한 극비 정찰 활동에 투입되었다. 이 기체는 1960년 4월말에 발생한 파워즈 사건으로 유명해졌는데, 이것은 소련 영공을 정찰 비행하며 군사 시설 등을 촬영하던 CIA의 U-2가 지대공 미사일을 맞고 격추, 파일럿이었던 전직 공군 대위 게리 파워즈가 소련에 체포된 사건이다. 1962년 소련의 스파이와 맞교환으로 본국에 귀환했다(사진은 파워즈 본인).

▼U-2C

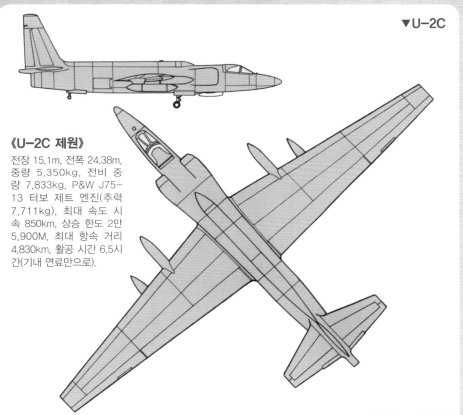

《U-2C 제원》

전장 15.1m, 전폭 24.38m, 중량 5,350kg, 전비 중량 7,833kg, P&W J75-13 터보 제트 엔진(추력 7,711kg), 최대 속도 시속 850km, 상승 한도 2만 5,900M, 최대 항속 거리 4,830km, 활공 시간 6.5시간(기내 연료만으로).

U-2는 외형만 봐도 알 수 있듯이, 어스펙트 비가 큰 글라이더에 강력한 제트 엔진을 탑재한 것 같은 기체이다. 착륙 하나만 봐도, 지면에 닿은 것은 동체 앞뒤에 배치되어 있는 2개의 랜딩 기어뿐이며 (그것도 동시에 접지시켜야만 한다), 긴 주익이 지면에 닿지 않도록 해야 하므로 곡예 비행에 가까운 조종 기술이 필요했다. 사진은 1962년 쿠바 미사일 위기 당시 정찰 비행을 위해 출동한 기체.

※스컹크 웍스 = 록히드 사(현재는 합병해 록히드 마틴 사)의 선진 개발 계획 부문의 통칭. 특히 군용기 개발로 잘 알려져 있으며, 수십 명의 설계자와 수 백 명의 기술자로 구성된 팀.
※어스펙트 비 = P.123 참조 ※U-2 = U는 Utility(범용기)의 약자. 애칭은 드래곤 레이디.

07. 고고도 전략 정찰기(2)

개량형 U-2R의 특징과 그 후의 전개

U-2R은 1966년에 U-2B/C형의 동체에 주익을 대폭 연장한 기체(엔진은 그대로)로, 당초 미 공군과 CIA에서 절반씩 보유·운용했다. 1974년에는 CIA가 U-2의 운용을 중지하게 되어, 모든 기체가 공군으로 이관되었다. 1978년에는 U-2R에서 정찰 기재를 전술 정찰용으로 환장한 TR-1A가 개발되었는데, 엔진을 제너럴 일렉트릭 F-118-GE-101로 환장하고, 최종적으로는 모든 기체기가 U-2S 및 TU-2S 사양으로 개수되었다.

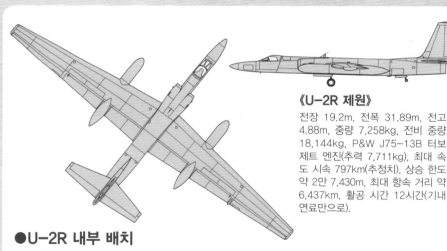

《U-2R 제원》

전장 19.2m, 전폭 31.89m, 전고 4.88m, 중량 7,258kg, 전비 중량 18,144kg, P&W J75-13B 터보 제트 엔진(추력 7,711kg), 최대 속도 시속 797km(추정치), 상승 한도 약 2만 7,430m, 최대 항속 거리 약 6,437km, 활공 시간 12시간(기내 연료만으로).

●U-2R 내부 배치

❶기수부(선진형 *합성 개구 레이더 및 센서) ❷TACAN(전술 항법 시스템) 레이더 ❸에어 데이터 컴퓨터 ❹편류 조준 장치 ❺조종간 ❻사출 좌석 ❼Q실(미션 페이로드 탑재실) ❽UHF 송수신기 ❾액체 산소 봄베 ❿콕피트 공조 장치 ⓫VHF 안테나 ⓬ADF(자동 방향 탐지기) 센스 안테나 ⓭유기압 펌프 ⓮엔진 윤활유 탱크 ⓯J75-13B 터보 제트 엔진 ⓰제트 배기도관 ⓱트랜스폰더 ⓲HF 수신기 ⓳HF 슬롯 안테나 ⓴레이더파 감지 장치 ㉑피치 트림 조정용 액튜에이터 ㉒IFF(적 아군 식별 장치) 안테나 ㉓후미 바퀴 ㉔VHF 안테나 ㉕엔진 보조기 액세스 패널 ㉖엔진 보조기 ㉗UHF 안테나 ㉘주 바퀴 ㉙Q실 하부(기기실 냉각 장치가 들어 있다) ㉚페리스코프 ㉛오토 파일럿 장치 ㉜컴퓨터 ㉝*ADF 루프 안테나

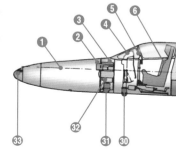

※합성 개구 레이더 = P.148 참조
※ADF = Automatic Direction Finder의 약자.

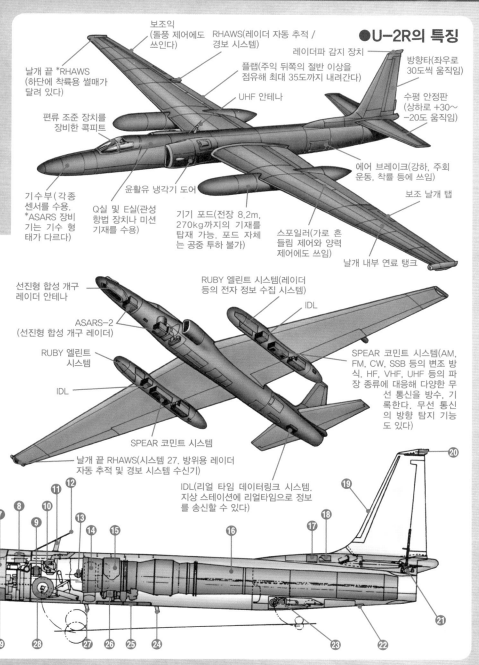

보조익
(돌풍 제어에도
쓰인다)

RHAWS(레이더 자동 추적 /
경보 시스템)

레이더파 감지 장치

●U−2R의 특징

날개 끝 *RHAWS
(하단에 착륙용 썰매가
달려 있다)

플랩(주익 뒤쪽의 절반 이상을
점유해 최대 35도까지 내려간다)

방향타(좌우로
30도씩 움직임)

UHF 안테나

수평 안정판
(상하로 +30∼
−20도 움직임)

편류 조준 장치를
장비한 콕피트

기수부 (각종
센서를 수용.
*ASARS 장비
기는 기수 형
태가 다르다)

윤활유 냉각기 도어

에어 브레이크(강하, 주회
운동, 착륙 등에 쓰임)

보조 날개 탭

Q실 및 E실(관성
항법 장치나 미션
기재를 수용)

기기 포드(전장 8.2m,
270kg까지의 기재를
탑재 가능. 포드 자체
는 공중 투하 불가)

스포일러(가로 흔
들림 제어와 양력
제어에도 쓰임)

날개 내부 연료 탱크

선진형 합성 개구
레이더 안테나

RUBY 엘린트 시스템(레이더
등의 전자 정보 수집 시스템)

IDL

ASARS−2
(선진형 합성 개구 레이더)

RUBY 엘린트
시스템

IDL

SPEAR 코민트 시스템(AM,
FM, CW, SSB 등의 변조 방
식. HF, VHF, UHF 등의 파
장 종류에 대응해 다양한 무
선 통신을 방수, 기
록한다. 무선 통신
의 방향 탐지 기능
도 있다)

SPEAR 코민트 시스템

날개 끝 RHAWS(시스템 27. 방위용 레이더
자동 추적 및 경보 시스템 수신기)

IDL(리얼 타임 데이터링크 시스템.
지상 스테이션에 리얼타임으로 정보
를 송신할 수 있다)

⑦ ⑧ ⑨ ⑩ ⑪ ⑫ ⑬ ⑭ ⑮ ⑯ ⑰ ⑱ ⑲ ⑳

㉙ ㉘ ㉗ ㉖ ㉕ ㉔ ㉓ ㉒ ㉑

※RHAWS = Radar Homing And Warning System의 약자.
※ASARS = Advanced Synthetic Aperture Radar System의 약자.

08. 고고도 전략 정찰기(3)

정찰용 카메라의 성능은 어느 정도인가

U-2에는 다양한 정찰용 기재가 탑재되는데, 가장 오래전부터 사용되었던 것이 정찰용 카메라이며, 1980년대까지는 필름식 카메라가 주력이었다. 이미 1970년대 말에 실용적인 CCD 카메라가 출현했지만, 필름을 사용하는 카메라에 비해 해상도가 낮았기 때문이다. 참고로 정찰 위성이나 정찰기가 촬영한 화상을 분석해 정보를 얻는 수법을 *IMINT(화상 정보 수집)라 부른다.

●U-2의 정찰 카메라

초기의 U-2 정찰기에 쓰이던 것이 타입 A 카메라(HR-732 정찰 카메라)로, Q실에 탑재된다. 약 60cm의 포커스 렌즈를 사용하며, 촬영한 사신의 해상도는 5~20cm 정도(고도나 촬영 조건에 따라 달라진다)라고 한다. 사용하는 폭 20cm 필름은 전장이 1,000m 이상이며, 필름을 감을 때 기체의 밸런스가 무너지기 때문에, 카세트 안에서 필름을 2개로 나눠 양쪽이 서로 다른 방향으로 감도록 되어 있다(촬영한 필름은 현상 · 프린트 아웃할 때 합성된다).

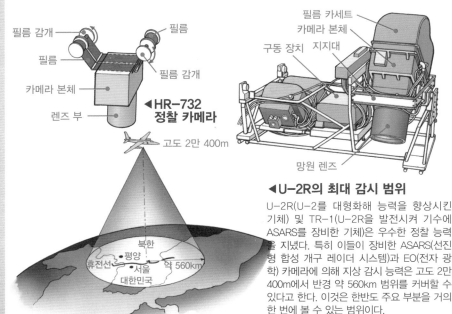

필름 감개
필름
필름
필름 감개
카메라 본체
렌즈 부
◀HR-732 정찰 카메라

필름 카세트
카메라 본체
구동 장치　지지대
망원 렌즈

고도 2만 400m

북한
평양
휴전선
서울
약 560km
대한민국

◀U-2R의 최대 감시 범위

U-2R(U-2를 대형화해 능력을 향상시킨 기체) 및 TR-1(U-2R을 발전시켜 기수에 ASARS를 장비한 기체)은 우수한 정찰 능력을 지녔다. 특히 이들이 장비한 ASARS(선진형 합성 개구 레이더 시스템)과 EO(전자 광학) 카메라에 의해 지상 감시 능력은 고도 2만 400m에서 반경 약 560km 범위를 커버할 수 있다고 한다. 이것은 한반도 주요 부분을 거의 한 번에 볼 수 있는 범위이다.

※IMINT = Imagery INTelligence의 약자. 이민트.

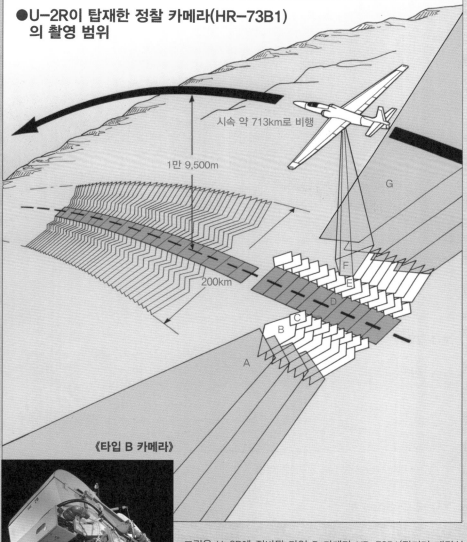

●U-2R이 탑재한 정찰 카메라(HR-73B1)의 촬영 범위

시속 약 713km로 비행

1만 9,500m

200km

G

F
E
D
C
B
A

《타입 B 카메라》

그림은 U-2R에 장비된 타입 B 카메라 HR-73B1(장거리 대각선 촬영용 반사 망원 카메라. 36인치 가변 초점 렌즈 장비)에 의한 촬영 범위를 나타낸 것. 22.9cm 폭의 필름을 사용하는 이 카메라는 기체 바로 아래부터 좌우 각각 3단계의 각도로 대각선 촬영이 가능하며, 고도 1만 9,500m에서 최대 3,500km의 거리를 폭 200km에 걸쳐 촬영할 수 있었다. 촬영 사진의 해상도는 최대 75cm, 촬영 매수는 4,000 세트였다고 한다. 각 단계(A~G)는 그림처럼 50~70 퍼센트의 폭으로 중복해서 촬영하게 되어 있었다. 타입 B 카메라는 1980년대에 CCD 카메라로 환장되기 시작했으며, 이윽고 1990년대에 출현한 디지털 CCD 카메라로 완전히 교체되었다.

09. 고고도 전략 정찰기(4)

위성을 초월하는 U-2의 정찰용 기재의 진화

제1장 스파이 장비

제2장 정보 수집 기재

제3장 정찰기와 무인기

제4장 스파이 위성

[좌] 기수 부분에 SYERS-2를 탑재한 U-2S. 둥근 창(40cm의 개구부〈화살표〉로 보이는 것이 *MIS(멀티 스펙트럼 장거리 이미지 센서) 카메라.
[우] 기수 부분에 탑재되어 있는 OBC. UTC 에어로 스페이스 시스템즈가 개발한 30인치 파노라믹 카메라로, 13만 5,000 평방*nm(노티컬 마일)을 커버할 수 있다. SR-71에도 탑재되었다.

▼U-2S

U-2R의 엔진을 J57-P-A 제트 엔진에서 F118-GE-101(추력 8,390kg)으로 교체하면서, 탑재하는 에비오닉스 류를 갱신한 기체. 미 공군에서는 2015년에 퇴역 예정*이며, U-2가 실시해 왔던 정찰이나 고고도의 대기 측정 등은 *UAV(무인 항공기)의 임무가 된다.

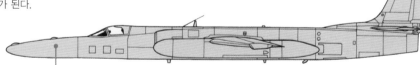

ASARS-2(선진형 합성 개구 레이더)를
탑재한 레이돔

▼U-2 C-Span III

종래의 U-2R이 지닌 엘린트나 시긴트 능력에 더해, 촬영한 화상을 데이터로 통신 위성을 통해 본국으로 송신하는 능력을 지닌 기체. 대형 위성 데이터 링크 안테나가 특징. 이 외에 U-2R을 원형으로 하는 기체로 대표적인 것에 SLAR(측방 감시 레이더)을 탑재한 TR-1이 있다.

위성 데이터 링크
안테나

※현재는 예산 감축 등의 문제로 2025년까지 운용을 연장하기로 한 상태이다.

현대의 U-2 정찰기는 ASARS-2, *SYERS (멀티 스펙트럼 이미저 장치), *OBC(광학 광역 총관 카메라) 등의 전자 / 광학 센서를 탑재하여 *적국 상공에 침입해 정찰 활동을 벌일 필요가 없어졌다. 적국의 주변을 비행하는 것만으로 정찰 위성보다도 높은 정밀도의 정보를 수집할 수 있게 된 것이다. U-2는 미국 캘리포니아의 빌 공군 기지 주둔 제9 정찰 항공단이 운용하고 있다.

●U-2의 주익은 어째서 긴 것인가

비행기의 주익에는 양력(揚力)과 동시에 항력(抗力)이 작용한다. 항력에는 형상 항력, 유도 항력 등이 있는데, 유도 항력은 비행기가 양쪽 날개 끝부터 안쪽으로 휘몰아치는 듯한 소용돌이를 발생하면서 비행하기 때문에 생기는 저항을 말한다. 이 유도 항력은 비행기에 날개가 달려 있고, 양력을 얻기 위해 날개에 가해지는 공기의 힘을 이용하는 한 피할 수 없다. 또한, 양력이 커지면 유도 항력도 커진다. 제트기처럼 고속이며 작은 받음각으로 나는 비행기는 커다란 양력이 필요하지 않으므로 유도 항력은 그렇게 문제가 되지 않지만 비행 속도가 빠르지 않은 레시프로 기나 대형이고 무거운 수송기 등에는 큰 문제로 작용한다. 그만큼 큰 양력이 필요하기 때문이다(항력은 조금이라도 작게, 양력은 큰 쪽이 좋다).

따라서 유도 항력을 줄이기 위한 수단으로, 어스펙트 비를 높이는 방법이 있다. 이것은 익폭과 익현의 비율(날개의 가늘고 긴 정도를 나타내는 수치로, 익현의 평균치를 익폭으로 나눈 것이다. 종횡비 = 익폭 / 익현의 평균치. 익폭의 2승을 날개 면적으로 나눈 수치이기도 하다)을 말한다. 이 어스펙트 비가 크면 가늘고 긴 날개이므로(예를 들어 U-2의 날개는 어스펙트 비가 크고, *F-104 같은 제트 전투기는 작다), 날개 끝에서 발생하는 와류(Tip Vortex)가 기체에 미치는 영향, 즉 유도 항력이 작아져 양항비(양력과 항력의 비)가 커진다.

비행기의 날개에는 진행 방향의 수직으로 양력, 그리고 반대 방향으로 항력이 작용한다. 이때 날개의 어스펙트 비가 20이상이라면 양항비는 100 이상이 되는데, 이것은 기체를 전진 방향인 전방으로 이끄는 힘의 100배에 달하는 위로 향하는 힘을 얻을 수 있다는 소리다. 전방에서 1kg의 힘으로 당긴다면 100kg의 양력을 얻을 수 있는 것이다. 그래서 U-2는 어스펙트 비가 큰(약 14.3)주익을 통해, 작은 엔진 출력으로도 큰 양력을 얻어 고고도에 도달하며 글라이더처럼 높은 양항비로 항속 거리를 늘릴 수 있도록 설계된 것이다.

▼어스펙트 비와 날개를 움직이는 힘

합력
양력
진행 방향
항력
날개 폭
평균 익현(기준 익현)

[우] U-2는 주익이 가늘고 긴 글라이더처럼 생긴 기체로, 양 날개 아래 달려 있는 정찰 기재 수납 포드도 대단히 크다.

※UAV = P.156 참조.

※MIS = Multispectral long-range Imagery Sensors의 약자. ※nm(노티컬 마일) = 1nm은 1,852m. 해리(海里)라고도 부른다.
※OBC = Optical Broad-area Camera의 약자. 수평선 오른쪽부터 왼쪽까지 촬영할 수 있다. ※SYERS = Senior Year Electro-optical Reconnaissance System의 약자.
※적국의 주변을 비행 이라고는 하지만, 실제로는 북한의 영공까지 침입해 사진 정찰이나 통신 방수를 한 적이 있다고 한다. 이런 이유 때문에 비행 루트나 정찰 활동의 상세한 내용은 기밀이다.
※F-104 = 초음속 전투기 F-104 스타 파이터는 U-2의 원형이 된 기체이다.

10. 초음속 전략 정찰기(1)

마하 3으로 비행하는 고고도 정찰기

미 공군의 전략 정찰기 SR-71은 적국 상공의 고고도를 요격 태세를 취할 수 없을 정도의 고속으로 날아다니며 정찰한다는 콘셉트로 개발되었다. 첫 비행은 1964년으로, 이후 30년 이상 최고 속도를 자랑하는(실용 고도 2만 2,929m에서 시속 3,529.56km라는

기록을 지녔다) 초음속 고고도 정찰기였으나, 1998년 퇴역하게 되었다. SR-71의 원형은 CIA의 자금 원조를 받아 개발된 고고도 정찰기 *A-12였다.

●SR-71의 내부 배치

SR-71의 기체는 마하 3 이상의 고속으로 비행할 수 있도록, 다양한 기술이 집결되어 있었다. 엔진은 마하 3.2로 비행해도 *최대 추력의 10분의 1 정도의 출력이었다. ❶조종사 석 ❷전술사관석 ❸항법용 천체 추적 장치 ❹급유 플롭 ❺쇼크 콘 ❻엔진 나셀 ❼에어 벤트 ❽날개 내부 연료 탱크 ❾물결판 모양 주익 외판(고온으로 인해 기체가 신축되기 때문에, 타이타늄 합금을 사용하지 않은 부분의 외판은 익현 방향으로 홈을 낸 물결판 모양으로 되어 있다) ❿수직 안정판(전가동식) ⓫가변 면적 노즐 ⓬내측 엘레본 ⓭삼차원 공력 플랩 ⓮외측 엘레본 ⓯타이타늄 합금 외판 ⓰P&W J58 터보 제트 엔진 ⓱가변 바이패스 도어 및 인렛(속도가 빠른 공기를 효율적으로 받아들여 압력으로 바꿀 수 있도록, 공기 흡입구의 구조에 상당한 신경을 썼다) ⓲미션 기재 수납부 ⓳콕피트 환경 제어 장치 ⓴전자 기기실 ㉑피토관

M-21과 D-21 ▼

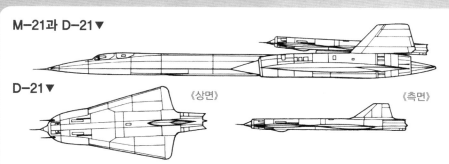

D-21 ▼

《상면》 　　　　　　　　　　　　　　　　　　《측면》

SR-71의 원형 A-12를 개량해 무인 정찰기 드론 D-21을 탑재·운용할 수 있도록 만든 것이 M-21. D-21은 전장 13.06m, 최대 중량 4,990kg, RJ43-MA-11 램제트 엔진으로 비행한다. 공중 발사되어 정찰한 후, 카메라 탑재부만 공중에서 회수되고 기체는 자폭한다.

SR-71 ▼

《측면》

《상면》

《전면》

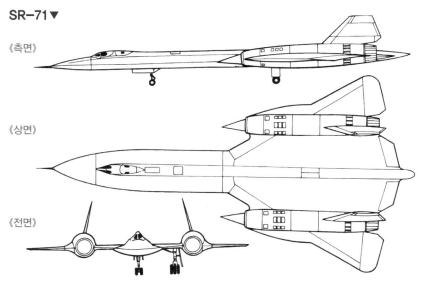

전장 32.74m, 전폭 16.94m, 전폭 5.64m, 전비 중량 7만 7,112kg, 엔진 P&W-J58-1(JT11D-20B), 최대 속도 마하 3.3, 항속 거리 4,800km(고도 2만 4,000m / 마하 3의 순항 속도로 비행 시), 미션 최대 체공 시간 7시간. 록히드 사(社)의 스컹크 웍스가 극비리에 개발했다. 실전 투입은 1967년 북 베트남 정찰이었다.

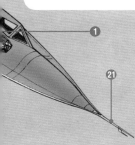

①

㉑

※A-12 = 파생형으로 시작 요격 전투기 YF-12, 무인 정찰기 탑재형 M-21 등이 있다.
※최대 추력의 10분의 1 정도 = 최고 속도는 엔진의 파워 부족이 아니라, 콕피트 캐노피 강도의 한계 때문이었다.

11. 초음속 전략 정찰기(2)

고고도를 고속으로 비행하는 탑승자의 장비

2만 4,000m 가까운 고고도를 비행하며 정찰하는 SR-71이나 U-2의 탑승자는 고온과 저기압으로부터 몸을 지키기 위해 고고도 여압복을 착용해야만 한다. 콕피트가 *여압화되어 있다 해도, 적의 공격을 받을 위험이 있는 전투기나 정찰기의 경우는 긴급 탈출에 대비해 고고도 여압복이 필요하다.

고도가 상승함에 따라 대기압이 저하하며 산소 성분도 저하되는데, 인간에게 치명적인 것이 바로 감압증과 저산소증이다. 개인차는 있지만 저산소증은 *1만 2,000피트를 넘으면 사고력이 저하되어 비행 작업에 집중할 수 없게 되며, 1만 5,000 피트 이상에서 산소 공급이 없으면 의식을 잃고 만다. 또, 감압증은 *2만 5,000피트 이상이 되면 혈액 안에 기포가 발생, 혈관을 폐쇄해 *공기색전 (空氣塞栓)을 일으킨다. 또, 기압 저하는 체내의 가스를 팽창시켜 내장을 손상시킨다.

이러한 증상을 막기 위해, 고고도 항공기는 콕피트(대형기에서는 캐빈)을 기밀화해 내부 기압을 유지(여압)하고, 산소를 공급할 필요가 있다. 고고도 여압복에는 여압 캐빈과 같은 효과가 있다.

고고도 여압복은 착용하는데 시간이 걸린다. 혼자서 착용하는 것은 불가능하며, 착용한 후에도 탑승 전에 시간을 들여 100% 순수 산소를 호흡해 혈액 안에서 질소를 몰아내야만 한다. 비행 중에 슈트를 착용한 상태에서 급감압이 발생하면, 공기색전증에 걸리는 경우가 있기 때문이다. 사진은 U-2 승무원이 S1034 고고도 여압복을 착용하고, 탑승 전에 체크하는 중.

※여압 = 가압한 공기를 공급해 고고도에서도 내부를 지상과 같은 기압으로 유지하는 것.
※1만 2,000피트 = 3,657m
※2만 5,000피트 = 7,620m
※공기색전 = 동맥에 기포가 발생해 각 기관으로 가는 혈액 공급을 방해하는 상태. 뇌 내부에 공기색전이 발생하면 뇌졸중과 비슷한 증세를 일으켜 갑자기 의식을 잃게 되기도 한다.

●미 공군의 고고도 여압복

S-1030 고고도 여압복▶

1980년대까지 사용된 SR-71 승무원의 여압복. 6층 구조의 완전 밀폐식으로, 내부가 일정 온도로 유지된다. 비행 고도가 높아짐에 따라 슈트의 3층과 4층 사이에 여압된 공기가 흘러 들어오고, 신체를 조인다(기압이 낮아지면 신체가 팽창해 죽는 경우가 있기 때문). 헬멧과 슈트는 목 부분의 레일로 연결되어 있으며, 목이 좌우로 돌아갈 수 있도록 볼 베어링이 달려 있다.

❶S1030 헬멧 ❷S1030 여압 슈트 ❸토르소 하네스 캐노피 릴리스 ❹라이프 프리저 바 및 서바이벌 툴 수납부 ❺슈트 컨트롤러 ❻글러브 ❼나이프 포켓 ❽플라이트 부츠 ❾수납 포켓 ❿하네스 조정부 ⓫호스 장착부(여압 공기 유입부) ⓬헬멧 조절대

◀S1034 고고도 여압복

S1034 헬멧과 S1034 고고도 여압복을 착용한 상태. 곁에 놓여 있는 것은 지상 대기 상태의 슈트 안에 100% 순수 산수를 공급해, 내부의 온도를 일정 상태로 유지하는 슈트 컨트롤러. U-2에서 현재 사용되는 고고도 여압복으로, 소재 등이 개량되어 기능은 S1030에 비해 훨씬 향상되었다.

12. 초음속 전략 정찰기(3)

한 번도 격추된 적이 없었던 정찰 미션

제1장 스파이 장비

제2장 정보 수집 기재

제3장 정찰기와 무인기

제4장 스파이 위성

●SR-71의 정찰 미션 패턴

SR-71에는 조종사와 정찰 시스템 사관이 탑승해 미션을 실시했다. SR-71은 안전성을 고려해 연료를 절반만 적재한 상태(이륙해 공중에서 급유를 받을 때까지 필요한 만큼의 연료)로 이륙한다. 이대로는 연료가 부족해지기 때문에, 이륙 후 고도 7,500m까지 상승해 KC-135Q 급유기에서 프로브를 이용해 급유를 받는다. 그 후, 진출 거리가 짧은 싱글 *레그 미션에서는 애프터버너를 분사해 고도 2만 3,800m까지 단숨에 상승한 후, 마하 3의 순항 속도로 목표에 접근하는데, 목표 상공에서는 마하 3.15~3.2로 고도 2만 4,000m를 비행해 정찰한다. 적국 상공의 높은 고도를 고속으로 통과하며 지대공 미사일의 위협을 피해 정찰하는 특수한 미션을 수행하는 것이다. 진출 거리가 긴 멀티 레그 미션 시에는 도중에 몇 차례에 걸쳐 공중 급유를 받아야만 한다.

미션을 수행하기 위해, 항법 장치도 지상의 항법 정보를 필요로 하지 않는 천측 관성 항법 시스템을 탑재하고 있다. 이것은 관성 항법 장치에 의해 자기의 위치를 확인하면서 비행하고, 천체 추적 장치로 인해 천체의 위치를 측정할 때 생기는 오차를 보정해 정확한 위치 정보를 도출하는 것이다.

마하 3 이상의 고속으로 비행하는 SR-71은 기체의 표면 온도가 섭씨 260도(기수 부분은 430도, 배기부는 600도가 넘는다)에 달한다. 그렇기 때문에 기체의 93% 이상에 타이타늄 합금이 사용되었으며, 콕피트에는 고온으로부터 승무원을 보호하기 위해 강력한 *ECS(환경 제어 장치)가 탑재되어 있다.

SR-71의 정찰 기재는 사진 정찰용 *OOC(광각 촬영 카메라), OBC(광학 광역 총관 카메라), *TEOC(기체 좌우에 탑재된 고해상도 카메라)가 있다. 전자 장비 기재는 SLAR(측방 감시 레이더)나 매핑 레이더가 탑재되었으나, 후에 ASARS-1(선진형 합성 개구 레이더 시스템)으로 한정되었다(ASARS-1은 SR-71의 주력 센서가 되었다).

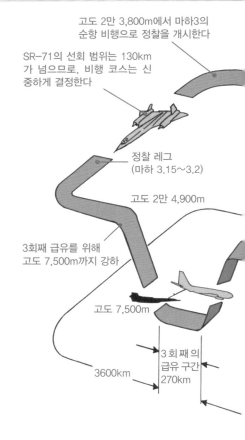

고도 2만 3,800m에서 마하3의 순항 비행으로 정찰을 개시한다

SR-71의 선회 범위는 130km가 넘으므로, 비행 코스는 신중하게 결정한다

정찰 레그 (마하 3.15~3.2)

고도 2만 4,900m

3회째 급유를 위해 고도 7,500m까지 강하

고도 7,500m

3회째의 급유 구간 270km

3600km

※레그 = 비행 구간. 싱글 레그 미션은 하나의 비행 구간의 임무이며, 멀티 레그 미션은 복수의 비행 구간에 걸쳐 있는 비행 임무를 말한다. ※ECS =Environmental Control System의 약자.

전략 정찰을 주 임무로 하는 기체로 개발된 SR-71은 처음부터 정찰기로 설계·개발된 기체이며, 정찰 이외의 임무는 주어지지 않았다.

　1966년에 운용을 개시한 이후, 세계 각지의 전쟁이나 분쟁 시에 출격해 왔다. 2만 4,000m의 고고도를 순항 속도 마하3으로 비행하기 때문에, 이 고도까지 상승해 요격할 수 있는 전투기나 미사일은 거의 존재하지 않았다. 덕분에 30년에 걸쳐 임무를 수행하면서도 단 한 번도 격추당하지 않고 퇴역했다.

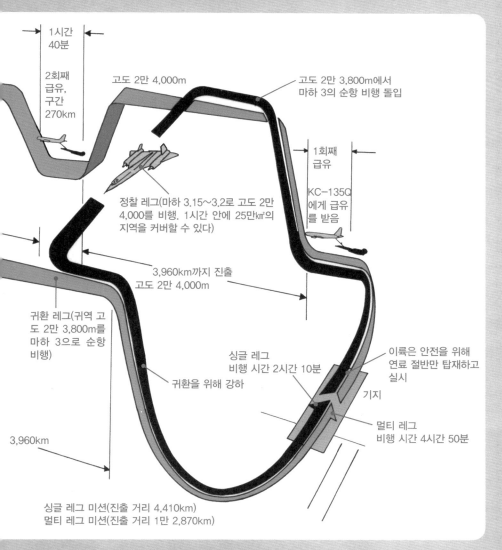

1시간 40분

2회째 급유, 구간 270km

고도 2만 4,000m

고도 2만 3,800m에서 마하 3의 순항 비행 돌입

1회째 급유

KC-135Q에게 급유를 받음

정찰 레그(마하 3.15~3.2로 고도 2만 4,000를 비행. 1시간 안에 25만㎢의 지역을 커버할 수 있다)

3,960km까지 진출 고도 2만 4,000m

귀환 레그(귀역 고도 2만 3,800m를 마하 3으로 순항 비행)

귀환을 위해 강하

싱글 레그 비행 시간 2시간 10분

이륙은 안전을 위해 연료 절반만 탑재하고 실시

기지

멀티 레그 비행 시간 4시간 50분

3,960km

싱글 레그 미션(진출 거리 4,410km)
멀티 레그 미션(진출 거리 1만 2,870km)

※OOC = Operation Objective Camera　※TEOC = Technical Objective Camera

13. 항공 정찰용 카메라(1)

항공기에 탑재되는 중요 정보 수집 기재

제1장 스파이 장비

제2장 정보 수집 기재

제3장 정찰기와 무인기

제4장 스파이 위성

제1차 세계 대전 초기, 전투기가 등장하기 이전부터 비행기는 정찰에 사용되었으며, 최초의 항공 정찰용 카메라가 등장한 것도 바로 이 때의 일이다. 초기의 정찰용 카메라는 고정 초점 렌즈와 유리 감광판을 사용하는 원시적인 것이었으나, 하늘에서 지상을 촬영한 사진은 전선에 전개되어 있는 적 부대의 상황이나 아군의 공격 성과를 파악하기에 충분한 정보를 주었다.

이후, 현재까지 항공 카메라는 크게 발전하면서 여러 가지 제품이 개발되었다. 크게 분류하자면, 전방 또는 측방 대각선에 설치되는 사각(斜角) 카메라, 기체 하방을 수직으로 촬영하는 수직 카메라, 기체 좌우를 지평선에서 지평선까지 1장의 필름에 담을 수 있는 파노라마 카메라 등이 있다. 각각의 카메라는 미션에 따라 사용되었는데, 예를 들어 지상의 상황을 세밀하게 찍어 설비를 분석하거나, 지도를 작성하거나 할 때는 수직 카메라를 이용해 컷 촬영을 했으며, 대공 방어가 강력한 정찰 목표에 대해서는 고속으로 상공을 통과하며 촬영 방향이 교차되도록 하는 방식의 파노라마 카메라로 촬영한다(이렇게 하면 한 번의 통과로 목표 주변을 광범위하게 커버할 수 있다).

최근에는 정찰기의 생존율을 높이기 위해

기수 부분(앞 좌석 측면부)에 정찰용 카메라를 설치한 영국군의 F.E.2b 복엽기. 복좌기이므로 정찰용 카메라가 설치된 앞좌석의 기총수 겸 관측수가 촬영한다(카메라는 파일럿이 조작할 수도 있었다). 대전 초기에는 건판(乾板)을 사용한 카메라가 사용되었으나, 대전 중기에는 롤 필름을 사용하는 카메라가 보급되어 중복된 항공 사진을 촬영할 수 있게 되었다.

제1차 세계 대전 당시 촬영한 항공사진을 정찰기 파일럿의 이야기를 기초로 분석하는 영국군 사진 분석반 대원. 중앙의 보드에 붙어 있는 사진은 중복해서 연속적으로 촬영한 것이다.

적의 방공권 밖에서 촬영할 수 있도록, 초점 거리가 길고 해상도가 높아 원거리에서도 대각선 촬영이 가능한 카메라도 개발되고 있으며, 이와 함께 정찰기를 통한 정찰도 전개가 빠른 현대전에 맞도록, CCD 카메라 등을 사용하는 등 리얼 타임성이 요구되고 있다.

F-5F는 제2차 세계 대전 도중에 록히드 P-38L을 베이스로 사진 정찰기로 개조한 기체이다. 기수 부분에 5개의 카메라 창이 있었으며, 목적에 따라 최대 3대의 카메라를 장비했다. 전장 11.53m, 전폭 15.85m, 최대 속도 시속 667km, 항속 거리 4,180km. 엔진은 앨리슨 V-1710-111/113(물 분사 장치가 달렸으며 단시간이라면 1,600마력을 낼 수 있었다. 정찰 비행으로 적 상공을 통과할 때 상당히 도움이 되었다). 사진은 기체에 장비된 ❶ K-22 수직 사진용 카메라와 ❷트리메트로곤 카메라(사각 카메라).

◀록히드 F-5F 정찰기

카메라 창

1950년대 말에 지상 부대의 지원용으로 개발된 그루먼 OV-1 모호크 정찰기. 기수 부분에 KA-60C 전방 대각선 파노라마 카메라를 장비하고 있다. OV-1B/D에는 기체 측면에 SLAR(측방 감시 레이더)를 장비했으며, 적의 방공권 밖에서 정보 수집이 가능했다.

14. 항공 정찰용 카메라(2)

확실한 동작이 요구되는 항공 카메라

항공기에서 지상을 촬영하는 항공 카메라는 승무원이 직접 촬영하는 수동식과 카메라 베이(또는 기내)에 설치되어 기계적 조작으로 촬영하는 고정식이 있다. 수동식은 초계기의 승무원이 외국의 함정 등을 촬영할 때 사용되었으며, 고정식은 정찰기에 탑재되어 적지 상공을 고속으로 통과하며 한 번의 비행으로 대량의 촬영을 해야 할 때 등에 사용되었다. 자세히 분류하면 고정식은 용도에 따라 항공 측량용 카메라, 정찰용 카메라, 파노라마 카메라 등으로 나눌 수 있다. 항공 카메라는 카메라 본체나 필름 매거진 등이 모듈화 되어 있으며, 가혹한 환경 아래(다양한 고도, 온도, 습도)에서도 확실하게 작동하도록 만들어져 있다.

초계기의 창문을 통해 항공 카메라로 촬영하는 영국 해군의 초계기 승무. 수동식 항공 카메라는 카메라 본체나 각 스위치 류가 튼튼하게 만들어져 있으며, 사용하는 필름도 고감도로 해상도가 높은 것이 사용되었다.

베트남 전쟁 도중에 촬영된 하노이 시내의 수직 항공사진. 숫자나 박스 등은 촬영 후의 작전 발표용으로 붙인 것이다. 높은 해상도를 지닌 정찰용 항공 카메라(카메라 베이에 탑재된 고정식)의 렌즈는 폭격 후 하노이 시내의 모습을 매우 명료하게 포착해 마치 지도를 보는 듯 하다. 확대경을 이용해 보면 도로나 건물의 상황도 알 수 있다.

HANOI

제1장 스파이 장비
제2장 정보 수집 기재
제3장 정찰기와 무인기
제4장 스파이 위성

●항공 카메라의 구조

▼항공 카메라

❶카메라 본체

❷렌즈 콘

일러스트는 미 해군에서 사용되는 고정식 정찰용 CA-3-2B 항공 카메라. C는 카메라, A는 정찰용을 나타낸다 (1955년부터 공군/해군 모두 카메라는 K로 시작하는 형식 명칭으로 통일되었다). 필름 매거진을 장착하지 않은 카메라 본체와 렌즈 콘 상태로, 표준 렌즈가 장착되어 있다.
❶카메라 본체: 단안(單眼)식 리플렉스 카메라로, 렌즈를 통해 필름에 상이 맺히고 그걸 그대로 새기는 형식으로 되어 있다. 카메라에는 조리개나 셔터 기구 외에도, 전동 필름 감기 기구, 영상 이동 보정 기구, 필름 매거진 고정 기구, 배큠 팩 기구, 히터 기구 등 항공 카메라만의 독자적인 기구가 포함되어 있다.
❷렌즈 콘: 카메라의 몸통. 원통형 또는 원추형의 금속제로, 피사체 이외의 빛을 차단하고 렌즈와 초점면의 거리를 확보한다. 항공 카메라는 공중에서 지상을 촬영할 뿐이므로, 초점 거리는 무한원(無限遠)으로 한정되어 있다.

▼항공 카메라의 구조

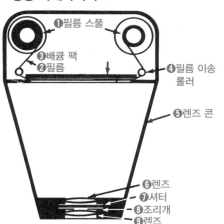

❶필름 스풀

❸배큠 팩
❷필름

❹필름 이송 롤러

❺렌즈 콘

❻렌즈
❼셔터
❽조리개
❾렌즈

일러스트는 정찰용 항공 카메라의 구조를 단순화한 것이다.
❶필름 스풀: 필름 이송과 되감기
❷필름: 은염 필름. 오늘날 항공 카메라는 필름이 아니라 CCD를 사용한 디지털 카메라가 일반적이다(기록하는 매체가 CCD와 필름이라는 차이가 있을 뿐, 카메라의 광학적인 원리는 변하지 않았다).
❸버큠 팩: 항공 카메라에서 사용하는 필름은 면적이 크고 느슨해지기 쉽다. 그렇기 때문에 항공 카메라는 초점면이 고정될 수 있도록 필름 후방에 다수의 작은 구멍을 뚫은 판을 두고, 필름을 감은 후 진공 펌프를 이용, 그 구멍으로 필름을 빨아들여 느슨해지지 않고 평평함을 유지하도록 하고 있다.
❹필름 이송 롤러
❺렌즈 콘

❻렌즈: 필름 위에 맺히는 상이 초점이 맞지 않거나 뒤틀리는 원인이 되는 수차(收差)를 없애기 위해 실제로는 많은 수의 요철 렌즈를 조합해두었다(하지만 전체로 하나의 가상 박형 렌즈라 생각하고 초점 거리를 계산할 수 있다). 일반 항공 카메라의 렌즈는 1mm 당 35~50개의 선을 확실하게 표현할 수 있을 정도의 해상도를 지닌다. 또, 항공 카메라의 렌즈에도 표준, 망원, 광각이 존재한다. 표준은 4.5인치 사방의 필름에 초점 거리 6인치 정도. 망원은 4.5 인치 사방의 필름에 초점 거리 약 12인치 정도로, 초점 거리가 길어 멀리 있는 것을 확대해 촬영할 수 있지만 촬영 범위가 좁아진다. 광각 렌즈는 4.5인치 사방의 필름에 초점 거리 3인치 정도로, 초점 거리가 짧아 넓은 범위로 지상을 촬영할 수 있어 세밀한 촬영이 가능하다.
❼셔터: 스퀘어 형 포컬 브레인 식 셔터. 두께 5미크론의 스테인리스 제 셔터 막 2매로 구성되었으며, 앞막이 이동해 필름에 빛을 닿게 해 노출을 개시하고, 뒷막이 이동해 노출광을 끝내도록 되어 있다. 항공 카메라는 포컬 브레인 식으로 1/60초에서 1/300초까지 셔터 스피드 조절 범위가 매우 넓다. 또, 초점거리가 다른 렌즈와도 손쉽게 교환할 수 있다.
❽조리개(렌즈에 들어가는 광량을 조절한다) **❾렌즈**

15. 항공 정찰용 카메라(3)

전술 정찰기에 탑재되는 항공 카메라

전술 정찰기에 탑재된 항공 카메라에는 다양한 종류가 있지만, 정찰기는 저공을 고속으로 빠져나가며 촬영하기 때문에 모든 카메라가 초점이 흔들리거나 흘러가지 않도록 할 필요가 있다. 보통, 정찰기 카메라의 셔터 스피드는 1/1000~1/3000초라고 하며, 화상이 흘러가버리지 않도록 사진 촬영 속도를 변경한다.

이때 수정의 지표가 되는 수치가 속도를 고도로 나눈 것(프레임 레이트 : v/h)인데,

●항공 카메라(광학식)의 종류

수직 사진용 카메라는 지도 제작용의 사진 촬영에 쓰인다. 이 카메라의 렌즈는 광각이지만, 뒤틀림이 적고 정밀도가 높다. 촬영 시 비행 고도가 높으면 넓게, 낮으면 좁게 찍히는데, 보통 기준으로 《비행 고도 : m = 희망 축척×0.15》식이 쓰인다. 예를 들어 5만분의 1 지도에서 척도를 5만으로 계산하면 비행 고도는 7,500m가 되는데, 실제 촬영 시에는 여기에 촬영 장소의 표고(標高)를 더한 고도를 비행하며, 나중에 사진으로 고저차를 확인할 수 있도록 60% 이상 중복되게 촬영한다.

필름 매거진

카메라 몸체(광각 렌즈)

카메라 본체

▲CA-14 수직 사진용 카메라(측량 카메라)

F-5의 정찰기 형 RF-5E는 기수 부분에 카메라를 4대 탑재할 수 있었다. 적 전투기나 방공 시스템으로 위험도가 높은 전장을 비행하는 정찰기는 목표 상공을 한 번 통과하는 것만으로도 사진을 촬영할 수 있도록 기수 전방, 측방에 카메라를 설치해 가능한 한 넓은 범위를 촬영한다. 주로 주야간 겸용 광학 카메라가 탑재되며, 야간 촬영에서는 기체 외부에 장착한 수광기가 조명탄 또는 스트로보의 발광을 감지하면 셔터가 작동하도록 되어 있었다.

▼RF-5E 촬영 범위

고도 91m

548m

82m

262m

RF-5E 기수부▶

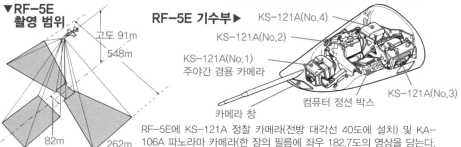

KS-121A(No.4)

KS-121A(No.2)

KS-121A(No.1) 주야간 겸용 카메라

KS-121A(No.3)

카메라 창

컴퓨터 정선 박스

RF-5E에 KS-121A 정찰 카메라(전방 대각선 40도에 설치) 및 KA-106A 파노라마 카메라(한 장의 필름에 좌우 182.7도의 영상을 담는다. 비행 방향 대각선 48.5도에 설치)를 탑재했을 때의 촬영 범위.

※IMC = Image Motion Compensation의 약자.

흔들림을 없애려면 비행기의 속도에 맞도록 필름을 움직인다. 비행기의 이동에 맞춰 프레임 위에서는 피사체가 될 목표가 움직이게 되기 때문이다. 당연히 이러한 수정은 카메라에 장비된 장치가 자동으로 수행한다.

[상] RF-101C의 앞에 나란히 진열된 항공 카메라. ❶KA-45 광학 카메라: *IMC(영상 이동 보정 기구)를 지닌 주야간 겸용 카메라. 카메라의 형식 명칭 중 K는 항공 카메라, A는 정찰을 나타낸다. ❷KA-56 파노라마 카메라: 한 장의 필름에 180도 가까운 화각(画角)으로 찍을 수 있는 카메라. ❸KS-87 광학 카메라: 주야간 겸용 카메라로 장초점 렌즈를 지녔다. S는 시스템 또는 셋을 나타낸다.
[우] 베트남 전쟁 당시 RF-101이 촬영한 페이쿤 비행장. 낙하하는 폭탄과 목표의 활주로가 한 장에 다 찍혀 있다.

▼파노라마 카메라의 구조

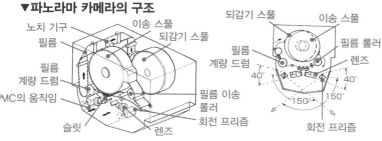

노치 기구
필름
필름 계량 드럼
IMC의 움직임
슬릿
이송 스풀
되감기 스풀
필름 이송 롤러
회전 프리즘
렌즈

되감기 스풀
이송 스풀
필름 계량 드럼
필름 롤러
렌즈
40°　40°
150°　150°
회전 프리즘

정찰기로 위험도가 높은 목표를 사진 촬영할 때는, 다시 찍을 수 없는 경우를 고려해 한 번의 촬영 시 목표 주변의 상황을 최대한 많이 찍는 쪽이 좋다. 그렇게 해서 다양한 정보를 읽어낼 수 있기 때문이다. 때문에 정찰기는 넓은 범위를 찍을 수도 있도록 카메라를 다수 탑재한다. 종래에는, 특히 기체의 좌우를 지평선부터 지평선까지 찍을 경우에는 카메라를 좌우의 대각선과 수직 방향에 배치해 적어도 3대가 필요했지만, 한 대의 카메라로 한 장의 필름에 찍을 수 있게 한 것이 바로 파노라마 카메라다. 정찰기에 탑재되는 파노라마 카메라는 화상의 뒤틀림이 적고, 기체의 좌우 광범위로 찍을 수 있도록 고안되었다. 카메라는 회전 프리즘이 회전해 지상을 주사하며, 광각 렌즈 부분에 프리즘으로부터 차례로 투영되는 빛이 슬릿 부분에 상을 맺어 필름에 찍히도록 되어 있다. 회전 프리즘, 광각 렌즈, 슬릿은 좌우에 각각 하나씩 대칭으로 존재한다.

16. 항공 정찰용 카메라(4)

촬영한 항공사진을 어떻게 분석할 것인가

제1장 스파이 장비

제2장 정보 수집 기재

제3장 정찰기와 무인기

제4장 스파이 위성

정찰기가 촬영한 항공사진은 전문 분석관에 의해 분석된다. 분석관은 사진에 찍힌 것들의 위치, 사이즈, 형태, 색의 톤, 그림자, 패턴, 높이나 깊이… 같은 것에서 다양한 정보를 읽어낸다. 입체시는 옛날부터 행해져 온 항공사진 분석법이다.

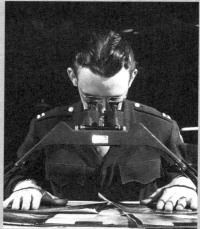

[좌] 연속으로 촬영된 항공사진을 분석 중인 미 해군 사진 분석 전문가. 겹쳐서 연속으로 촬영된 사진의 세세한 차이를 체크 중이다 (2004년 경의 사진).
[우] 입체경으로 사진 분석 중인 제2차 세계대전 당시의 미 육군 항공대 분석관.

●입체시에 의한 공중사진 분석

사진 정찰 때에 국한된 것이 아니라, 항공사진은 사진이 오버랩되도록(겹치도록) 촬영된다. 특히 사진으로 지도나 입체 모형 등을 제작하거나, 자세히 분석하기 위한 수직 촬영은 촬영한 연속사진이 60% 이상 겹치도록 찍는다. 50% 이하로 겹치게 되면 촬영한 부분이 겹치지 않는 부분이 생기기 때문에, 나중에 입체시를 쓸 수 없게 되기 때문이다.

▼오버랩 촬영

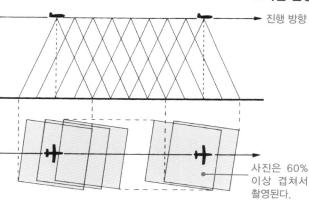

진행 방향

사진은 60% 이상 겹쳐서 촬영된다.

오버랩 촬영한 사진은 얼핏 보기에는 똑같은 것처럼 보이지만, 촬영 위치가 달라지기 때문에 자세히 관찰하면 화상이 약간씩 다르다(시차가 있다). 인간의 눈이 물체를 입체적으로 볼 수 있는 것은 한쪽 눈에 비치는 영상과 다른 한쪽 눈에 비치는 영상이 약간 다르기 때문이다. 이것을 이용해 사진을 입체적으로 보는 것이 바로 입체시다. 시차를 의도적으로 사용해 양쪽 눈의 같은 장소에 상이 오도록 사진을 입체적으로 보여주는 것이 입체경으로, 촬영한 항공사진을 분석할 때 쓰인다.

▼입체시의 원리

입체시는 상공에서 내려다보는 것과 같다

▼입체경

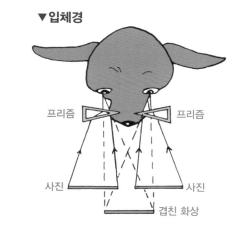

프리즘   프리즘

사진   사진

겹친 화상

▼카메론 효과

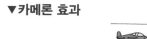

→ 비행 방향

사진1   사진2

C

B   A

b   a

c

연속적으로 촬영된 2장의 항공사진을 입체시하면 지형이나 건물 등 정지해 있는 물체는 입체적으로 보인다. 그러나 자동차처럼 촬영했을 때 움직이던 물체는 약간 다르게 보인다. 촬영 중인 비행기로 다가오는 물체는 공중에 뜨는 것처럼 보이며(그림의 사진 1~2를 촬영하는 동안 A~B까지 움직인 자동차는 입체시하면 C 위치에 보인다), 비행기와 같은 방향으로 향하는 물체는 지면에 박힌 것처럼 보인다(사진 1~2를 촬영하는 동안 a~b까지 움직인 자동차를 입체시하면 c 위치에 보인다). 이것을 카메론 효과(cameron effect)라 하며, 항공사진으로 하천의 흐름 등도 계측할 수 있다.

17. 레이더(1)

현대전의 필수 장비가 된 레이더의 원리

제1장 스파이 장비

제2장 정보 수집 기재

제3장 정찰기와 무인기

제4장 스파이 위성

*레이더란 제2차 세계 대전 당시부터 본격적으로 군사적으로 이용되기 시작한 전자 장치이다. 현재는 군사 목적 이외에도, 항공기나 선박의 항법 지원 장치, 기상 관측, 자원 조사 등에도 필수적인 존재가 되었다. 일상 생활에서 찾아보자면, 자동차의 장애물 감지 레이더나 방범용 침입자 감지 센서도 레이더의 일종이다.

그냥 레이더라고 하면 다양한 종류가 있지만, 방식에 따라 크게 2종류로 구별할 수 있다. 전파를 발사해 목표물에 부딪치고 돌아오는 반사파를 포착해 측정하는 것을 1차 레이더라 한다. 이에 비해, 발사한 전파(질문 전파)가 목표물에 도달하면 목표물에서 같은 전파 또는 주파수가 다른 전파(응답 전파)를 자동적으로 발사하므로, 그 전파를 관측해 위치를 측정하는 방식을 *2차 레이더라 부른다.

여기서는 가장 일반적인 펄스파를 사용하는 1차 레이더의 원리에 대해 간단히 알아보도록 하자.

●레이더와 화포를 일체화시킨 최초의 대공포

레이더와 화포를 일체화하여 이동 가능하도록 포가(砲架) 위에 화포와 레이더 장치, 계산기 등을 콤팩트하게 적재한 최초의 대공포. 레이더의 최대 수색 범위는 약 22km로, 자동 장전 장치에 의해 매분 45~55발의 포탄을 발사할 수 있었다. 유효 사정은 6,300m, 마하 1로 비행하는 비행기까지 요격할 수 있었다. 1948년 완성.

75mm 대공포 M51▶
스카이 스위퍼

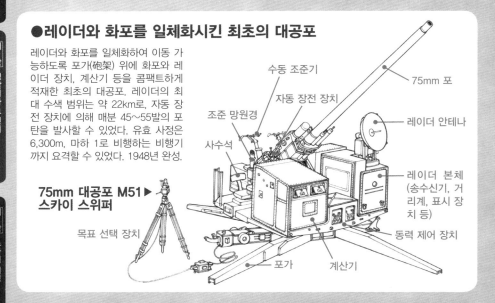

목표 선택 장치

수동 조준기

자동 장전 장치

조준 망원경

사수석

75mm 포

레이더 안테나

레이더 본체
(송수신기, 거리계, 표시 장치 등)

동력 제어 장치

포가

계산기

※레이더 = RAdio Detection And Ranging(전파 탐지 및 거리 측정)의 약자를 RADAR라고 이어 부른 것.
※2차 레이더 = 발신원에서 나오는 질문 전파를 수신하면 응답측(항공기) 등이 자동적으로 응답 전파를 돌려보내는 시스템을 트랜스폰더라 부른다. 어느 정도 이상의 크기를 지닌 항공기에는 2차 레이더 용 트랜스폰더를 의무적으로 탑재해야 한다.

●레이더의 원리

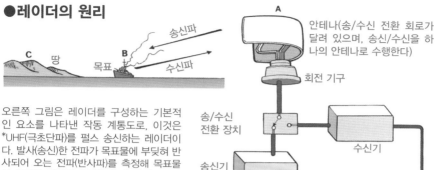

송신파
수신파

C 땅 목표 B
A

안테나(송/수신 전환 회로가 달려 있으며, 송신/수신을 하나의 안테나로 수행한다)

회전 기구

송/수신 전환 장치

수신기

송신기

동기 회로

▲레이더의 작동 계통도

표시 장치

오른쪽 그림은 레이더를 구성하는 기본적인 요소를 나타낸 작동 계통도로, 이것은 *UHF(극초단파)를 펄스 송신하는 레이더이다. 발사(송신)한 전파가 목표물에 부딪혀 반사되어 오는 전파(반사파)를 측정해 목표물의 위치와 거리를 측정한다. 송신기는 고전력이며 비교적 시간폭이 짧은 펄스 전파를 발생시켜 안테나로 보낸다. 안테나는 날카로운 지향성을 지니기 때문에, 펄스 전파를 일정 방향으로 집중해 발사할 수 있다. 또한 보통 원하는 방향으로 전파를 발사할 수 있는 안테나는 회전 기구를 지니고 있다. 안테나에서 발사된 전파는 목표물에 부딪쳐 반사되면 반사파의 일부가 돌아와 안테나에 포착된다. 그 반사파가 수신기에서 검파 증폭되어 표시 장치에 목표물의 화상을 표시하는 구조이다.

▼표시 장치의 표시법

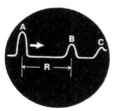

A 스코프

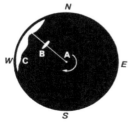

PPI 스코프

레이더 관측자는 표시 장치의 브라운관에 표시되는 화상을 보고 관측한다. 브라운관의 화상 표시 방법은 그림처럼 A 스코프와 *PPI 스코프(평면 좌표 표시 화면)가 일반적. A 스코프는 펄스 전파가 안테나에서 발사됨과 동시에 브라운관에 전자 빔이 직선적으로 *소인(sweep)된다. 송신 펄스는 소인의 시점(그림의 A점)에 나타나며, 목표물에서 온 반사파는 소인 도중의 돌기(B점)가 되어 돌아온다. 목표까지의 거리(R)은, 시점에서 돌기까지의 시간을 측정해 구할 수 있다.

또 하나의 표시 방법인 PPI 스코프는 브라운관 중심을 기점으로 전자 빔이 중심에서 바깥쪽을 향해 소인되며, 소인 빔이 안테나의 회전에 맞춰 360도 빙빙 돈다. 화상은 자신의 위치(관측점)를 중심(기점)으로 범위 360도, 레이더의 탐지 가능 거리 범위에 있는 목표물을 표시한다. 관측점을 중심으로 레이더 지도가 파노라마 형태로 브라운관에 묘사된다. PPI는 그림처럼 목표물(B 점: 배)이나 주변의 지형(C점: 육지)을 알 수 있으며, 거리 이외에 방위(관측자에 대한 방위)도 표시할 수 있다는 이점이 있다. PPI 스코프는 소인 빔이 관측하기 쉽도록 잔광성이 있으며, 매분 15~40회전하도록 만들어져 있다.

※UFH = Ultra High Frequency의 약자. 주파수 대역이 300MHz~3000MHz, 파장 10cm~1m까지의 전파. VHF(초단파)보다 직진성이 강하다. ※PPI = Plan Position Indicator의 약자. ※소인 = sweep. 브라운관에 빛이 직선으로 나타나는 것.

18. 레이더(2)

연속파와 펄스파라는 레이더의 방식

레이더란 한 마디로 말하자면 지향성이 강한 전파(특정 방향으로 집중시킨 전파)를 발사해, 공중이나 지상에 있는 물체를 검출하는 센서이다.

레이더는 처음엔 *조기 경계에 사용되었다. 공중에는 장해물이 거의 없으며, 전파를 발사해 반사파를 감지하기만 하는 단순한 물건이라도 유효했기 때문이다. 레이더 자체는 제2차 세계 대전 이전부터 개발되고 있었으나, 처음으로 전투에 유용하게 쓰인 것은 *배틀 오브 브리튼(영국 본토 항공전)이다. 영국에서는 이전부터 미터 파를 사용한 CW 레이더(연속파 레이더)의 연구가 진행되고 있었으며, 1935년에는 해안 지대에 레이더 감시망(CH 레이더 및 CHL 레이더) 기지군을 건설했다. 이것은 독일 공군과의 전투에서 큰 도움이 되었다. CH 및 CHL 레이더를 이용하여 날아오는 독일군의 전투기를 탐지할 수 있었던 것이다.

이 전투에서 영국이 사용했던 조기 경계용 대공 수색 레이더는, 바이스태틱 레이더라 불리는 레이더 파의 송신과 수신 안테나 장치가 분리된 것이었다. 1940년대 초기까지의 레이더는 발사하는 전파 파장을 짧게 하지도 못하고, 전파 송신과 수신을 교대로 행하는 안테나 접속 전환도 불가능했다. 그렇

기에 파장이 긴 단파(장파가 10cm~1m)의 연속파를 사용했던 것이다. 그리고 송신파에 비해 약한 반사파를 포착해 브라운관에 표시하려면 송신기와 수신기의 안테나를 떨어뜨려서 설치해야만 했으며, 바이스태틱 레이더를 쓸 수밖에 없었다.

연속파 레이더는 전파를 연속으로 발사하며, 동시에 반사파도 수신하기에 발사파와 수신파를 구별할 수 없게 된다. 그렇기 때문에 발사파의 주파수를 일정 주기로 변화시켜, 돌아온 수신파와의 주파수 차이로 시간을 측정하는 방식을 사용한다. 연속파를 사용하는 방식은 *FM-CW 레이더라 불리며, 주파수 변조파를 사용한다.

한편, 펄스 레이더는 규칙적으로 텀을 두고 파장이 짧은 단파(펄스파)를 발사해, 그 시간 내에 반사되어 돌아오는 반사파를 수신해 목표까지의 거리를 측정하는 방식이다. 현재는 펄스 레이더가 일반적이다.

※조기 경계 = 날아오는 적기를 수색·탐지하는 것. ※배틀 오브 브리튼 = 독일의 영국 본토 상륙 작전의 전초전으로, 1940년 7월에 시작된 항공전. 런던도 공습을 받았으나, 영국이 승리했다. ※CW = Continuous Wave의 약자.
※CH 레이더 및 CHL 레이더 = CH는 Chain Home, CHL은 Chain Home Low의 약자. 이 2종류의 레이더로 영국군은 탐지 거리 약 130km, 측정 정밀도 약 3,000m, 측각 정밀도 0.5도로 적기를 탐지할 수 있었다.

●레이더 기술의 발달①

연속파를 사용하는 바이스태틱 레이더 ❶

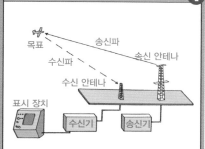

파장이 짧은 펄스파를 발생시킬 수 없었기 때문에, 초기 레이더는 연속파를 사용해야만 했다. 또, 연속된 송신파와 수신파를 식별하기 위해, 각각 별개의 안테나를 사용할 필요가 있었다. 제2차 세계 대전 초기 영국의 CH 레이더가 대표적.

펄스파를 사용하는 모노스태틱 레이더 ❷

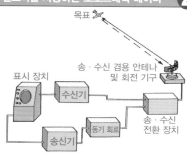

송·수신용 안테나를 하나로 만들고 펄스파를 이용, 송신과 수신을 주기적으로 반복하는 레이더. 어느 정도 파장이 짧은 전파를 쓰지 않으면 측정할 수 없으나, 전파의 지향성이 높고, 방위를 정확하게 탐지할 수 있으며 분해능도 높다. 현재 가장 일반적인 방식의 레이더.

연속파 레이더의 측정 원리

전파의 발사와 수신이 동시에 이루어져 구별할 수 없으므로, 송신파 ❶과 반사파 ❷ 중에서 전자의 위상을 주기마다 변화시켜, 돌아온 후자와의 위상 차이를 보고 시간을 측정했다.

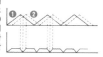

펄스 레이더의 측정 원리

안테나가 발사하는 송신 펄스를 극히 짧은 시간만 발사해, 펄스와 펄스 사이에 휴지 시간을 두고 그 시간 안에 반사파 돌아온 반사파를 수신해 시간을 측정, 목표까지의 거리를 산출하는 방식. 실제 계산 시에는 휴지 시간 ❶과 펄스 반복 주기 ❷를 취한다.

전파 경계기(*VHF)

연속파인 전파 빔을 가로질러 이동하는 물체로 인해 발생한 반사파와 직접파가 서로 간섭하는「비트(beat) 현상」을 이용.

1930년대 말 A 스코프

조기 경계 레이더(VHF)

영국의 CH레이더 안테나

수신 안테나 송신 안테나

대공 경계 레이더 (VHF)

독일의 프레야 레이더

1940년경

구 일본군의 역탐지는 VHF나 UHF의 파장을 사용하는 레이더로 실시했다.

대공 경계 레이더(VHF)

CR268

1942년경 미국의 대공 수색 레이더

대공/대수상 수색 레이더(UHF)

SG 레이더 SM 레이더 SK 레이더

미해군의 함재용 PPI 및 A 스코프

VHF나 UHF 등의 파장을 사용하는 이러한 레이더는 날아오는 적의 위치나 방위를 대강 측정해, 아군이 그에 대한 경계 태세나 방어 태세를 취하게 할 수 있었다. 하지만 정확한 측정은 불가능했으므로, 사격을 위한 조준 데이터를 얻을 수는 없었다.

※FM—CW = Frequency Modulated Continuous Wave의 약자. ※VHF = Very High Frequency의 약자. 초단파. 주파수 대역 30MHz~300MHz, 파장 1~10m의 전파(미터 파).

19. 레이더(3)

조기 경계부터 사격 통제 레이더로의 발달

제1장 스파이 장비

제2차 세계 대전 당시 미 해군은 레이더의 함정 탑재를 적극적으로 추진했다. 진주만 공격으로 인해 장래 함대의 중심은 항공모함이 될 것이며, 함재기가 함대 결전의 추세를 결정할 것을 예견했기 때문이다. 미 해군이 레이더를 함정에 탑재한 것은 1937년 4월의 일이다.

제2장 정보 수집 기재

제2차 세계 대전에서 미 해군이 사용한 레이더(펄스파 레이더)를 크게 나누어 보면, 대공·대수상의 수색용과 사격 통제용이 있다. 수색용은 멀리 있는 적의 위치나 방위를 대강 측정해 그에 대해 경계나 공격, 또는 방위 태세를 취하기 위한 것이다. 사격 통제용은 적과의 거리나 방위, 거기에 부양각(俯仰角) 등 사격에 필요한 각종 데이터를 측정하기 위한 것이다. 사격 통제용은 가능한 세밀하고 정확하게 측정할 수 있는 것이 적합하다.

제3장 정찰기와 무인기

레이더에는 미터파부터 밀리파정도의 파장인 전파가 사용되지만, 파장이 짧을수록 표시 장치에 표시되는 화상이 세밀하고 뚜렷해진다. 이것을 *분해능이라 하는데, 짧은 파장을 지닌 전파를 사용할수록 분해능이 높아지며, 사격 통제에 적합하다. 파장이 짧을수록 날카로운 지향성을 얻을 수 있으며, 직진성이 좋고, 회절 현상(전파가 돌아들어가는 현상)을 피할 수 있기 때문이다.

제4장 스파이 위성

한편, 레이더가 얼마나 멀리 있는 목표를 탐지할 수 있는지는, 안테나에서 얼마나 많은 전파가 한 쪽 방향으로 진행하느냐에 따라 결정된다. 극단적으로 말하면 전력이 큰 레이더일수록 탐지 능력이 커진다. 이러한 레이더의 성능을 고려하면, 항공기나 함선에 사용되는 전파는 UHF(극초단파)가 된다. 하지만 극초단파를 발생시키는 것 자체가 어려웠다. 이 문제는 *마그네트론의 개발로 해결되었다. 미국에서 한 발 먼저 마그네트론이 실용화되었고, 극초단파를 사용하는 사격 통제 레이더 개발이 가능해졌다.

대공 사격 시 발사하는 포탄이 목표에 명중할지 아닐지는 얼마나 정확하게 목표를 측정할 수 있는가에 달려 있다. 그렇기에 필요한 거리, 방위, 고각(고도)라는 3차원적인 데이터를 측정하는 것이다. 이렇게 레이더는 제2차 세계 대전 종반까지 3차원적인 측정이 가능한 수준까지 발달했다. 그렇다곤 해도, *이 단계까지의 대부분의 레이더는 기계적 회전 기구를 통해 360도 주위를 수색할 수는 있지만, 거리와 방위를 측정할 뿐인 2차원 레이더였다.

※분해능 = 화면상에 표시되는 목표물의 크기를 식별하거나, 가까이 있는 2개의 물체를 화면상에서 2개의 물체로 식별할 수 있는 능력. 분해능에는 거리 분해능(동일 방향에 있는 두 물체의 간격이 얼마만큼 접근해도 2개로 구별할 수 있는지 아닌지 능력의 한계를 나타내는 것)과 방위 분해능(동일 거리에 있는 방위가 근접된 두 물체 표적을 식별하는 능력) 2종류가 있다.

●레이더 기술의 발달②

고도를 알 수 없는 2차원 레이더 ③

초기의 레이더 형식. 회전 기구로 안테나를 수평으로 회전시켜 전파를 주사했다.

수평 주사

안테나

휘선

목표

슬랜트 거리 (겉보기 거리)

고도

고각

수평 거리

슬랜트 거리 (겉보기 거리)

송·수신기

회전 기구

PPI 표시▲

PPI 표시 시에는 레이더를 중심으로 주변 360도가 회전하는 휘선과 함께 표시된다. 목표는 깜빡이는 점으로 표시되며, 방위와 거리를 알 수 있다(고도는 알 수 없으므로 슬랜트 거리이다).

▲코니컬 스캔 방식

성능을 좌우하는 분해능

접근하는 2개의 물체를 식별하는 능력인 분해능은, 레이더의 성능을 크게 좌우한다.

목표

레이더

거리 분해능 펄스 폭과

스코프

(a) 펄스 폭이 길다

(b) 펄스 폭이 짧다

방위 분해능 안테나의 빔 폭과

(a) 펄스 폭이 넓다

(b) 펄스 폭이 좁다

극초단파를 만드는 마그네트론 개발이 필요했다.

1944년 경

사격 통제 레이더

독일의 뷔르츠부르크는 극초단파를 사용해 높은 정밀도의 측정이 가능했다.

센티미터 파(SHF)를 사용하는 사격 통제 레이더

항공기용 사격 통제 레이더

독일의 항공기용 사격 통제 레이더

베를린 N-1a

▼목표와의 상대 관계

레이더 빔의 주사 방향을 변화시켜 수색

레이더의 탐지 범위

A까지의 거리
B까지의 거리
C까지의 거리

PPI   선택 범위   A 스코프

1944년 경

함재용 사격 통제 레이더

Mk.3(Mk.8) 사격 레이더 장비 방위판 (함재포 조준용)

MK.12 레이더 장착 Mk.37 사격 통제 장치(대공 사격용)

오른쪽처럼 대 항공기 용 사격 통제 레이더는 코니컬 스캔으로 더욱 3차원에 가까운 측정을 해냈다.

▼에식스 급 항모의 함교

SK 레이더

SM 레이더

Mk.12 레이더 장착, Mk.37 사격 통제 장치

제2차 세계 대전에서 미 해군 함정에 탑재된 사격 통제 레이더

1945년 경

항법(폭격) 레이더

H2S 레이더

독일군의 전파 방해에 대항하기 위해, 연합군은 기체에 cm 파(SHF)를 이용한 레이더를 탑재해 항법에 사용했다.

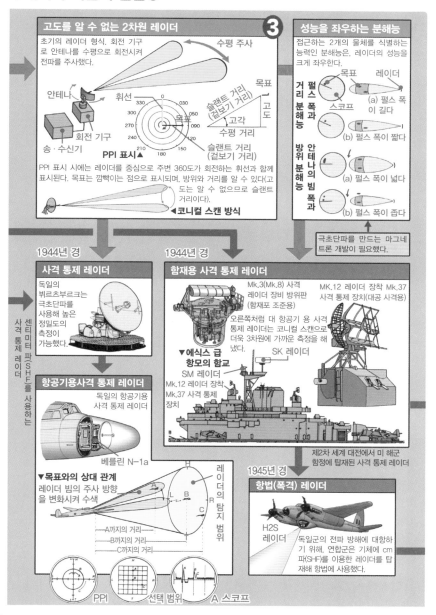

※마그네트론 = 마이크로 파를 발생시키는 발진용 진공관. 전자레인지에도 쓰인다.
※이 단계까지의 대부분의 레이더 = 유일한 예외로 미 해군의 레이더 피켓 함에 탑재된 고각 측정 레이더가 있다. 이것은 3차원 레이더의 선구자라고도 할 수 있는 것이었다.

20. 레이더(4)

전투기의 필수품, 도플러 레이더

본격적인 3차원 레이더의 출현은 제2차 세계 대전 이후, 제트기의 위협에 대항하기 위해 함대 방공의 핵으로 주력 병기가 되는 대공 미사일이 발달하기 시작하는 1950년대부터이다. 고속으로 날아오는 제트기를 요격하려면, 적어도 수 백 km 거리에서 탐지·추적하고, 목표의 거리, 방위, 고도를 정확하게 측정해 요격용 대공 미사일을 발사해야 한다. 그리고 발사한 미사일을 목표까지 유도(지령 유도 방식)할 필요가 있다. 이 역할을 담당하는 것이 3차원 레이더이며, 사격 통제 시스템의 중추에 포함되게 되었다.

대전 후에 개발된 레이더 중에서 특필되는 것은 페이즈드 어레이 레이더, *합성 개구 레이더, 도플러 레이더일 것이다.

이지스 함에 탑재되어 익숙한 페이즈드 어레이 레이더의 특징은 복수의 목표를 동시에 추적할 수 있다는 점에 있다.

합성 개구 레이더는 1991년 걸프전에서 높은 정보 수집 능력을 발휘해 승리에 공헌했던 J-STARS(종합 감시 및 목표 포착 공격 시스템)에 사용되었다.

도플러 레이더는 *도플러 효과를 이용한 레이더로, 현대의 주력 전투기에 장비되어 있는 화기 관제 레이더의 대부분이 이 방식이다.

이것은 항공기에서 레이더 파를 발사해,

항공기와 지표면의 상대 운동에 의해 생기는 도플러 효과에 의해 편류나 대지 속도를 측정하는 레이저 항법 장치의 시작이다. 화기 관제 레이더는 더욱 진보해 지상의 정지 목표나 이동 목표를 탐지하는 것도 가능하다. 보통 레이더는 아래쪽으로 전파를 발사하면 그라운드 클러터(Ground clutter, 지상의 난반사)를 포착해 버리기 때문에 목표를 식별할 수 없다. 하지만 도플러 레이더는 수신파를 컴퓨터를 이용해 필터를 통과시킬 수 있다. 지표면과 적기는 속도가 다르기 때문에, 도플러 효과에 의해 반사되어 온 레이더 파의 파장도 다르다. 그 파장이 다른 전파(적기 등의 목표의 반사파)만을 취해 스크린에 표시할 수 있는 것이다. 때문에 도플러 레이더는 높은 *룩다운 능력을 지녔으며, 현대 전투기에는 필수 장비가 되었다. 발사하는 레이더 파를 첨예화(빔의 폭을 좁히는 것)하면 지형 표시도 가능하다.

※합성 개구 레이더 = P.148 참조 ※도플러 효과 = 음파나 전파 등이 발생원과 관측자의 상대적인 속도 차이에 따라 주파수가 다르게 관측되는 현상. 발생원이 가까이 오는 경우에는 주파수가 높아지며, 멀어지는 경우에는 주파수가 낮아진다. ※룩다운 능력 = 항공기가 자기보다 낮은 위치를 탐지하는 능력.

●레이더 기술의 발달③

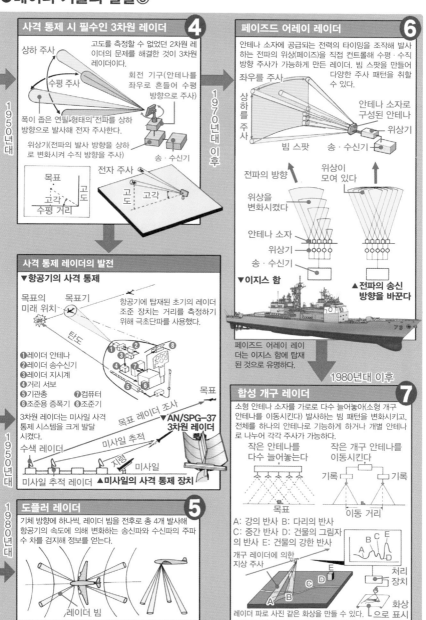

사격 통제 시 필수인 3차원 레이더 **4**

고도를 측정할 수 없었던 2차원 레이더의 문제를 해결한 것이 3차원 레이더이다.

상하 주사

수평 주사

회전 기구(안테나를 좌우로 흔들어 수평 방향으로 주사)

폭이 좁은 연필 형태의 전파를 상하 방향으로 발사해 전자 주사한다.

위상기(전파의 발사 방향을 상하로 변화시켜 수직 방향을 주사)

송·수신기

전자 주사

목표

고도

고각

고도

수평 거리

고도

고각

1950년대

페이즈드 어레이 레이더 **6**

안테나 소자에 공급되는 전력의 타이밍을 조작해 발사하는 전파의 위상(페이즈)을 직접 컨트롤해 수평·수직 방향 주사가 가능하게 만든 레이더. 빔 스팟을 만들어 다양한 주사 패턴을 취할 수 있다.

좌우를 주사

상하를 주사

안테나 소자로 구성된 안테나

위상기

빔 스팟

송·수신기

전파의 방향

위상이 모여 있다

위상을 변화시켰다

안테나 소자

위상기

송·수신기

▲전파의 송신 방향을 바꾼다

▼이지스 함

페이즈드 어레이 레이더는 이지스 함에 탑재된 것으로 유명하다.

1970년대 이후

사격 통제 레이더의 발전

▼항공기의 사격 통제

목표의 미래 위치

목표기

탄도

항공기에 탑재된 초기의 레이더 조준 장치는 거리를 측정하기 위해 극초단파를 사용했다.

❶레이더 안테나
❷레이더 송수신기
❸레이더 지시계
❹거리 서보
❺기관총
❻조준용 증폭기
❼컴퓨터
❽조준기

목표

목표 레이더 조사

▼AN/SPG-37 3차원 레이더

3차원 레이더는 미사일 사격 통제 시스템을 크게 발달시켰다.

수색 레이더

미사일 추적

지령

미사일

미사일 추적 레이더

▲미사일의 사격 통제 장치

1950년대

합성 개구 레이더 **7**

소형 안테나 소자를 가로로 다수 늘어놓아(소형 개구 안테나를 이동시킨다) 발사하는 빔 패턴을 변화시키고, 전체를 하나의 안테나로 기능하게 하거나 개별 안테나로 나누어 각각 주사가 가능하다.

작은 안테나를 다수 늘어놓는다

작은 개구 안테나를 이동시킨다

목표

기록

기록

이동 거리

A: 강의 반사 B: 다리의 반사
C: 중간 반사 D: 건물의 그림자의 반사 E: 건물의 강한 반사

개구 레이더에 의한 지상 주사

처리 장치

화상으로 표시

레이더 파로 사진 같은 화상을 만들 수 있다.

1980년대 이후

도플러 레이더 **5**

기체 방향에 하나씩, 레이더 빔을 전후로 총 4개 발사해 항공기의 속도에 의해 변화하는 송신파와 수신파의 주파수 차를 검지해 정보를 얻는다.

레이더 빔

1980년대

반사파를 처리하여 자기보다 아래를 비행하는 적기를 포착·공격 가능.

21. 레이더 관제 시스템

구 일본군 "환상"의 야간 방공 전투 시스템

제1장 스파이 장비

제2장 정보 수집 기재

제3장 정찰기와 무인기

제4장 스파이 위성

제2차 세계 대전 당시, 레이더의 개발·운용에서 뒤쳐져 있던 일본이었으나, 당시 연구 개발 중이던 기술을 한데 모았다면 이런 일이 일어났을지도 모른다.

태평양 전쟁 후반, 일본 본토를 폭격하기 위해 날아온 B-29를 야간 전투기로 효과적인 요격을 실시하기 위하여, 구 일본군은 독일이 사용했던 것 같은 레이더 관제 시스템을 계획하고 있었다. 예를 들어 수도 방공을 할 경우, 본토에 침입해 오는 적 폭격기를 수색 레이더로 원거리에서 탐지, 칸토(關東) 지방에 침입한 적기를 서치라이트와 전파 유도기라 불렸던 레이더를 이용해 차례로 수색·추적한다. 이렇게 모은 정보는 방공 작전실에 집약되어 일괄 관리되며, 작전실의 지휘를 받는 고사포 부대나 야간 전투기 부대에 지령을 내린다. 그리고 요격에 나선 야간 전투기 부대를 지상에서 레이더로 교전 공역까지 유도한다는 것이었다. 야간 전투기 자체의 성능이 좋다 해도, 기체에 고성능 레이더가 장비되어 있지 않으면 단독 요격으로는 유효하게 싸울 수 없기 때문이다.

일러스트는 시험 제작되었던 해군의 야간 전투기 「S1A1 덴코(電光)」(기체에 레이더 장비)의 운용을 상정한 것이다. 당시 레이더 연구 면에서는 해군보다 더 진전이 있었다고 하는 *육군의 레이더와 해군의 고성능 시작기를 조합한 시스템 전투이다.

당시 육군의 조기 경계용 레이더(대공 수색용 레이더)는 타치 3호(포획품 카피)와 타치 6호(일본제 펄스 레이더) 등. 전부 VHF(초단파)를 사용하는 고정식 레이더로, 송신 안테나와 수신 안테나가 구별되어 있는 방식이었다. 탐지 거리는 40~200km 정도.

*타치(タチ) 13호는 수색 레이더로, 야간

침입해 온 B-29

타치 3호 등의 고정식 레이더로 침입한 B-29를 탐지

※육군의 레이더와 해군의 고성능 시작기를 조합 = 구 일본 육군과 해군의 협동 작전은 역사적인 사실로 보면 거의 있을 수 없는 일이지만, 「IF」로 생각해줬으면 한다(물론, 이런 시스템 전투가 가능하기 위해서는 통신 시스템 확립이 필수라는 것은 말할 것도 없을 것이다).

전투기를 유도한다. 이 레이더는 적기의 방위나 거리를 측정하는 것이지만, 레이더에서 발사되어 목표에 부딪힌 후 돌아오는 반사파를 야간 전투기의 응답기로 수신하여 기체상에서도 적기의 위치를 알 수 있게 되어 있었다. 응답기의 스크린에 적기의 방위나 거리가 대강 표시되며, 파일럿은 그걸 보면서 조종하는 것이다(이 응답기는 타키(タキ) 15호라 불렸다).

그럼 만약 「덴코」가 실전에 투입되었다면. 덴코는 레이더와 30mm 연장 기관포를 탑재했으며, 육상 폭격기 「P1Y 깅가(銀河)」에 필적하는 크기의 쌍발 대형 전투기다. 당연히 단발 전투기 같은 기동성은 없으므로, 전투법은 해군의 100식 사령부 정찰기 Ⅲ형 을(乙)이나 육군의 2식 복좌 전투기 「Ki-84 토류(屠龍)」가 사용했던 적기의 직하방 공격이 유효했을 것이다.

●야간 전투기 「덴코(電光)」의 방공 전투

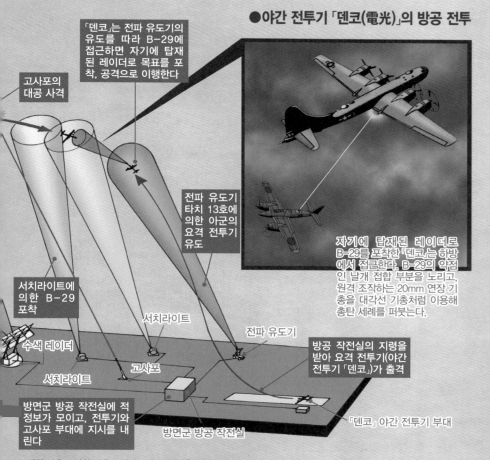

「덴코」는 전파 유도기의 유도를 따라 B-29에 접근하면 자기에 탑재된 레이더로 목표를 포착, 공격으로 이행한다

고사포의 대공 사격

전파 유도기 타치 13호에 의한 아군의 요격 전투기 유도

자기에 탑재된 레이더로 B-29를 포착한 「덴코」는 하방에서 접근한다. B-29의 약점인 날개 접합 부분을 노리고, 원격 조작하는 20mm 연장 기총을 대각선 기총처럼 이용해 총탄 세례를 퍼붓는다.

서치라이트에 의한 B-29 포착

수색 레이더

서치라이트

서치라이트

고사포

전파 유도기

방공 작전실의 지령을 받아 요격 전투기(야간 전투기 「덴코」)가 출격

방면군 방공 작전실에 적 정보가 모이고, 전투기와 고사포 부대에 지시를 내린다

방면군 방공 작전실

「덴코」 야간 전투기 부대

※타치 13호 = 타치 13호도 타키 15호도 모두 육군 기술 연구소가 개발하고 있었으므로, 완성되었다 해도 해군기인 「덴코」에 탑재될 가능성은 낮았다(애초에 「덴코」 자체가 완성되지 않았다). 그렇다고는 해도, 야간 전투기를 유도하기 위한 레이더 기기나 기체 레이더는 해군에서도 연구하고 있었던 모양이라, 「덴코」에도 레이더를 탑재할 예정이었다.

22. 합성 개구 레이더

작은 안테나로 얻은 정보를 합성한다

항공기가 탑재하는 *SAR(합성 개구 레이더)와 SLAR(측방 감시 레이더)는 도대체 어디가 어떻게 다를까?

통상적인 레이더는 파라볼라 안테나라고 불리는 접시처럼 생긴 하나의 안테나를 사용하는데, 「방위 분해능」이라 하여 멀리 있는 2개의 물체를 식별하는 능력은 안테나의 크기에 의해 결정되며, 이것을 실개구(實開口) 레이더라 한다. 레이더의 방위 분해능을 높이기 위해서는 발사하는 전파의 파장을 짧게 하고 지향성을 날카롭게(발사하는 빔 폭을 가늘고 직진성이 높은 것으로 한다) 해서, 물체에서 반사되어 온 전파를 가능한 많이 수신할 수 있도록 해야 하는데, 이를 위해서는 안테나가 클수록(안테나의 개구가 클수록) 유리하다.

물론 지상에 설치한다면 커다란 개구 안테

●합성 개구 레이더에는 2가지 타입이 있다
(a) 작은 개구 안테나를 다수 배치한다 **(b) 작은 개구 안테나를 이동시킨다**

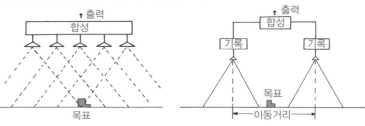

●레이더로 화상을 만든다
지상에서 반사되는 레이더 반사파의 세기는 물체에 따라 다르다. 그러므로 항공기에서 레이더 파를 조사하며 비행하고, 반사되거나 투과되는 전파를 수신해 해석·처리하면 사진처럼 지상의 상황을 재현할 수 있다. 그것이 레이더 화상인 것이다.

지상에서 반사되는 레이더 반사파는 장소나 물체에 따라 각각 다르다

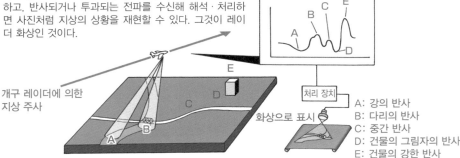

A: 강의 반사
B: 다리의 반사
C: 중간 반사
D: 건물의 그림자의 반사
E: 건물의 강한 반사

※SAR = Synthetic Aperture Radar의 약자. ※SLAR = Side Looking Airborne Radar의 약자.

나라도 문제가 없을 지도 모르지만, 항공기나 함선 등에 탑재하는 레이더는 크기를 키우는 데 한계가 있다. 그래서 고안된 것이 합성 개구 레이더이다. 간단히 말하면 작은 개구 안테나를 여러 개 늘어놓은 것이라 생각하면 된다. 작은 개구 안테나를 여러 개 늘어놓고, 그 출력을 합성해 신호를 처리하면 대구경 개구 안테나와 별 차이가 없다는 발상이다.

실제 합성 개구 레이더는 작은 개구 안테나를 여러 개 늘어놓는 방식과, 작은 개구 안테나를 이동시켜 그 동안 얻은 정보를 기록 · 축적하고 나중에 합성하는 방식이 있는데, 후자는 적재 중량이 제한되어 있는 항공기에 어울리는 방법이다.

이에 비해 측방 감시 레이더는 장치를 탑재한 항공기 등의 진행 방향에 대해 횡 방향으로 전파를 발사해 정보를 모으는 것으로, 좀 더 대형인 안테나를 사용한다. J-STARS 지상 정찰기의 레이더는 소형 안테나로 구성된 합성 개구 레이더를 측방 감시 레이더처럼 사용한다.

●측방 감시 레이더

SLAR(측방 감시 레이더)은 진행 방향에 대해 횡 방향으로 전파를 발사해 기체가 이동하는 동안 얻은 정보를 기록 · 축적해 합성한다.

h: 고도
dx: 방위 분해능(≒2R/D)
dz: 거리 분해능
R: 안테나에서 지상까지의 거리
B: 빔 폭
r: 부각
L: 이동 거리(안테나 조사 실행치)

SR 부분: 항공기가 L만큼 이동하는 동안 SR 부분의 정보를 얻는다.
ZD: 레이더 화상의 거리

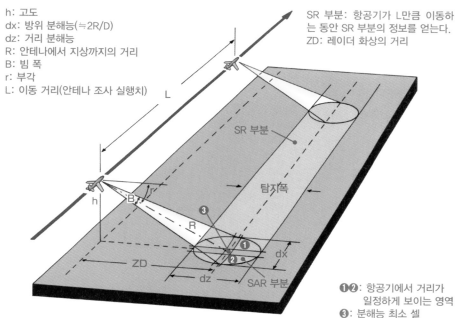

L

SR 부분

탐지폭

h

B

R

ZD

dz

SAR 부분

dx

❶❷: 항공기에서 거리가 일정하게 보이는 영역
❸: 분해능 최소 셀

23. 적외선 정찰 장치

적에게 쉽게 발각되지 않는 패시브 정찰 장치

제1장 스파이 장비

현대의 정찰기가 기체에(또는 포드에 수용해) 탑재하는 중요한 정찰용 장비 중 하나로, 적외선 영상 장치가 있다. 이것은 소위 말하는 적외선 열 영상 카메라를 말하며, 정찰 목표가 되는 지상에서 발생하는 적외선(물체가 발하는 원적외선)을 적외선 수광 소자가 감지, 화상을 내장 메모리 등의 기록 장치에 보존 또는 통상 필름에 기록하는 장치이다.

적외선을 사용하기 때문에 종래의 사진과 레이더의 틈을 메울 수 있는 장치이긴 하지만, 스스로 전파 등을 발사하지 않는 *패시브 센서이기 때문에 정찰기는 자신의 존재를 드러내는 일 없이 정찰 활동을 할 수 있다.

촬영한 화상은 흑백 반전시킨 모노크롬 사

●적외선 영상 장치의 원리

대상물이 방출하는 적외선은 장치에 들어가면 집광계 및 주사계(적외선 수광 소자가 대상물이 발하는 적외선을 1차원, 즉 선으로밖에는 감지하지 못하기 때문에, 화상을 얻기 위해 기계적인 주사 스캔 장치가 필요했다)를 통해 적외선 수광 소자(검지 소자)로 보낸다. 적외선 수광 소자는 그 적외선을 광자로 포착해 전기 신호로 변환, 증폭해 영상 표시 장치에 표시한다(적외선 정찰 장치에서는 기록 장치 또는 필름에 보존한다는 점이 다를 뿐, 기본적으로 적외선을 검지하는 원리는 같다).

1990년대 후반에는 냉각이 필요하지 않은 2차원형 적외선 수광 소자(적외선을 받은 수광 소자가 온도 변화하고, 그걸 온도 센서로 읽어 들여 전기 신호로 변환하는 방식으로 비냉각형이라 불린다. 또, 2차원형으로 하면서 적외선을 면으로 감지할 수 있게 되었다)가 개발·실용화되어 주사계가 필요 없게 되었으며, 2000년대에 들어와서는 장치를 엄청나게 소형화할 수 있게 되었다. 참고로 2차원형 적외선 수광 소자에도 냉각형과 비냉각형이 존재하지만, 화질은 전자 쪽이 좋다.

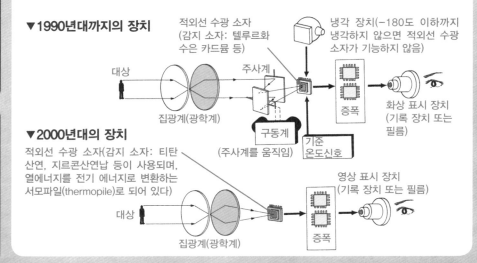

▼1990년대까지의 장치

적외선 수광 소자
(감지 소자: 텔루르화 수은 카드뮴 등)

냉각 장치(−180도 이하까지 냉각하지 않으면 적외선 수광 소자가 기능하지 않음)

대상

주사계

집광계(광학계)

구동계 (주사계를 움직임)

기준 온도신호

증폭

화상 표시 장치 (기록 장치 또는 필름)

▼2000년대의 장치

적외선 수광 소자(감지 소자: 티탄산연, 지르콘산연납 등이 사용되며, 열에너지를 전기 에너지로 변환하는 서모파일(thermopile)로 되어 있다)

대상

집광계(광학계)

증폭

영상 표시 장치 (기록 장치 또는 필름)

진처럼 되지만, 화상 처리하면 흑백의 밝기 차이가 있는 보통 사진과 비슷한 것이 되기에 *사진 판독 작업을 하기 쉽다는 이점이 있다.

적외선 영상 장치는 1990년대까지는 적외선 수광 소자 문제 때문에 전용 포드가 필요할 정도의 대형 장치였으나, 현재는 무척 소형화되어 EO 카메라와 함께 RQ-7같은 투척식 소형 UAV에도 탑재가 가능할 정도가 되었다.

●적외선 영상으로 알 수 있는 것

자동차, 항공기, 함선 모두 일단 엔진을 돌려 움직이면 열이 발생한다. 가동 중 가열되는 방식(또는 식는 방식)은 기계의 각 부위에 따라 차이가 있다. 예를 들어 바다 위를 항행하는 함선을 적외선 정찰 장치로 촬영하면 ❶의 사진처럼 선체가 희고 뚜렷하게 떠오르며, 방출하는 열이 많은 기관실 부근이 가장 하얗게 보인다. ❷는 컬러화 한 적외선 화상.

❸은 공군 기지를 적외선 정찰 장치로 상공에서 촬영한 것으로, 육안이나 광학 카메라를 통해 보는 사진과는 좀 다르다. 주기된 항공기의 기종이나 숫자 등, 기지의 현재(촬영된 시각) 상황 외에 시간 경과에 따른 변화를 알 수 있는데, 예를 들어 적외선 장치는 방출되는 열(적외선)이 많은 물체일수록 하얗게 찍히므로, 그저 주기되어 있을 뿐으로 보이는 항공기도 최근에 가동한 기체일수록 희게 찍힌다. 고온의 배기가스를 방출하는 노즐이나 엔진 부분이 가장 하얗고, 비행을 마친지 얼마 안 되는 기체일수록 하얗게 찍힌다. 이를 통해 비행한 지 얼마나 지났는지(물론 식별할 수 있는 것은 대강 반 나절 전후일 뿐이지만), 사용 빈도가 높은 기체는 무엇인지(며칠에 절쳐 여러 차례 촬영하면 항상 사용하는 기체일수록 하얗게 찍히며, 쓰이지 않는 기체는 검은 상태이기에 놓여 있는 기체가 디코이인지도 알 수 있다). 그리고 항공기에서 배출되는 열은 기체를 이동시킨 후에도 얼마간은 그 자리에 잔류하므로 기지 내에서의 움직임도 읽을 수 있다. 건물 또한 마찬가지로, 빈번하게 쓰이는 곳일수록 사람이나 다양한 물체가 발하는 열 때문에 하얗게 보여 어떻게 쓰이는지를 알 수 있다.

엔진이나 굴뚝 부분은 가장 희게 보인다.

함선이 항행한 후에도 하얀 흔적이 남는다.

빈번하게 사용되는 건물

똑같은 행거라 해도 사용 빈도에 따라 색이 달라진다

이제 막 대기시킨 기체

이동 또는 날아오른 기체의 잔상

얼마간 비행하지 않은 기체

※패시브 센서 = 스스로 적외선 등을 발하지 않는 센서 (수동형). 근적외선 빔 등을 발사해서 그 반사를 검출하는 센서는 액티브 센서(능동형)이라 부른다.

※사진의 판독 작업 = 컬러 화상 촬영도 가능하지만, 판독 작업 시에는 모노크롬 화상 쪽이 편리하다.

24. 전자 정찰기

여객기를 개조한 전자 정찰기 시리즈

제1장 스파이 장비

제2장 정보 수집 기재

제3장 정찰기와 무인기

제4장 스파이 위성

적의 정보 수집에 전파를 사용하는 수단을 *SIGINT(통신 방수에 의한 정보 수집)라 부른다. 현재 SIGINT는 COMINT, ELINT 외에도, *FISINT(외국 신호 계측 정보 수집), *ACINT(음향 정보 수집)으로 분류된다.

인공위성 중에 SIGINT를 하는 전자 정찰 위성이 있는 것처럼, 항공기에도 전자 정찰

기가 있다. 전자 정보 수집에는 고도의 전자 정보 기술 축적이 필요하며, 그걸 지닌 것은 미국을 필두로 하는 일부 국가뿐이다. 미국이 보유한 전자 정찰기로는 RC-135 시리즈가 알려져 있다.

RC-135S 코브라볼(RC-135X 코브라아이)는 기체 전방 양쪽에 *MIRA(중파 적외선 어레이) 센서와 *MTOS(복합 추적 광학 시스템)을 장비해 발사 직후의 탄도 미사일 연소 화염을 감지, 추적해 요격에 필요한 정보를 수집하는 기체이다. 북한의 탄도 미사일 발사를 감시하는 것으로 유명했다. 탑재된 관측 센서가 미사일의 연소 화염을 감지하기 쉽도록, 오른쪽 주익 윗면은 검게 칠해져 있다.

보잉 C-135는 1950년대 후반에 개발된 기체지만, 미 공군에서는 현재도 다양한 용도로 사용되고 있다. C-135 패밀리 중에서 전략 정보 수집용으로 개조된 것이 RC-135 시리즈다. 원래 여객기이기 때문에 기내 용적이 크고, 각종 기재를 탑재하고서도 승무원의 휴식 구역을 충분히 확보할 수 있었다(이런 종류의 임무는 장시간을 요구하기 때문에, 높은 거주성 또한 중요하다). 기내 용적은 전자 기재의 능력 향상과 함께, 몇 가지 파생형을 낳았다. 사진은 현역인 RC-135W.

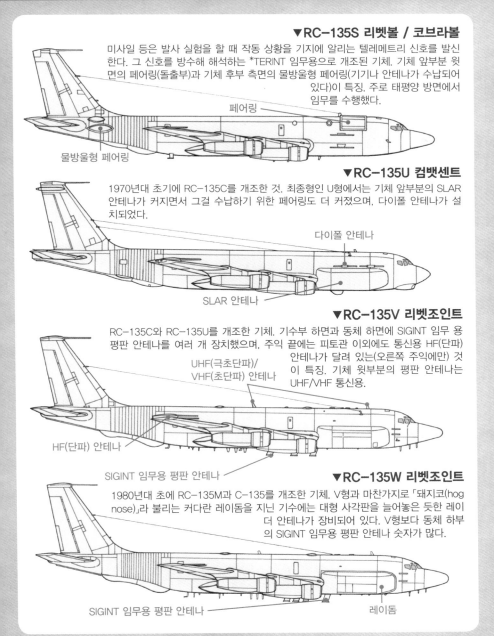

▼RC-135S 리벳볼 / 코브라볼

미사일 등은 발사 실험을 할 때 작동 상황을 기지에 알리는 텔레메트리 신호를 발신한다. 그 신호를 방수해 해석하는 *TERINT 임무용으로 개조된 기체. 기체 앞부분 윗면의 페어링(돌출부)과 기체 후부 측면의 물방울형 페어링(기기나 안테나가 수납되어 있다)이 특징. 주로 태평양 방면에서 임무를 수행했다.

페어링

물방울형 페어링

▼RC-135U 컴뱃센트

1970년대 초기에 RC-135C를 개조한 것. 최종형인 U형에서는 기체 앞부분의 SLAR 안테나가 커지면서 그걸 수납하기 위한 페어링도 더 커졌으며, 다이폴 안테나가 설치되었다.

다이폴 안테나

SLAR 안테나

▼RC-135V 리벳조인트

RC-135C와 RC-135U를 개조한 기체. 기수부 하면과 동체 하면에 SIGINT 임무 용 평판 안테나를 여러 개 장치했으며, 주익 끝에는 피토관 이외에도 통신용 HF(단파) 안테나가 달려 있는(오른쪽 주익에만) 것이 특징. 기체 윗부분의 평판 안테나는 UHF/VHF 통신용.

UHF(극초단파)/
VHF(초단파) 안테나

HF(단파) 안테나

SIGINT 임무용 평판 안테나

▼RC-135W 리벳조인트

1980년대 초에 RC-135M과 C-135를 개조한 기체. V형과 마찬가지로 「돼지코(hog nose)」라 불리는 커다란 레이돔을 지닌 기수에는 대형 사각판을 늘어놓은 듯한 레이더 안테나가 장비되어 있다. V형보다 동체 하부의 SIGINT 임무용 평판 안테나 숫자가 많다.

SIGINT 임무용 평판 안테나

레이돔

※SIGINT = SIGnal INTelligence의 약자. 시긴트. ※FISINT = Foreign Instrumentation Signal INTelligence의 약자. 피진트. TERINT(텔레메트르 신호 정보 수집)와 레이더나 통신 이외의 전파 신호를 탐지해 분석하는 신호 정보 수집을 통합한 것. ※ACINT = Acoustic INTelligence의 약자. 아킨트. 잠수함이나 함선, 수중 무기 등의 음파를 탐지해 분석한 것. ※MIRA = Medium-wave InfraRed Array의 약자. ※MTOS = Multiple Tracking Optical System의 약자.

25. 지상 정찰기

다수의 병기가 지닌 위력을 최대한으로 끌어낸다

현대전에서는 지상전에도 지상 병기는 물론 항공 병기도 대량으로 투입된다. 개개의 병기는 강력하지만, 뿔뿔이 흩어져 투입되면 충분한 위력을 발휘할 수 없기에 이들을 효

율적으로 통제하고, 가장 효과적인 타이밍으로 운용할 필요가 있다. 오늘날의 미군에서 그 일익을 담당하는 것이 바로 하늘에서 지상을 감시·관제하는 E-8C *J-STARS(통합

●E-8C J-STARS 지상 정찰기

레이더로 얻은 지상의 정보는 기체의 콘솔 디스플레이에 100km 이상을 한 번에 표시할 수 있다. 정찰 사진같은 화상부터 동화상, 비디오처럼 되감기도 가능하다. 또 *MTI(이동 목표 표시 장치)에 의해 이동 목표를 선별할 수 있는 것 이외에도, 적의 대전차호, 화포, 차량의 배치 등 전력이나 배치 상황이 리얼타임으로 표시된다. 수집한 정보는 무선을 이용한 구두로 지상의 정보국(지상 스테이션)으로 전해진다.

기체 콘솔에 표시된 화상. 레이더의 최대 탐지 거리는 250km.

감시 및 목표 공격 레이더 시스템)이다.

　E-8C J-STARS의 특징은 동체 전부 하면에 가늘고 길게 레이돔이 설치되어 있으며, 그 안에 J-STARS 용으로 개발된 AN/APY-3 합성 개구 레이더의 안테나가 들어 있다는 것이다. 이 레이더는 J-STARS가 직선 비행하는 동안 기체의 측방에 레이더 빔을 발사해 지상을 주사하고, 연속으로 수신한 레이

더 반사파를 해석 · 합성해 비행경로에 따라 수 백 km 길이의 레이더 안테나를 늘어놓은 것과 같은 효과를 얻을 수 있다. 이 레이더는 현재, 액티브 전자 주사 어레이 기술을 도입한 AN/APY-7로 교체되었다.

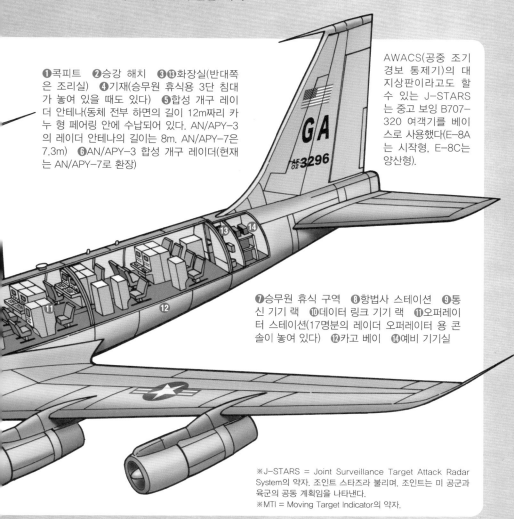

❶콕피트　❷승강 해치　❸⓭화장실(반대쪽은 조리실)　❹기재(승무원 휴식용 3단 침대가 놓여 있을 때도 있다)　❺합성 개구 레이더 안테나(동체 전부 하면의 길이 12m짜리 카누 형 페어링 안에 수납되어 있다. AN/APY-3의 레이더 안테나의 길이는 8m. AN/APY-7은 7.3m)　❻AN/APY-3 합성 개구 레이더(현재는 AN/APY-7로 환장)

AWACS(공중 조기 경보 통제기)의 대 지상판이라고도 할 수 있는 J-STARS 는 중고 보잉 B707-320 여객기를 베이스로 사용했다(E-8A는 시작형, E-8C는 양산형).

❼승무원 휴식 구역　❽항법사 스테이션　❾통신 기기 랙　❿데이터 링크 기기 랙　⓫오퍼레이터 스테이션(17명분의 레이더 오퍼레이터 용 콘솔이 놓여 있다)　⓬카고 베이　⓮예비 기기실

※J-STARS = Joint Surveillance Target Attack Radar System의 약자. 조인트 스타즈라 불리며, 조인트는 미 공군과 육군의 공동 계획임을 나타낸다.
※MTI = Moving Target Indicator의 약자.

26. UAV의 등장

하늘을 나는 로봇 병기 UAV가 진화한 이유

현대의 전장에서 빼놓을 수 없게 된 UAV(무인 비행체)는 「하늘을 나는 로봇 병기」라고 부른다. *UAV 자체의 개발은 이미 제2차 세계 대전 당시부터 타깃 드론(표적기)으로 연구ㆍ개발되어 온 역사가 있는데, 현재 정찰 임무 등에 쓰이는 UAV는 과거와 비교할 수 없을 정도로 진화했으며, 비행 고도나 비행 거리, 정보 수집 능력 또한 이전과는 차원이 다르다.

RQ-7 섀도우 200은 AAI 사(社)가 개발한 전술용 UAV로, 항속 거리가 125km 정도인 단거리용 소형기이며 중ㆍ저속으로 비행하는 소형기에 자주 쓰이는 *구형익(矩形翼)을 장착한 동체 후방에는 38마력의 AR741-1101 엔진이 탑재되었다. 또한 페이로드를 크게 하면서도 기체 중량을 경감하기 위해, 역 V자형 수평 꼬리날개를 2개의 붐으로 지탱하는 구조인 것도 특징이다. 전용 발사기의 가이드 레일을 이용해 발사되며, 착륙 시에는 자동 착륙 장치로 유도하고 테일 훅을 이용해 단거리 활주로 착륙한다.

RQ-7의 임무 대부분은 비행 프로그램에 따라 자율 비행으로 수행된다. 미션 센서는 EO/IR 센서 포드로, 촬영한 화상은 C 밴드 LOS 데이터링크를 경우해 지상 스테이션으로 보내져 리얼타임으로 볼 수 있다. 미 육군과 해병대에서 사용되고 있다.

※UAV = Unmanned Aerial Vehicle의 약자. 최근에는 드론이라고도 불린다.   ※UGV = Unmanned Ground Vehicle의 약자.
※구형익 = 장방형으로 날개 끝에서 동체 연결부분까지 폭이 일정한 형상의 날개. 모형 항공기에도 많이 쓰인다.

무선에 의한 원격 조종만이 아니라, 컴퓨터를 이용해 자율 비행하는 것까지 등장했다.

이와 같은 로봇 병기의 지상판으로 *UGV(무인 지상 차량)도 존재하는데, UAV 쪽이 훨씬 더 발달했다. 그 이유는 하늘에는 장해물이 거의 없기 때문이다. 지상을 주행하는 UGV에 있어, 하천이나 삼림, 황무지 등 복잡한 지형은 전부 장애물이며, 그런 것들을 별다른 어려움 없이 이겨내고 이동해 정찰이나 공격을 자유로이 행하는, 자율 주행이 가능한 UGV가 만들어지기에는 아직 갈 길이 멀다.

●UAV의 운용과 시스템 구성

RQ-7과 같은 소형 UAV는 다음과 같은 장치로 구성된 시스템이다.

●UAV 본체 및 지휘·관제 장치: UAV의 조종과 비행 상태의 모니터링, 관측용 센서 류의 제어 등을 행하는 지상 스테이션. 운용 관제관(미션 전체를 지휘), UAV 관제관(파일럿), 화상 분석관(UAV의 미션 수행용 센서를 제어함과 동시에 화상을 분석한다)이 한 팀으로 UAV를 운용한다.
●UAV 발사 장치 및 회수 장치: 발사 장치는 가이드레일 위에 UAV를 설치하고, 압축 공기로 쏘아 올리는 캐터펄트를 이용해 발사한다. 회수 장치는 귀환한 UAV를 유도해 안전히 착지시키는 자동 착륙 장치.
●데이터 링크 터미널: UAV와 신호나 데이터를 방수하는 장치. 지원 설비(전원차, UAV의 정비 및 수송 차량, UAV 시스템을 가동하는 요원용 차량 등).

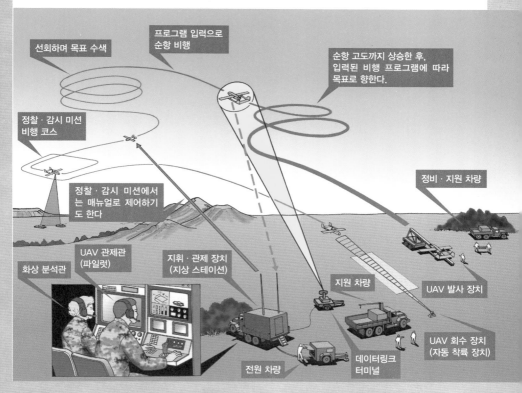

선회하며 목표 수색

프로그램 입력으로 순항 비행

순항 고도까지 상승한 후, 입력된 비행 프로그램에 따라 목표로 향한다.

정찰·감시 미션 비행 코스

정찰·감시 미션에서는 매뉴얼로 제어하기도 한다

정비·지원 차량

화상 분석관

UAV 관제관 (파일럿)

지휘·관제 장치 (지상 스테이션)

지원 차량

UAV 발사 장치

UAV 회수 장치 (자동 착륙 장치)

전원 차량

데이터링크 터미널

27. UAV의 분류

미군이 사용하는 독특한 UAV 분류법

제1장 스파이 장비

현재 운용되는 UAV는 사용 목적이나 순항 고도 등으로 분류되어 있다. 전역 범위별 분류(전술 정찰이나 전략 정찰 등)가 사용 목적별 분류이며, 저공, 중 고도, 고고도로 나누는 것이 순항 고도별 분류이다(이 외에도 비행 거리별 분류도 있다).

이에 비해 「*Tier(티어)」라는 CIA나 미군에서 독자적으로 쓰는 분류법도 있다. 이것은 CIA, 육군, 해군, 공군 각각의 운용 목적에 맞춘 분류법으로, 공통성은 없다. 예를 들어 CIA가 쓰는 분류법(공군의 분류법과 거의 동일)에서는 다음과 같이 분류된다.

◎티어 I: 고도 4,600m 이하의 저 고도를 순항 비행, 8시간 이하의 체공 시간을 지닌 UAV로, 소위 말하는 단거리 무인 정찰기다. 대부분의 소형 UAV(RQ-11 레이븐이나 RQ-14 드래곤 아이 등)나 헌터, 그 후계기인 RQ-7 섀도우 등 시스템으로 운용되는 기체까지 이 분류에 들어간다.

◎티어 II: 운용 고도 7,600m 이하, 20시간 이하의 체공·정찰이 가능한 UAV로, 시스템으로 운용되는 중 고도 장시간 체공 무인기. RQ-1 프레데터, 개량형으로 병장을 탑재한 MQ-1, 더욱 성능을 향상시킨 MQ-9 리퍼 등이 이 분류에 들어간다.

◎티어 II 플러스: 운용 고도가 9,800m 이하, 24시간 체공 성능을 지닌 UAV로, 고고도 장거리 무인 정찰기라 불러야 할 기체. 여기 해당하는 것이 바로 글로벌 호크다. 글로벌 호크는 8,000km 이상의 거리까지 나아가, 42시간을 급유 없이 비행할 수 있다.

◎티어 III: 티어 II 플러스 만큼의 운용 고도나 체공 시간을 지니진 않았지만, 저고도에서도 정찰할 수 있는 스텔스 성능을 지닌 기체. 여기 해당하는 기체는 글로벌 호크와 선정을 놓고 겨뤘던 RQ-3 다크 스타, 또는 미 공군의 최신 스텔스 무인 정찰기로 꼬리 날개가 없는 전익기 RQ-170 센티넬이다.

이것들에 더해, 2000년대에 들어와 두드러지게 발전한 것이 티어 N/A로 분류되는 기체이다. 이것은 소형 UAV보다도 작은 *MAV(초소형 비행체)라 불리는 것. 소형 UAV라 해도 휴대하기에는 크기가 상당하며, 운용하기 위한 컨트롤 장치나 센서가 보내오는 정보를 수신하기 위한 장치 등도 부피가 만만치 않다.

또, 운용하려면 최소한 3명 정도가 필요하다는 이유를 들어 MAV의 개발이 시작되었다. MAV는 전장, 전폭 모두 15cm 이하, 중

※Tier = 약자가 아니라, 겹치거나 늘어선 층, 열, 단, 또는 단계나 계층을 의미하는 단어. ※헌터 = 미 육군과 해병대가 파이오니아 무인 정찰기를 대체할 기체로 2000년경부터 개발하했며, 전술 통합 UAV의 베이스가 된 쌍발기.
※MAV = Micro Air Vehicle의 약자. ※MEMS = Micro Electro Mechanical Systems의 약자.

량은 5~100g의 무인정찰기로, 초소형 마이크로칩, 오토 파일럿 시스템, CCD 어레이 카메라, 초소형 적외선 센서 시스템, 초소형 추진 시스템 등을 장비하고 있다. 참고로 MAV의 개발을 가능하게 한 전자 장치나 기기류의 소형·고성능화 기술은 MEMS(초소형 전자 기기 시스템)라 부른다.

하지만 이 티어라는 분류법도 각 군 조직마다 조금씩 차이가 있는데, 예를 들어 CIA 분류법으로는 티어 Ⅰ에 들어가는 RQ-7을

육군이나 해병대에서는 포병대 등의 포격의 목표 선정, 착탄 관측, 전투 평가에 사용하기에 티어 Ⅱ로 분류한다. 티어 Ⅲ은 중거리 전술 무인기를 나타내는데, 현재 여기 해당하는 기체는 MQ-1C 그레이 이글 정도이다.

●미국 해안 경비대의 UAV 분류 예

그림은 해안 경비대의 분류 예로, 운용하는 조직이나 기관에 따라 분류법이 다름을 보여준다.

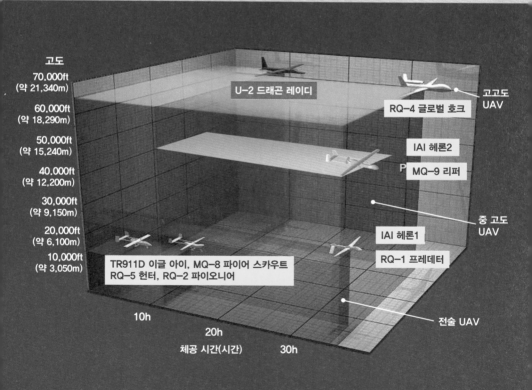

고도
70,000ft (약 21,340m)
60,000ft (약 18,290m)
50,000ft (약 15,240m)
40,000ft (약 12,200m)
30,000ft (약 9,150m)
20,000ft (약 6,100m)
10,000ft (약 3,050m)

U-2 드래곤 레이디

RQ-4 글로벌 호크 | 고고도 UAV

IAI 헤론2

MQ-9 리퍼

중 고도 UAV

IAI 헤론1

RQ-1 프레데터

TR911D 이글 아이, MQ-8 파이어 스카우트 RQ-5 헌터, RQ-2 파이오니어

전술 UAV

10h
20h
체공 시간(시간)
30h

28. UAV의 구조

고가, 고성능 보다는 염가 UAV가 주류

로봇 병기의 대표 격이라 할 수 있는 UAV는 파일럿이 탑승하지 않고, 무선을 통해 원격 조종되거나 컴퓨터 프로그램에 의해 자율 비행한다. 인간이 탑승하지 않기 때문에 승무원을 지키는 안전장치 같은 것은 필요 없으며, 필요 최저한의 제어 및 조종 장치와 엔진, 연료, 정찰을 위한 각종 장치를 탑재할 뿐이라서 생산 코스트도 저렴해진다.

아프간 전쟁이나 이라크 전쟁에 투입된 *글로벌 호크처럼 고가/고성능의 UAV도 있으나, 지상 부대가 전술 목적(정찰 임무 및 감시 임무 등)으로 사용하는 미군의 RQ-11 레이븐이나 RQ-7 섀도우 같은 UAV는 염가판이며, 각국에서 사용되는 대부분의 UAV도 마찬가

[우] RQ-11B에 탑재된 짐벌(Gimbal)식 센서 페이로드. 고해상도 컬러 카메라와 적외선 열 영상 센서(암시 카메라), 레이저 조사 장치가 볼 터릿에 탑재되어 있다. 카메라 등의 센서는 UAV의 기체에 직접 장착하는 것이 아니라, 짐벌이라 불리는 지지대를 이용해 탑재한다. 그렇게 하지 않으면 엔진의 진동이나 바람 때문에 기체가 흔들릴 때 화상이 흔들려 목표를 깔끔하게 촬영할 수 없기 때문이다. 또, 짐벌을 이용하면 카메라 등이 기체의 자세와 관계없이 안정적인 상태를 확보할 수 있다.

[하] 최근 보병 부대나 특수 부대가 정찰 등에 사용하는 소형 UAV의 수요가 높아지고 있다. 소형 UAV로 정찰하면 정찰 부대를 보내지 않아도 전방의 언덕 너머에 무엇이 있는지에 대한 정보를 즉시 얻을 수 있으며, 정보 입수를 위해 위험을 무릅쓸 필요가 없으므로, 부대의 전·사상자를 줄일 수 있다. 사진은 대표적인 소형 UAV인 RQ-11B(RQ-11A는 생산 종료). 날개폭 1.0m, 전장 1.1m, 중량 1.9kg.

53 of 222

지이다.

 이러한 UAV는 외견은 *RC(원격 조종) 모형 항공기와 별로 다를 게 없지만, 기체에 케블러나 유리 섬유 등 복합재를 사용해 경량화를 꾀했다. 또한, 자율 비행이 가능하거나, 카메라나 적외선 센서 화상을 리얼타임으로 전송할 수 있는 등 단순한 RC 항공기와는 차원이 다른 성능을 지녔다.

●UAV의 기본 제어 시스템

그림은 UAV의 기본적인 제어 시스템 구성을 나타낸 것. UAV에는 CCD 카메라나 비디오, 열 영상 장치 등의 정보를 수집하는 임무 수행용 각종 센서 류, 입수한 정보를 송신하기 위한 화상 처리 장치 및 송신 장치, 지상에서 보내는 지령을 수신하는 수신 장치, 안테나, 기체를 안정된 상태로 비행하게 함과 동시에 목적지를 향해 정확하게 비행하기 위한 오토 파일럿(기체를 지령대로 자동 제어하는 조종 장치), 목적지에 도달하기 위한 항법 장치인 *GPS(전 지구 위치 파악 시스템)나 *INS(관성 항법 장치), 실제로 키를 움직이는 서보 모터 및 동력 제어 장치, 동력원을 공급하는 배터리, 추진 장치(기체를 비행시키는 엔진과 전동 모터 등의 동력) 등이 탑재되어 있다. 현재는 기술의 발전에 의해 제어 장치나 미션 기재가 엄청나게 소형화/간략화되어 성능이 더욱 향상되었다.

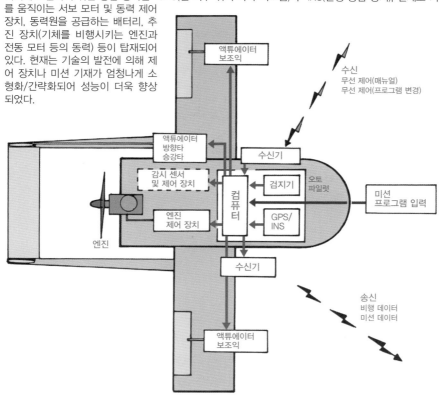

※글로벌 호크 = P.164 참조.　※RC(원격 조종) 모형 항공기 = RQ-11 레이븐 이전에 사용했던 포인터는 모형 항공기를 개조한 UAV였다.　※GPS = Global Positioning System의 약자. P.218 참조.　※INS = Inertial Navigation System의 약자.

29. UAV의 센서

UAV에 탑재되는 센서 시스템은?

UAV에는 다양한 센서 시스템이 탑재되어 있다. 여기서는 가장 일반적인 터릿 센서 시스템을 소개한다.

●UAV의 기본 제어 시스템

UAV의 센서는 터릿 센서 시스템으로 되어 있는 것이 일반적으로, 기체 하면에 장착된 볼 터릿(기체 자세가 변화해도 짐벌로 안정성을 확보한다) 내부에 TV 카메라 등의 센서가 탑재되어 있다. UAV의 크기나 능력에 따라 탑재되는 센서도 달라지며, MQ-9처럼 공격까지 가능한 기체에는 레이저 유도 폭탄의 유도 장치도 탑재된다.

MQ-9 리퍼▶

위성 통신 안테나 수납부

원격 제어 전파 수신 안테나

*MTS-A 터릿 센서 시스템(더욱 진화된 MTS-B로 확장된 기체가 많다)

SAR(합성 개구 레이더)은 제거되었다.

▼MTS-B 터릿 센서 시스템

❶*IR WFOV(적외선 광시야 TV 카메라)
❷*LTM(레이저 목표 표시 장치)
❸TV *MFOV(중시야 TV 카메라)
❹IR/TV *NFOV(적외선/주간 컬러 협시야 TV카메라)
❺*LRD/*ESLRD(레이저 측거의 조사 장치/아이 세이프 레이저 측거의 조사 장치)
❻*TV WFOV(광시야 TV 카메라)

▼MTS-A 터릿 센서 시스템

MQ-1 프레데터 및 MQ-9 리퍼에 탑재되어 있는 시스템.
❶LRD ❷IR/TV
❸TV WFOV ❹ESLRD
❺일루미네이터(미사일 유도용 전파 조사 장치)

SLAR 포드

RQ-7 섀도우 200의 양 날개 아래에 달려 있는 SLAR(측방 감시 레이더) 포드. 갓길 등에 설치된 적의 *IED(급조 폭발물)를 수색·탐지하기 위해 개발되었다. RQ-7의 전장은 3.41m이므로 포드의 전장은 1m 이하, 대단히 작은 SLR 레이더가 탑재되어 있다.

●ARGUS-IS

미국의 *DARPA(국방 고등 연구 기획청)와 BAE 시스템즈가 공동 개발한 *ARGUS-IS(자율 리얼 타임 지상 유비쿼터스 감시 이미징 시스템)는 1.8 기가 픽셀 감시 카메라로, 고도 6,000m에서 15cm 정도의 크기의 물체를 인식할 수 있다. 게다가 25.9 평방km의 에리어를 한 번에 포착할 수 있으며, 그 에리어 안의 이동 물체를 자동 추적이 가능하고 리얼 타임으로 매초 600 기가바이트의 화상 정보를 지상국으로 송신한다. 지상국에서는 송신된 화상(정지 화상, 동화 양쪽 다 재생할 수 있다)을 모니터에서 별개의 윈도우로 확대해 볼 수 있다.

ARGUS-IS 수납 포드

ARGUS-IS를 수납한 포드를 동체 아래에 매달고 비행하는 헬리콥터형 무인기 MQ-18 허밍 버드.

사진은 DARPA가 공개한 ARGUS-IS의 화상. 고도 6,000m에서 촬영된 화상과 확대 화상(노란색 선은 확대 화상이 전체 화상의 어느 부분을 확대한 것인지 나타낸다). 대단히 선명하다는 것을 알 수 있을 것이다.

▲ARGUS-IS의 카메라

※MTS = Multi-spectral Targeting System의 약자. ※IR WFOV = InfraRed Wide Field Of View의 약자. ※LTM = Laser Target Marker의 약자. ※MFOV = Middle Field Of View의 약자. ※NFOV = Narrow Field Of View의 약자. ※LRD = Laser Rangefinder / Designator의 약자. ※ESLRD = Eys Safe Laser Rangefinder / Designator의 약자. ※TV WFOV = TV Wide Field Of View의 약자. ※IED = Improvised Explosive Device의 약자. ※DARPA = Defense Advanced Research Projects Agency의 약자. 군사 기술을 연구 개발하는 미국 국방성 산하 기관. ※ARGUS-IA = Autonomous Real-time Ground Ubiquitous Surveillance-Imaging System의 약자.

30. 고성능 UAV

무선 조종이 아닌 자율 비행 UAV

노스롭 그루먼 사(社)가 개발한 RQ-9A 글로벌 호크는 이제까지의 무인 정찰기와는 완전히 다른 고성능 UAV로, 미 공군, 해군, *NASA(미국 항공 우주국)가 운용하고 있다(운용 및 관리·보수 등은 노스롭 그루먼 사에 위탁되어 있다). 어지간한 유인 소형기보다도 큰 대형 UAV 글로벌 호크에는 *EO/IR(가시광/적외선 화상) 센서나 SAR(합성 개구 레이더) 등의 감시 장치가 탑재되었으며, 고도 1만 9,800m(실용 상승 한도) 이하를 34시간 동안 급유 없이 비행이 가능하다고 한다.

당초에는 U-2 정찰기를 보완할 목적으로 개발되었으나, 아프가니스탄 등에서 실전 투입되었고 현재는 U-2를 대신해 고고도 장거리 정찰을 수행할 정도가 되었다.

글로벌 호크는 무선으로 조종되는 것이 아

[우] RQ-9A의 기체를 대형화하여 내부 기재를 일신한 화상 정찰/SIGINT 겸용 모델 RQ-9B(블록 30).
[하] 2011년 3월 동일본 대지진과 함께 발생한 후쿠시마 제1 원자력 발전소 사고 당시, 미국은 괌의 앤더슨 공군 기지에 배치되어 있던 무인 정찰기 RQ-4 글로벌 호크를 투입해 원자력 발전소 폭발의 피해 정보를 일본 정부에 제공했다. 사진은 RQ-4가 촬영한 후쿠시마 제1 원자력 발전소.

※NASA = National Aeronautics and Space Administration의 약자.　　※EO/IR = Electro-Optical/InfraRed의 약자.

제1장 스파이 장비

제2장 정보 수집 기재

제3장 정찰기와 무인기

제4장 스파이 위성

니며, 탑재된 컴퓨터에 미션 내용과 비행 코스를 입력하면 자동적으로 비행해 임무를 수행한다. 도중에 적의 레이더에 탐지되거나 대공 미사일의 요격을 받았을 경우에는 회피 행동을 취하거나 코스를 변경하는 등, 스스로 판단해 비행한다. 자위용으로 AN/ALR-69 레이더 경계 장치와 AN/ALE-50 예인식 디코이를 장비하고 있다.

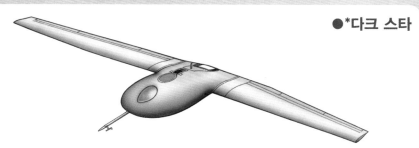

●*다크 스타

1996년 3월에 첫 비행에 성공. 글로벌 호크와 채용을 놓고 경쟁했다. 체공 시간은 8시간 정도지만, 컴퓨터에 의한 자율 비행이 가능하며 스텔스 성능이 우수해 적의 대공 레이더에 탐지되지 않았다. 또한 탑재된 전자 광학 카메라의의 주사선이 1,200개나 되어 해상도가 높다는 점도 장점 중 하나였다. 록히드 마틴 사(社)와 보잉 사(社)에 의해 개발되고 있었으나, 추락 사고로 인해 취소되었다. 전장 4.6m, 최대폭 21.3m, 전고 1.1m, 순항 속도 시속 464km, 항속 거리 924km, 실용 상승 한도 1만 3,500m, 엔진은 윌리엄즈 롤스로이스 FJ44-1A.

●RQ-9A 글로벌 호크 내부 배치

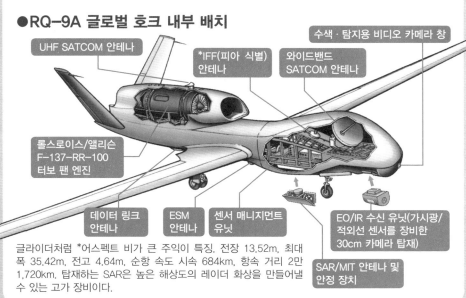

글라이더처럼 *어스펙트 비가 큰 주익이 특징. 전장 13.52m, 최대폭 35.42m, 전고 4.64m, 순항 속도 시속 684km, 항속 거리 2만 1,720km. 탑재하는 SAR은 높은 해상도의 레이더 화상을 만들어낼 수 있는 고가 장비이다.

※디코이 = 적의 미사일을 유인하는 미끼. ※다크 스타 = 개발 계획은 1999년에 종료되었으나, 미 공군의 무인항공기 중에서 최고의 성능을 자랑했다고 한다. 2003년 이라크 전에 실전 투입되었다는 소문도 있다. ※어스펙트 비 = 장방형의 세로와 가로의 길이 비율(세장비)을 말함. ※IFF = Identification Friend or Foe의 약자.

31. 수직 이착륙 UAV

수직 이착륙이 가능한 UAV의 이점은?

회전익 UAV(헬리콥터 형 UAV)나 수직 상승형 UAV(덕티드 팬 형 등 헬리콥터 형 이외의 UAV)에는 커다란 메리트가 있다. 수직 이착륙이 가능하기 때문에 배 위 등 좁은 장소에서도 운용이 가능하며, 공중 정지도 가능하기 때문에 정찰 목표에 접근하지 않아도 탑재한 카메라를 줌—인시켜 촬영할 수 있다. 또, 고정익 UAV는 구조 상 끊임없이 전진해야 하기 때문에, 이동하기 위해 넓은 공간이 필요하다. 이에 비해 회전익 UAV는 그렇게

넓은 공간이 필요하지 않아, 시가지에서 건물 사이로 들어가거나, 각각의 건물에 접근해 공중 정지해 내부를 훔쳐보듯이 정찰하거나, 건물 그늘에 숨어 주변 상황을 감시할 수 있다. 특히 로터를 동체에 수납한 덕티드 팬형(비행을 위한 추력을 작은 동력 장치로 효율적으로 발생시킬 수 있다)의 기체는 건물 등에 너무 접근해서 기체가 접촉한다 해도 로터가 쉽게 파손되지 않는다는 이점이 있어서, 시가지 운용에 적합하다.

미 육군 및 해군(해군의 육상 부대)에서 운용되는 *RQ-16 T-호크. 허니웰 사(社)가 개발한 소형 UAV로, 로터가 수납된 덕트는 직경 30cm, 중량은 약 7.25kg로 매우 작아서, 혼자서 옮기고 혼자서 날릴 수 있다. 최대 152m 높이까지 상승이 가능하며, 탑재한 카메라로 주야간의 전방 및 하방의 화상을 촬영 및 녹화한다.

호버 아이 ▶

덕트팬형 UAV인 호버 아이는 2007년부터 실전 배치가 시작된 프랑스 군의 미래형 전투 개인 장비 「*FÉLIN 시스템」과 링크시키기 위해 개발되었다. 시야가 확보되지 않는 시가지 전 등에서 호버 아이를 날리고, 그 화상을 FÉLIN 시스템의 헬멧 장착식 옵티컬 장치나 지휘관 용 태블릿 형 표시 장치 SIT COMDE로 모니터할 수 있다. 하지만 예산 부족으로 FÉLIN 시스템 자체가 일부 정예 부대에만 선행 배치된 상태로, 호버 아이는 아직 배치되지는 않은 것으로 보인다.

카메라

SIT COMDE

FÉLIN 시스템을 장비한 병사(일러스트는 프로토타입으로, 실제 배치된 것은 헤드마운트 디스플레이어의 형태 등이 약간 다르다).

※RQ-16 T-호크 = 육군에서는 Class 1 UAV라 불린다.
※FÉLIN = Fantassin á Équipement et Liaisons INtégrés(프랑스 어)의 약자.

그렇다고는 해도 회전익 UAV는 비행 속도와 항속 거리, 비행시간(비행 가능 시간)에 관해서는 고정익 UAV를 따라갈 수가 없다. 그리고 군용으로 사용하기 위해서는 정비성이나 코스트 등 해결해야만 하는 점이 많아서, 회전익 UAV(MAV 포함) 중에서 군에 채용되어 실전 배치된 것은 현재 RQ-8 파이어 스카우트, RQ-16(T-호크), FFRS(무인 정찰기 시스템) 정도밖에 없다.

헬리콥터는 관성이 큰 회전 날개를 지녔기 때문에, 이 이상 대폭적인 고속화나 대형화는 어렵다. 회전익기로서 발전 가능성이 있는 것은 틸트로터기이며, V-22 오스프리가 대표 격이다. 오스프리와 비슷한 외견을 지닌 UAV가 벨 헬리콥터가 개발한 TR911D 이글 아이이다. 미국 해안 경비대가 채용하려고 계획했으나, 나중에 중지되었다. 일본 해상 자위대나 해상 보안청에서도 도입을 검토했다고 알려져 있다.

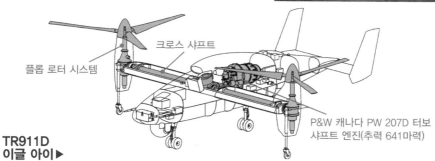

크로스 샤프트

플롭 로터 시스템

P&W 캐나다 PW 207D 터보 샤프트 엔진(추력 641마력)

TR911D 이글 아이▶

이·착륙 시 / 수평 비행 시에 로터 기구 자체를 움직여 추력의 방향을 바꾸는 것이 틸트로터기의 특징. 2기의 로터는 크로스 샤프트로 연결되어 있으며, 동체에 탑재된 1기의 터보 샤프트 엔진으로 양쪽의 로터를 회전시킨다. 전장 5.56m, 전폭 7.37m, 전고 1.88m, 로터 직경 3.05m, 최대 속도 시속 360km.

육상 자위대의 포격 관측용으로 개발된 원격 조종 관측 시스템 *FFOS를 베이스로 비행 시간 연장 등의 개량을 가한 신형 무인 정찰기 시스템 *FFRS. 가시광선/적외선 카메라를 탑재한 무인 헬리콥터(완전 자율 비행이 가능하며 데이터 링크 기능을 지녔다)와 데이터의 송수신 처리, 비행 관제, 정비 등을 행하는 지상 장치(각종 작업 장치를 장비한 복수의 차량)으로 구성된다. 무인 헬리콥터는 프로그램에 따라 자율 비행하며, 지정된 지역을 정찰한다. 발견한 수상한 차량이나 선박을 추격하여, 촬영한 화상을 리얼 타임으로 전송할 수 있다. FFRS를 운용하는 것은 무인 정찰기 부대로, 각 방면 대에 편제되어 있는 정보대의 한 부문으로 관측·정찰 임무를 수행한다.

※FFOS = Flying Forward Observation System의 약자. 개발 시의 약칭으로 「비행식 전선 관측 장치」라는 의미.
※FFRS = Flying Forward Reconnaissance System의 약자.

32. 경찰의 드론

도시 운용을 고려한 소형 드론

최근 유럽과 미국에서는 드론을 경찰 활동에 적극적으로 투입하기 시작했다. 사용되는 드론의 대부분은 2개 이상의 *프로펠러를 지닌 트라이콥터, 쿼드 콥터 등으로 불리는 소형 수직 상승기이다.

이런 드론은 기체가 작기 때문에 순찰차에 실어두었다가 필요할 때 경관이 날린다. 순찰 중에 비행시켜 교통 상황을 보거나, 번화가나 이벤트 회장 등 사람이 모이는 장소를 감시하거나, 도주하는 용의자를 공중에서 추적하는 등 다양한 운용이 가능하다. 또, 기체가 작고 수직 상승 및 하강이 가능하기 때문에, 건물에 접근하거나 역 구내 같은 장소에서도 날릴 수 있다.

단, 기체가 작기 때문에 탑재할 수 있는 기재의 중량이 제한되며, 조종 가능 범위도 좁

◀드론의 감시 임무

도시 상공을 비행하며 감시하는 하이컴 마이크로 드론. 프로펠러 소리가 작기 때문에, 거리의 소음으로 비행음이 묻히면서 접근해도 눈치 채지 못할 정도이다.

▼HMD의 화상

드론은 RC 컨트롤러 같은 장치로 제어한다. 조종자는 RC처럼 비상하는 기체를 보면서 장치를 조작하는 것이지만, 기체 하부에 장착한 카메라의 화상을 *HMD(두부 장착 디스플레이)로 보면서 조종하는 것도 가능하다. 조종자는 자신이 비행하는 듯한 감각으로 드론을 움직인다.

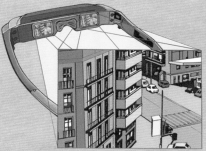

※프로펠러 = 로터라고도 불리지만, 복잡한 회전 기구를 지닌 헬리콥터의 로터와는 달리 단순한 구조이므로 이 책에서는 일부러 프로펠러라고 표기했다. ※트라이콥터, 쿼드 콥터 = 각각 프로펠러 3개, 4개인 드론을 말한다. ※HMD = Head Mounted Display의 약자.

다. 또, 바람 등의 영향을 받기 쉽다는 결점도 있다.

2015년에는 드론을 더욱 적극적으로 사용하는 경찰도 등장했다. 미국의 노스다코타 주 경찰에서는 드론에 테이저를 탑재해 범인 검거에 사용하는 것이 허가되었다고 한다.

●영국 경찰이 사용하는 드론

영국 런던 경찰과 철도 경찰이 사용하는 하이컴 마이크로 드론은 노던리스크 사(社)가 개발 판매하는 수직 상승형 기체로, 산업용 드론의 선구자 격이기도 하다. 센터 드럼(동체)을 중심으로 십자형 암이 뻗어 있으며, 각각의 끝 부분에 프로펠러가 있다. 전동 모터에 의해 프로펠러를 회전시켜 상승하며, 공중에서의 방향 전환이나 호버링 등의 운동은 4개의 프로펠러로 발생시킨 추력을 조정해 수행한다. 전문 훈련을 받은 사람이 아니면 조종이 어려운 헬리콥터형 UAV 등과는 달리, 간단한 조작법을 익히기만 하면 누구나 날릴 수 있다는 이점이 있다.

하이컴 마이크로 드론▲

기체는 고도 50m까지 상승 가능. 컨트롤러로 비행을 제어할 수 있는 범위는 반경 약 150m 이내이다. 1회 충전으로 30분 정도 비행 가능.

❶프로펠러 ❷전동 모터 수납부 ❸센터 드럼 (수신기, 비행 제어 장치, 배터리, 송신기, GPS 등을 내장) ❹CCD 카메라 및 카메라 안정 장치(적외선 카메라나 암시 장치도 탑재 가능) ❺안테나 ❻HMD ❼컨트롤러

33. 관측 헬리콥터

세계 최초의 관측 헬리콥터는 헝가리제

제1차 세계 대전은 참전한 각국이 지닌 국력을 총동원해서 싸운 최초의 총력전임과 동시에, 19세기 후반부터 시작된 전쟁의 근대화(이것은 남북 전쟁이 시초라고 한다)가 완성된 모습이기도 했다.

예를 들어 포병의 화력은 지상전에서는 결정적인 위력을 지녔는데, 옛날에는 서로 보이는 거리에서 직접 조준하는 포격전을 전개했지만, 강철제 *후장식(後裝式)화포의 발달, 포탄 형태의 진화 등에 의해 화포의 파괴력과 사정거리가 이전과는 비교할 수 없을 정도로 향상되어, 포격전에서의 교전 거리가 늘어났다. 다르게 말하자면, 이쪽이 있는 장소를 보여주는 일 없이 적에게 강력한 화력을 퍼부을 수 있다는 것으로, 새로운 전술인 「간접 사격」이 탄생했다. 화포가 배치되어 있는 진지에서 적이 직접 보이지 않는다 해도, 통신 장치를 휴대한 관측원을 높은 곳 등에 배치해 거기서 적을 관측한 보고를 기초로 포격하는 사격법이다. 이 방법은 아군의 포병 진지를 적의 눈에 띄지 않도록 은폐하는 것도 간단하며, 적의 화포에 의한 손해도 줄일 수 있었다.

여기서 새롭게 문제로 대두된 것이 적을 관측하기 위해 어떻게 시선의 우위를 획득해야 하는가에 관한 것이었다. 전투 시에는 양쪽이 마찬가지로 서로를 관측하지만, 상대보다 높은 위치를 점령한 쪽이 더 멀리에서 포격이 가능했다. 때문에 기구나 항공기를 이용한 관측을 실시하게 되었는데, 무선 통신기가 없는 항공기(아직 탑재할 정도로 소형화되지 않았다)로는 보고가 들어올 때까지 시간이 너무 오래 걸렸다. 때문에 포병대에서는 줄곧 유선 전화를 장비한 관측기구를 사용해 왔으나, 관측기구의 운용에는 인력이 많이 필요했다.

따라서 이러한 불편을 해결하고자 헝가리의 스테판 페트로스키 소령이라는 인물이 동료들과 함께 개발한 것이 PKZ-2 관측 헬리콥터였다. 이 PKZ-2는 민간이 아니라 군이 개발한 세계 최초의 헬리콥터라고 한다. 그렇다고는 해도 프레임에 엔진을 달고, 커다란 로터 블레이드(직경 6m의 목제 프로펠러)를 2중으로 하고 반전시켜 기체를 상승시키기만 하는 것으로, 승무원이 탑승하는 곤돌라가 블레이드 위에 달려있는 위험한 물건이었다. 이래서는 실전 투입 이전에 실용성 자체가 의심스러운 기체였으나, 1918년 4월 2일에 첫 비행에 성공했다.

계속해서 이어진 5월 17일~21일의 테스트 비행에서는 고도 50m 정도까지 상승하는데 성공했다.

※후장식 화포 = 포신의 끝(포미) 부분으로 포탄과 장약(화약)을 장전하는 방식의 화포. 이에 비해 포구로 장전하는 포는 전장식 화포라 부른다. 후장식 화포는 포미를 개폐할 수 있도록 되어 있으며, 사격 시에는 이를 반드시 폐쇄해야 하므로 실용화를 위해서는 높은 공업력이 필요했다.

PKZ-2는 최초로 비행에 성공한 기체가 되었으나, 페트로스키 일행은 PKZ-2의 기초가 된 PKZ-1이라는 기체도 시험 제작했었다. 구조는 PKZ-2와 매우 다른데, 트러스 구조의 다리에 4개의 프로펠러를 달고, 중앙에 엔진을 배치해 샤프트로 프로펠러를 회전시키려 했던 무인기였다.

●PKZ-2의 특징

반전식 로터 블레이드
2중의 대형 목제 프로펠러를 서로 반전시켜, 기체 자체를 회전시키려 하는 토크를 없앤다.

곤돌라
로터 블레이드를 회전시키는 샤프트 위에 달려 있으며, 관측 요원이 탑승한다.

그놈(Gnome) 회전식 엔진
출력 100마력, 엔진 자체를 회전시켜 냉각하는 공냉 방식. 후에 120마력의 르노 엔진으로 환장된다.

기어 박스
3개의 엔진에서 나오는 동력을 모아 샤프트를 통해 로터 블레이드를 회전시킨다.

동력 전달 샤프트
엔진의 동력을 전달함과 동시에, 회전하는 엔진을 지탱한다.

연료 탱크

메인 에어백 쿠션
공기압으로 팽창시킨 고무제 쿠션으로, 지상에서 기체를 지지함과 동시에 착륙시에 가해지는 충격을 흡수한다.

서브 에어백 쿠션

기체 회수용 와이어
엔진 회전을 조절할 수 없으므로 기체는 상승할 뿐. 그렇기에 와이어를 이용해 윈치로 강제로 끌어내렸다.

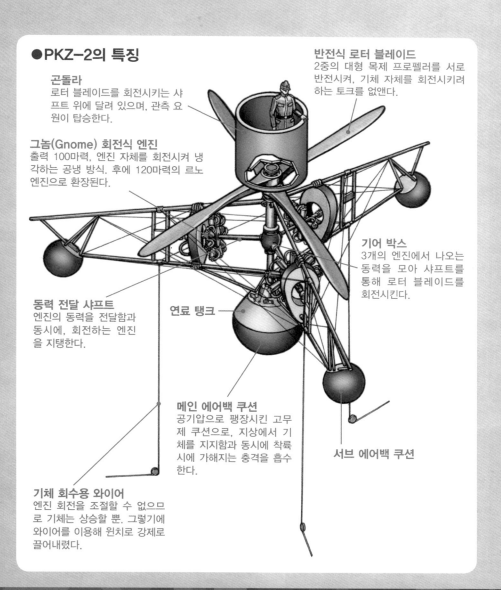

34. 관측 기구(1)

기구로 행해진 최초의 항공 정찰

제1장 스파이 장비

정찰(관측) 임무에 처음으로 사용된 항공기는 *기구로, 그 시초는 남북전쟁이었다고 한다. 그로부터 50년 가까이 흐른 후 제1차

세계 대전이 시작되었는데, 이때도 적의 동향이나 주력의 위치를 관측하거나, 포격에 적절한 지시를 내리기 위한 공중 관측에 연

제2장 정보 수집 기재

제3장 정찰기와 무인기

제4장 스파이 위성

▼정찰 기구에 대한 공격

대공 화기로 강력하게 방호되던 관측기구를 공격하기 위해서는 공격하는 쪽도 그에 상응하는 희생을 각오해야만 했다. 그만큼 관측기구를 공격해 추락시킬 수만 있다면, 적 전투기나 폭격기를 격추하는 것보다도 가치가 높다고 평가되었다.

관측 장교▷

관측기구에 타는 관측 요원은 지도나 컴퍼스를 이용해 정확하게 관측해야만 했기 때문에, 포병 장교가 그 임무를 맡았다. 그들이 타는 기구는 항상 적기의 공격 대상이 되었는데, 이 때문에 낙하산 착용이 허가되어 있었다. 관측 중에 자신이 탄 기구가 공격을 받았을 때 즉시 기구에서 탈출하기 위함이었다. 참고로 이 시대의 항공기 파일럿은 격추나 사고로 인한 사상률이 높았음에도 불구하고, 공격 정신이 둔해진다는 이유로 낙하산 착용이 허가되지 않았다. 일러스트는 낙하산 하네스를 착용한 영국군 장교.

※기구 = 대기 중을 비행하는 기계로 경항공기로 분류된다.

합군과 독일군 모두 관측기구를 사용했다.

　보통 관측기구는 전선의 후방 3~8km 지점에 진지를 구축하고 전문 부대가 운용했다. 기구에는 관측 요원으로 포병 장교가 탑승했으며, 최대 고도 1,500m 정도까지 상승하여 적진을 관측, 유선 전화로 지상의 지휘소에 연락하면 거기서 필요한 부서로 보고했다.

　당시 기구에 의한 관측은 가치가 높았으나,

그저 공중에 떠 있기만 하고 무장하지 않았기 때문에 항상 적기의 공격 목표가 되었다.

　그렇다고는 해도 완전히 무방비였던 것은 아니고, 지상에 설치된 기관총 및 대공포로 강력한 대공 탄막을 펼쳐 기구를 보호했다.

▼관측기구 진지

1기의 관측기구 운용에는 1개 중대(약 200명)가 필요했는데, 기구를 운용하기 위해서는 부대를 이동시켜 진지를 구축한 뒤, 기구와 함께 다수의 관련 설비와 기재를 설치하고, 기구를 전개하는 과정이 필요했다. 또한, 기구는 바람 등 날씨의 영향을 받기 쉬워서 언제나 사용할 수 있는 것은 아니었다.

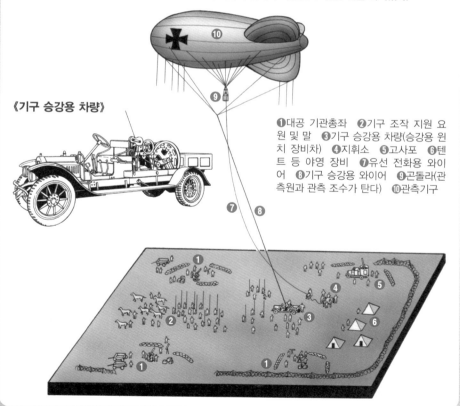

《기구 승강용 차량》

❶대공 기관총좌 ❷기구 조작 지원 요원 및 말 ❸기구 승강용 차량(승강용 윈치 장비차) ❹지휘소 ❺고사포 ❻텐트 등 야영 장비 ❼유선 전화용 와이어 ❽기구 승강용 와이어 ❾곤돌라(관측원과 관측 조수가 탄다) ❿관측기구

34. 관측 기구(2)

냉전기에 실시된, 기구를 이용한 정찰

제1장 스파이 장비

정찰 위성 기술이 발달하지 않았던 1950년 대 중반, 미국은 무인 기구를 이용해 *소련 국 내를 정찰했다. 이제 막 개발된 U-2 고고도 정 찰기로는 광대한 소련 국내 전부를 정찰할 수 없었기 때문이다. 정찰용 카메라 등을 탑재한 곤돌라를 매단 *고고도 기구를 편서풍에 실어 날리고, 소련 상공을 통과시켜 정찰 및 촬영. 기구가 태평양으로 나오면 회수하는 것이었 다. 이 계획은 WS-461L(Project Genetrix, *제 네트릭스 계획)이라 불렸으나, 효과는 그다지 없었다고 한다.

제2장 정보 수집 기재

[상] 무인 기구에서 커터로 분리되어 낙하산 강하하 는 곤돌라를 공중에서 회수한 C-119 플라잉 박스카 수송기.
[하] WS-461L계획을 감추기 위해, 미 대륙의 지도 제 작 및 기상 관측이라는 명목으로 모비딕 계획이 실행 되었다. 사진은 뉴 멕시코 주 홀로만 공군 기지에서 관 측기구를 띄우려는 상황. 1940~1950년대에 걸쳐 행 해진 무인 기구에 의한 관측은 UFO 목격 사건을 몇 건 일으키기도 했다. 가장 유명한 것은 *로즈웰 사건이다.

제3장 정찰기와 무인기

제4장 스파이 위성

플라스틱 기구: 마일러라 불리는 폴리에스테르를 필름으로 만든 기구용 특수 소재로 만들어졌다. 기구는 외기압의 변화에 따라 가스를 방출하는 밸브를 장착한 제로 프레셔 기구.

▼기상을 이용한 기구에 의한 정찰

고도 20km 이하일 때는 계절과 관계없이 항상 편서풍이 불기 때문에 기구는 동쪽으로 흘러간다

편서풍을 탄 기구는 소련 상공을 날면서 사진을 촬영한다

북쪽에서는 기압이 낮다

적도

적도 부근은 기압이 높다

기압과 지구의 자전에 의해 북쪽으로 향하는 바람은 동쪽을 향한다

커터: 화약 폭발로 칼날이 움직여 연결된 케이블을 절단한다

연결 케이블

회수용 낙하산

서스펜션 라인

뒤틀림 방지 장치

정찰용 기구의 구조▶

곤돌라

▼곤돌라 부

곤돌라 본체:
정찰용 카메라, 기압계 등을 탑재

송신기:
데이터 송신용

수신기:
지령 수신

카메라 창

※소련 국내 정찰 = 소련의 핵병기 보유와 장거리 폭격기 개발 성공 보고는 미국을 두려움에 떨게 했다. 냉전이 긴박해지던 당시 상황에서는 어떻게든 소련의 군사력(특히 U-2가 촬영할 수 없는 북방에 있을지도 모르는 기지)을 확인할 필요가 있었다.

※고고도 기구 = 미국에서는 1940년대 후반~1950년대에 걸쳐 무인 기구에 의한 기상 관측 등이 왕성하게 이루어졌기 때문에, 이것을 정보 수집에 이용했다.

※제네트릭스 계획 = 미 공군이 실시한 계획이지만, 육군도 1940년대 말 기구를 이용해 소련의 핵실험을 관측하는 작전(Project Mogul, 모글 계획)을 실시했다.

※로즈웰 사건 = 1947년 7월, 미국의 뉴멕시코 주 로즈웰 근방에서 「하늘을 나는 원반」이 추락했고, 원반의 잔해와 우주인의 시체를 미군이 회수했다고 전해지는 사건.

36. 정보 수집선

세계의 바다에서 활동한 위장 정보 수집선

제1장 스파이 장비

제2장 정보 수집 기재

제3장 정찰기와 무인기

제4장 스파이 위성

1968년 미 해군의 환경 조사선 푸에블로호가 북한에 나포되는 사건으로 인해, 일반에 그 존재가 알려지게 된 것이 바로 정보 수집선이다. 어선이나 화물선을 개조해 전파 정보 수집용 전자 기재를 탑재하고, 갑판이나 마스트에 다양한 안테나를 장치한 위장 정보 수집선은 냉전 시대 당시, 세계 곳곳에 진출해 활동하고 있었다.

이러한 활동에 특히 열심이었던 것이 구 소련으로, 트롤 어선을 개조한 오케안(океан) 급으로 대표되는 정보 수집함을 사용해 NATO 해군의 연습을 따라다녔다. 이렇게 함선이 사용하는 레이더 파를 포착해 주파수나 전달 거리를 분석하거나, 함정 간 또는 함정과 함재기 사이의 통신을 훔쳐듣기도 했다. 나아가서는 서쪽 나라의 근해에 나타나 장기간 머물면서, 다양한 통신·전자 정보를 수집하는 SIGINT 임무에 종사했다.

또, 서방 진영 측 *SLBM(잠수함 발사 탄도 미사일)의 발사 실험을 감시해, 미사일의 *텔레메트리 신호를 방수한 적도 있다.

최근까지 정보 수집함이 많이

쓰인 것은 항공기보다 페이로드가 크기 때문에 필요한 전자 기재를 많이 적재할 수 있고, 바다 위라면 전파 방해도 적어 비교적 전파를 수집하기 쉬우며, 민간 선박으로 가장하기 때문에, 타국의 영해에 들어가 활동해도 문제를 제기하기가 어렵다는 이점이 있기 때문이었다.

※SLBM = Submarine Launched Ballistic Missile의 약자.
※텔레메트리 신호 = 인공위성이나 우주 탐사기 등이 탑재하는 기기의 동작 상태를 전달하는 신호.
※지휘함 = 함대를 지휘하는 기능을 지닌 함정.

전 세계에 걸쳐 있는 서방 진영 국가들의 해양 이권과 지배권에 구 소련이 대항하기 위해서는 배를 이용해 정보를 수집하는 쪽이 더 나았다는 점도 들 수 있을 것이다.

하지만 오늘날에는 인공위성이나 항공기의 성능이 발달하고, 전자 기술 발달 덕분에 지상에 설치된 시설로도 필요한 정보를 모을 수 있게 되었으며, 이 때문에 전파 정보 수집이라는 점에서 정보 수집함은 점차 그 가치를 잃어가고 있다. 또 현재는 단순한 정보수집선이 아니라, 다양한 임무에 대응할 수 있도록 대형 함선에 기재를 탑재하고, 옛날처럼 위장하지 않고 존재를 드러낸 채 활동하는 함선(위장한다 해도 필요 이상으로 많은 안테나 종류 때문에 그 배가 정보 수집함이라는 것이 드러나 버리고 만다)도 적지 않은데, 이러한 함정은 탑재되어 있는 전자 장비를 살릴 수 있도록 지휘함으로서의 기능이 부여되어 있는 것도 있다.

[상] 러시아의 비쉬냐급 정보 수집함 쿠리뤼. 비쉬냐급은 7척 모두 1980년대에 취역한 배지만 현재도 현역이다. 기준 배수량 2,980톤, 전장 94.4m, 전폭 14.6m.
[좌] 1968년 1월 23일, 북한의 원산 앞바다에서 영해 침범을 이유로 북한 함선에 의 나포된 미 해군의 푸에블로 호. 대외적으로는 환경 조사선이라고 되어 있었으나, 실제로는 각종 전자 장치가 탑재되어 있어, 통신을 방수·해석하거나, 레이더 등의 전자 정보를 수집하는 정보수집선이었다. 현재 푸에블로 호는 평양의 대동강 연안에 계류된 채 전시되고 있다. 기준 배수량 550톤, 전장 53.9m, 전폭 9.7m.

CHAPTER 4

Reconnaissance Satellite

스파이 위성

인공위성이라는 우주의 「눈」의 출현은 전쟁을 크게 변하게 했으며,
정보전의 방식 자체를 바꿔버리고 말았다.
이번 장에서는 의외로 잘 알려져 있지 않은 인공위성의 원리부터,
정찰 위성의 능력과 운용에 대한 점까지 해설하고자 한다.

01. 인공위성의 원리

어째서 인공위성은 지상으로 떨어지지 않을까?

제1장 스파이 장비

제2장 정보 수집 기재

제3장 정찰기와 무인기

제4장 스파이 위성

인공위성이란 특정 기능을 부여받고 지구 *궤도를 회전하며 임무를 수행하는 인공 천체를 말한다. 당연히 회전에는 법칙이 있다. *뉴턴의 법칙으로 잘 알고 있듯이, 지구에는 중력이 존재하며 지구상의 다양한 물체에는 인력이 작용하고 있다. 따라서 인공위성이 인력으로 인해 지상으로 낙하하지 않고 지구를 돌기 위해서는 인력을 거스르며 계속 돌기 위한 힘이 필요하다.

예를 들어 탑 꼭대기에서 탄환을 수평으로 발사했을 때, 발사 속도가 빠를수록 탄환이 멀리 날아간다. 발사 속도가 더 빨라지면 탄환은 지상에 낙하하지 않고 원 궤도를 따라 지구를 계속 돌게 되는데, 이것은 탄환에 작용하는 지구의 인력과 수평 속도에 의한 원심력이 평형을 유지하면서 탄환이 원 궤도에 오르기 때문이다.

인공위성이 지구를 도는 것도 이것과 같은 원리로, 인력에 의해 낙하하지 않도록 일정 이상의 속도를 유지하도록 인공위성을 발사한다.

이 속도를 「제1 우주속도」라고 한다. 그리고 인공위성이 제1 우주속도보다 빨라져 $\sqrt{2}$ (≒1.4142)를 곱한 속도 이상이 되면 인공위성은 포물선 궤도를 그리며, 지구의 인력권

에서 탈출해 날아가게 된다(그렇다고는 해도 태양의 중력의 영향을 받으므로, 이번에는 태양 주변을 돌게 된다). 이 속도는 「제2 우주속도」라 부른다.

그런데, 제1 우주속도와 제2 우주속도가 항상 일정한 것은 아니다. 궤도 고도가 낮을수록 속도가 커진다. 위성은 지표 부근을 돌수록 속도가 빠르고, 멀리 떨어질수록 느려진다.

인공위성을 궤도에 올릴 때는 공기 저항 등이 있기 때문에, 지표 부근을 돌게 하는 것은 어렵고 효율적이지 않다. 그래서 일반적으로는 고도 200km까지 쏘아올린 후 제1 우주속도에 도달하도록, 수평 방향으로 속도를 가한다. 이 경우, 원 궤도에 오르기 위한 속도는 시속 2만 8,000km(초속 7.8km)이다.

또, 지구를 도는 인공위성의 궤도는 마음대로 할 수 있는 것이 아니다.

인공위성의 궤도면은 지구의 중심을 지나며, 지구를 정확히 둘로 나누는 것처럼 되어 있다(원 궤도든 타원 궤도든, 지구의 인력을 받기 때문에 당연한 일이다). 참고로 자주 듣게 되는 정지궤도라는 것은 고도 3만 6,000km의 적도 상공에 있는 궤도를 말한다.

인공위성의 궤도로는 북극과 남극 상공을

※궤도 = 어떤 물체가 중력 등의 영향으로 다른 물체 주변을 도는 경로를 말한다. 달(위성)이나 인공위성은 지구의 중력으로 인해 지구 주변을 곡선 궤도를 그리며 움직이게 된다. ※뉴턴의 법칙 = 영국의 물리학자 아이작 뉴턴이 도출해 낸 「모든 질량을 지닌 물체는 상호간에 끌어당기는 힘이 있다. 천체 또한 마찬가지다」라는 만유인력의 법칙. ※케플러의 법칙 = 독일의 천문학자 요하네스 케플러가 발견한 혹성의 운동에 관한 법칙. 행성의 궤도가 타원형이라는 것을 정식화했다(이 법칙은 태양과 행성만이 아니라, 행성과 위성 사이에도 성립한다).

Reconnaissance Satellite

통과해 적도를 가로지르는 궤도(극궤도)가
지구의 자전을 이용하기에 지상을 빠짐없이
내려다볼 수 있어 매우 유용하다.

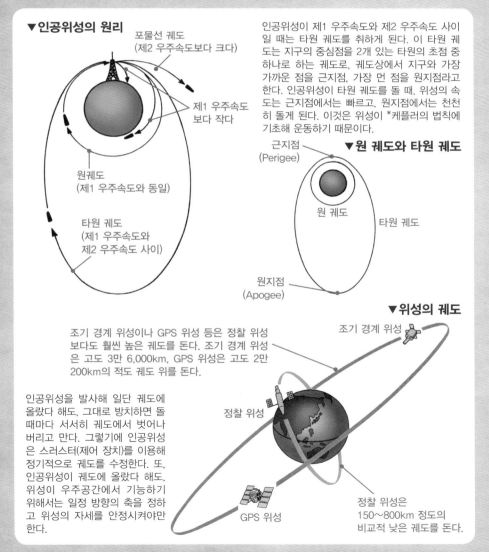

▼인공위성의 원리

포물선 궤도
(제2 우주속도보다 크다)

제1 우주속도
보다 작다

원궤도
(제1 우주속도와 동일)

타원 궤도
(제1 우주속도와
제2 우주속도 사이)

인공위성이 제1 우주속도와 제2 우주속도 사이일 때는 타원 궤도를 취하게 된다. 이 타원 궤도는 지구의 중심점을 2개 있는 타원의 초점 중 하나로 하는 궤도로, 궤도상에서 지구와 가장 가까운 점을 근지점, 가장 먼 점을 원지점이라고 한다. 인공위성이 타원 궤도를 돌 때, 위성의 속도는 근지점에서는 빠르고, 원지점에서는 천천히 돌게 된다. 이것은 위성이 *케플러의 법칙에 기초해 운동하기 때문이다.

▼원 궤도와 타원 궤도

근지점
(Perigee)

원 궤도

타원 궤도

원지점
(Apogee)

▼위성의 궤도

조기 경계 위성이나 GPS 위성 등은 정찰 위성보다도 훨씬 높은 궤도를 돈다. 조기 경계 위성은 고도 3만 6,000km, GPS 위성은 고도 2만 200km의 적도 궤도 위를 돈다.

조기 경계 위성

인공위성을 발사해 일단 궤도에 올랐다 해도, 그대로 방치하면 돌 때마다 서서히 궤도에서 벗어나 버리고 만다. 그렇기에 인공위성은 스러스터(제어 장치)를 이용해 정기적으로 궤도를 수정한다. 또, 인공위성이 궤도에 올랐다 해도, 위성이 우주공간에서 기능하기 위해서는 일정 방향의 축을 정하고 위성의 자세를 안정시켜야만 한다.

정찰 위성

GPS 위성

정찰 위성은
150~800km 정도의
비교적 낮은 궤도를 돈다.

02. 사진 정찰 위성(1)

정찰 임무는 항공기에서 인공위성으로

1954년, 소련 공산당 제1서기였던 니키타 흐루쇼프는 소련이 미국에 밀리지 않는 군사력을 지녔다고 선언했다. 이것은 소련도 미국을 핵으로 직접 공격할 수 있는 능력, 다시 말해 *ICBM(대륙간 탄도탄)을 개발·보유하고 있다는 것으로, 만약 그게 사실이라면 그때까지 군사적으로 압도적 우위에 있던 미국이 소련의 핵 공격 위협에 열세로 몰리게 되는 것을 의미했다.

당시 미국은 ICBM의 개발을 막 시작된 참이었다. IRBM(중거리 탄도탄)은 실전 배치가 가능한 단계였지만, ICBM은 아틀라스 로켓을 베이스로 개발이 갓 시작되었을 뿐이었고, 실전에 배치하기에는 아직 갈 길이 먼 상태였던 것이다. 만약 흐루쇼프가 말한 것처럼 소련이 ICBM 개발에 성공했다면, 미국은 이 분야에서 크게 뒤처진 것이 되고 만다. 그래서 소련의 ICBM 개발 실태를 확인하기 위해, CIA를 시작으로 하는 정보기관을 총동원해 정보를 수집했으나, 소련의 철저한 방첩 체제로 인해 쉽게 실태를 파악하지 못했다. 그래도 1년 남짓한 활동 결과 개발에 성공한 것은 IRBM이며, 미국을 직접 공격할 수 있는 능력을 지닌 것은 아니라는 것이 판명되었다.

이 정보를 확인하기 위해 U-2 전략 정찰기가 파견되었으며, 소련 오지에 존재한다는 비밀 기지의 정찰이 실시되었다. 그리고 중앙아시아의 아랄 해 근처에 위치한 바이코누르 기지에 거대한 로켓 발사 장치가 건설되는 모습을 촬영하는데 성공했고, 소문이 진실이라는 것이 증명되었다. 하지만 1950년대 전반부터 ICBM 개발을 진행했던 소련은 1957년 8월, 세계 최초의 ICBM인 R-7 발사에 성공한다.

U-2 같은 정찰기에 의한 항공 정찰은 큰 성과를 올리긴 했지만, 활동에 따른 리스크가 너무나도 컸다. U-2의 활동은 1960년 5월 *파워즈 사건에 의해 세상에 밝혀졌지만, 사실 이것이 U-2를 포함한 정찰기가 처음으로 격추된 사건은 아니었다. 이전에도 소련 영공에서 정찰을 실시했던 몇 기가 격추당하거나 피해를 입었으며, 수많은 승무원이 사망 또는 행방불명이 되었던 것이다.

그래서 큰 위험을 동반하지 않고 정찰 임무를 수행하기 위한 수단으로 정찰 위성 개발이 진행된 것이다.

또, 파워즈의 U-2 추락 사건으로 대표되는 것처럼, 유인 정찰기에 의한 정찰 비행은 높

※ICBM = Inter-Continental Ballistic Missile의 약자. ※IRBM = Intermediate-Range Ballistic Missile의 약자.
※파워즈 사건 = 파키스탄에서 노르웨이에 걸친 소련 영공을 정찰 중이던 U-2가 격추되어 조종 중이던 프랜시스 G 파워즈가 소련 당국에 체포된 사건. P.116 참조.
※영공 침범은 아니었다 = 냉전 시에도 현재에도, 인공위성의 활동을 규제하는 국제법은 성립되지 않는다. 일설에 의하면, 최초에 스푸트니크를 쏘아 올렸던 소련이 영공을 침범했기 때문에, 그 후 미국이 정찰위성을 날려 영공을 침범해도 불만을 표시할 수가 없게 되었다고 한다. 또, 핵병기를 보유한 강대국인 미국·소련 양쪽이 상대국을 상공에서 감시할 수 있는 유일한 수단으로서 인공위성을 이용한 정찰 활동을 묵인한 것도 영향이 있었다.

Reconnaissance Satellite

리처드 M. 비젤

1950년대 미국이 소련의 위협에 대항하기 위해 만들어 낸 U-2 고고도 전략 정찰기와 그 뒤를 이은 인공위성 정찰 시스템의 개발은, 당시 CIA 계획 본부장이었던 비젤이 강력히 추진한 것이었다. 그 자신은 첩보 활동이나 군대에서의 경험은 없었으나, CIA 첩보 활동의 근대화를 꾀해 과학 기술에 의한 새로운 활동을 목표로 했다. 예일 대학에서 경제학을 전공했으며, *마셜 플랜을 기획한 것으로도 알려져 있다.

··

은 해상도를 지닌 사진을 촬영할 수는 있었으나 영공 침범이라는 국제법을 명백히 위반하는 활동이었다. 유인 정찰기의 활동은 양질의 정보를 얻을 수 있었지만, 자칫하면 인적 손실은 물론 국제 문제까지 일으킬 우려가 있는 양날의 검이기도 했던 것이다.

하지만 인공위성을 사용하면 그런 문제는 일어나지 않는다. 해상도가 높은 사진을 촬영할 수 있는 데다, 위성궤도와 같은 초고고도에서는 *영공 침범이 성립되지 않기 때문이다.

미국에서는 소련이 세계 최초의 인공위성 발사에 성공하기 2년 전인 1955년, 공군과 CIA가 인공위성의 정찰 이용을 목표로 한「전략 위성 시스템」을 구상했고, 록히드 사(社)와 인공위성을 실을 아제나(Agena) 로켓의 개발 계약을 맺었다. 이 정찰 위성 자체는 후에 웨폰 시스템 117L(WS117L)이라 불리는 계획의 일환으로 진행되었다. 하지만 당시의 미국에서는 인공위성을 궤도에 올리기 위한 로켓

개발조차 난항을 거듭하고 있었다.

WS117 계획은 디스커버러(사진 정찰 위성 개발 계획), *SAMOS(위성 미사일 감시 시스템), *MIDAS(미사일 방위 경계 시스템. 후에 *DSP 위성으로 발전)으로 이루어져 있으며, 위성에 의한 정찰 활동에 관계가 있던 것은 디스커버러와 SAMOS였다.

참고로 SAMOS는 화상 정찰 위성의 선구자격인 존재로, 촬영한 사진을 위성에서 현상하고, 미국 상공에 왔을 때 TV 시스템을 이용해 전송하는 것이었다. 디스커버러처럼 촬영한 필름을 회수하는 수고를 덜어주는 발상은 좋았으나, 당시의 기술로는 전송 화상이 정보 분석에 쓸 만큼 선명하지는 않았으며, 시스템 자체도 너무 복잡해서 성공하지 못한 채 개발이 중지되고 말았다. 때문에 정찰 임무는 디스커버러가 전담했지만 1960~61년 사이에 5호기까지 발사된 바가 있다.

※SAMOS = Satellite And Missile Observation System의 약자.「세이모스」라고도 읽는다.
※MIDAS = MIssile Defense Alarm System의 약자.
※DSP = Defense Support Program(국방 지원 계획)의 약자. DSP 위성은 탄도 미사일 조기 경계 시스템의 중핵이 되었다.
※마셜 플랜 = 미국 국무 장관 조지 마셜이 1947년 제창했던 유럽 부흥 계획의 통칭.

03. 사진 정찰 위성(2)

필름을 대기권 돌입시켜 회수했다

디스커버러 사진 정찰위성의 개발은 1959년부터 62년까지 행해졌으며, 3년 2개월 동안 *반덴버그 기지에서 38기가 발사되었다. 이 위성은 사진 촬영용 카메라와, 촬영한 필름을 담아 투하되는 회수용 캡슐(캡슐은 감속용 역분사 로켓을 분사하며 대기권에 돌입하고, 그 후 낙하산을 펴고 강하한다)이 실려있었는데, 발사된 위성 중에서 극궤도에 올라 실제로 필름 캡슐 회수에 성공한 것은 1960년 8월 발사된 14호부터로, 38기 중 예정대로 된 것은 12기였다.

디스커버러는 14호의 성공 시점까지 과학 실험 위성이라는 명목으로 발사되고 있었다. 사진 정찰 위성이라는 본래의 임무는 개발에 관여한 관계자에게조차도 일부를 제

외하고는 알려져 있지 않았다. 하지만 이 이후, 그때까지 비밀 명칭이었던 코로나라는 이름으로 불리게 되었으며, 이때부터 정찰 위성에 관한 모든 것을 공군과 CIA가 창설한 *NRO(국립 정찰국)이 맡게 되었다.

디스커버러 사진 정찰 위성 발사에 사용된 소어-아제나(Thor-Agena) 로켓. 1959년~1968년까지 CIA에서 운용한 정찰 위성을 발사할 때 사용되었다. 로켓 자체는 소어 중거리 탄도탄을 기초로 한 1단식 액체 로켓이지만, 정찰 위성 발사를 위해 2단 이후를 추가했다. 사진은 1962년 1월 디스커버러 37호 (코로나 9030)를 발사하는 모습.

※반덴버그 기지 = 미국 캘리포니아 주에 있는 미 공군 기지.
※NRO = National Reconnaissance Office의 약자. 정찰 위성의 종합 운용을 맡는 미국 국방성의 첩보 기관. CIA 등의 첩보기관과도 밀접한 관계가 있다.

●디스커버러 과학 실험 위성

최초로 사진 촬영에 성공한 디스커버러 14호는 1960년 8월 18일에 예정된 궤도에 올랐고, 촬영 후 다음 날인 19일에 회수 캡슐을 투하했다.

❶위성은 극궤도(위성이 북극과 남극의 상공을 통과해 지구를 도는 궤도. 이 궤도를 사용하면 24시간에 한 바퀴를 도는 지구의 자전을 이용해 지구상의 모든 범위를 촬영할 수 있다)를 돌며 촬영. ❷촬영을 마치면 고도 약 180~200km에서 회수 캡슐을 투하. ❸역 분사 로켓으로 감속, 대기권 돌입 이후 캡슐은 2개로 분리. ❹캡슐에서 회수체가 튀어나오고, 고도 약 20~22km에서 낙하산을 폄(낙하산은 감속을 위해 2단으로 되어 있다). ❺고도 약 5km 부근에서 메인 낙하산을 펴고, 회수를 기다림. ❻강하 중인 회수체는 대기 중인 C-119 수송기에 의해 공중에서 회수된다.

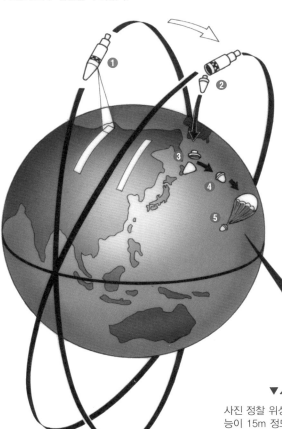

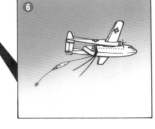

▼사진 정찰 위성 코로나 KH-1

사진 정찰 위성 코로나의 최초 모델인 KH-1. 분해능이 15m 정도의 항공기용 정찰 카메라를 개조해 3대를 탑재했다. KH-1은 10기가 발사되었으며, 이 가운데 촬영·회수에 성공한 것은 4기였다.

04. 사진 정찰 위성(3)

다양한 타입이 있었던 KH 정찰 위성

디스커버러 14호 이후의 사진 정찰 위성은 개발 순서에 따라 *KH라는 코드 명과 번호가 부여되었다. 그 중 코로나 정찰 위성과 소어-아제나 로켓의 조합은 KH-4B까지 계속되었다.

위성에 탑재된 카메라 시스템의 차이로 인해, KH-1은 초기의 항공용 정찰 카메라를 탑재했으며, KH-2는 위성 전용으로 설계

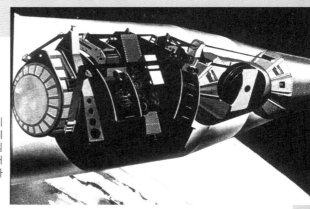

●KH-4B의 J-3형 스테레오 파노라마 카메라 시스템

J-3 형 스테레오 파노라마 카메라 시스템(아래 일러스트의 ❸프레임을 제거한 상태). 프레임은 카메라 시스템을 유지함과 동시에, 정전기로 인해 발생하는 빛이 사진에 찍혀 목표가 사라져버리는 것을 방지했다.

❶필름 카세트 ❷필름 ❸프레임 ❹❼회전대 ❺❽J-3 스테레오 파노라마 카메라 ❻카메라 구동 장치 ❾필름 되감기 릴 (회수 캡슐에 들어 있다) ❿회수 캡슐 ⓫회전대에 고정된 카메라(위성의 동체 주변을 회전 이동하며, 세로 약 160km, 가로 약 190km의 직사각형 형태의 파노라마 사진을 촬영할 수 있었다)

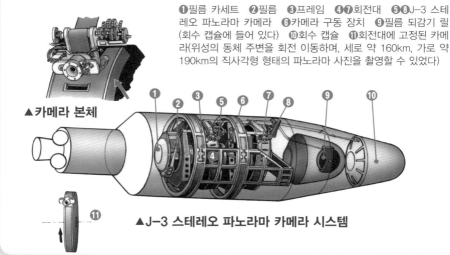

▲카메라 본체

▲J-3 스테레오 파노라마 카메라 시스템

※KH = Key Hole(열쇠 구멍)의 약자. ※J-3 = 초점 거리 600mm, 렌즈 구경 17cm, 2대를 V자형으로 배치했다. 분해능은 1.5m(고도 170km)로, 당연하게도 광역 정찰용이었다.

된 아이텍 사(社)의 파노라마 카메라를 탑재. KH-3은 파노라마 카메라를 개량한 모델이며, KH-4는 초점 거리가 길어지고 대형이 된 파노라마 카메라(M형 뮤럴), KH-4A는 KH-4의

개량형으로 필름 회수 캡슐을 2기, KH-4B는 J-3 스테레오 파노라마 카메라 시스템을 탑재하고 있었다.

코로나 정찰 위성 다음으로는 KH-5(아르곤 : 사진 측량 위성. 소련 전토의 정밀 지도 작성을 위해 측량을 실시), KH-6(레인 야드 : 정밀 사진 정찰 위성. 아이텍 사의 굴절식 망원 카메라를 탑재한 정밀 사진 촬영용 실험 위성), KH-7(갬빗 : 이스트만 코닥 사의 정밀 사진 촬영용 망원 카메라를 탑재. 엄청나게 높은 해상도의 사진을 촬영할 수 있었으며, 사진 정찰 위성의 신화를 만들었다), KH-9까지 발사되었다. 사진은 KH-7로 촬영한 펜타곤(미국 국방성).

●광역 정찰 위성과 비밀 정찰 위성

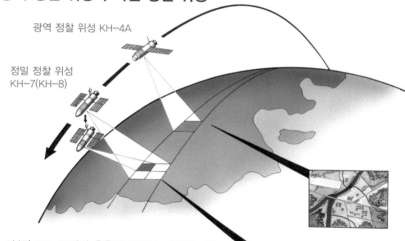

광역 정찰 위성 KH-4A

정밀 정찰 위성 KH-7(KH-8)

KH-1부터 KH-4B까지 운용된 코로나 시리즈는 광역 정찰용 위성으로, 특정 목표를 대상으로 하는 정밀 사진은 촬영할 수 없었다. 본격적인 정밀 사진용 위성은 KH-7이었다. 이스트먼 코닥 사가 개발한 분해능 46cm의 대형 망원 카메라를 탑재하고, 1963년부터 67년에 걸쳐 38기가 발사되었다. 광역 정찰 위성 KH-4A와 정밀 정찰 위성 KH-7은 서로를 보완하는 방식으로 운용되었다. KH-4A로 광범위를 감시하고, 뭔가 이상을 발견하면 KH-7로 세부 사진을 촬영하여 조사했는데, 이 방법은 1966년부터 1970년대에 들어가 KH-9가 등장할 때까지 계속 사용되었다.

05. 사진 정찰 위성(4)

광역 정찰과 정밀 정찰을 수행한 KH-9

제1장 스파이 장비

제2장 정보 수집 기재

제3장 정찰기와 무인기

제4장 스파이 위성

KH 시리즈의 최후가 된 사진 정찰 위성은 퍼킨 엘머 사(社)가 개발한 대구경 반사식 망원 카메라를 탑재한 KH-9 헥사곤(빅 버드)였다. 1979년 소련의 아프간 침공이나 1982년 포클랜드 분쟁을 정찰하고, 정밀한 사진을 촬영해 유명해졌다.

1960년대 초기에 발사된 디스커버러부터 1970년대에 활약했던 KH-9에 이르면서, 사진 정찰 위성은 카메라 기술의 발전으로, KH-8처럼 130km 이상의 고도에서 촬영해도 해상도가 15cm라는 경이적인 사진을 찍을 수 있게 되었다.

하지만 기껏 상세한 사진을 촬영한다 해도, 촬영한 후 필름을 회수, 현상, 분석할 때까지 시간이 많이 걸렸다(최단으로 진행해도 3~4일 정도 걸렸다). 그렇기 때문에, 입수한 사진에서 리얼타임 정보를 얻을 수도 없고, 모처럼 귀중한 정보를 입수한다 해도 시간이 지나버리면 쓸모가 없어져버리는 경우도 많았다.

[상] 1984년 KH-9가 촬영한 구 소련 니콜라예프 조선소. 타이푼급 원자력 잠수함이 찍혀 있다.
[하] 미 공군의 국립 박물관에 전시되어 있는 KH-9의 회전 드럼식 반사 망원 카메라.

●KH-9A 헥사곤(빅 버드)

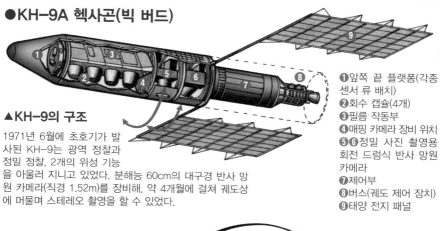

❶앞쪽 끝 플랫폼(각종 센서 류 배치)
❷회수 캡슐(4개)
❸필름 작동부
❹매핑 카메라 장비 위치
❺❻정밀 사진 촬영용 회전 드럼식 반사 망원 카메라
❼제어부
❽버스(궤도 제어 장치)
❾태양 전지 패널

▲KH-9의 구조

1971년 6월에 초호기가 발사된 KH-9는 광역 정찰과 정밀 정찰, 2개의 위성 기능을 아울러 지니고 있었다. 분해능 60cm의 대구경 반사 망원 카메라(직경 1.52m)를 장비해, 약 4개월에 걸쳐 궤도상에 머물며 스테레오 촬영을 할 수 있었다.

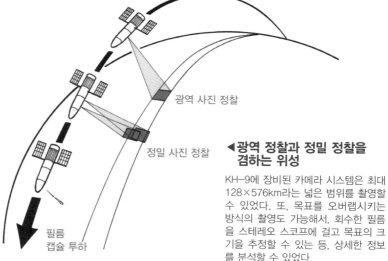

광역 사진 정찰

정밀 사진 정찰

필름 캡슐 투하

◀광역 정찰과 정밀 정찰을 겸하는 위성

KH-9에 장비된 카메라 시스템은 최대 128×576km라는 넓은 범위를 촬영할 수 있었다. 또, 목표를 오버랩시키는 방식의 촬영도 가능해서, 회수한 필름을 스테레오 스코프에 걸고 목표의 크기을 추정할 수 있는 등, 상세한 정보를 분석할 수 있었다.

▼반사 망원 카메라

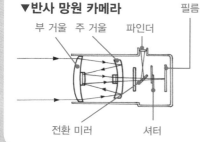

부 거울   주 거울   파인더   필름

전환 미러   셔터

렌즈는 초점거리(렌즈의 중심에서 초점까지의 거리)가 긴 것일수록 큰 화상을 만들 수 있기 때문에, 멀리 있는 물체를 찍고 싶을 때는 초점거리가 긴 렌즈가 사용된다. 하지만 초점거리를 길게 하면 렌즈 전체의 길이가 길어져 버리기 때문에, 실용적이라 할 수 없었다. 때문에 초점 거리를 길게 하면서도 렌즈의 전체 길이를 짧게 하는 망원 렌즈, 그 중에서도 오목, 볼록 2장의 구면 거울을 사용해 광선속을 꺾어 동일 공간을 왕복시키는 반사 망원 렌즈는 전장을 짧게 하고 콤팩트하게 만들 수 있었다.

06. 화상 전송 정찰 위성(1)

촬영한 화상을 한 시라도 빨리 보는 방법

제1장 스파이 장비

제2장 정보 수집 기재

제3장 정찰기와 무인기

제4장 스파이 위성

1970년대 초반, 사진 정찰 위성이 크게 발달하면서, 미국은 겨우 십 여 cm라는 높은 해상도의 사진을 촬영할 수 있게 되었다. 하지만 아무리 정밀한 사진을 촬영하고 거기에 귀중한 정보가 찍혀 있다 해도, 촬영한 후 NRO(국립 정찰국)가 실제로 사진을 입수하기까지 시간이 걸린다면 아무런 쓸모가 없다. 촬영한 필름을 회수 캡슐에 담아 우주 공간에서 투하, 회수하여 현상하는 방식으로는 실제로 사진을 입수해 분석할 수 있을 때까지 1주일 정도가 걸렸다. 이후 캡슐 회수 방법을 개선하긴 했지만, 그럼에도 불구하고 여전히 최소 3~4일의 시간이 필요했다.

이런 와중에 시간 단축의 필요성을 통감하게 하는 사건이 차례로 일어났다. 1968년 8월에 있었던 체코슬로바키아의 민주화 운동, 「프라하의 봄」과 이를 진압하기 위한 소련군의 개입, 그리고 1973년에 이집트와 시리아의 이스라엘 급습으로 발발한 제4차 중동 전쟁이 바로 그것이었다.. 이러한 급변 사태에 대응하기 위해 NRO에서는 정찰 위성으로 몇 번이고 사진을 촬영했다. 특히 제4차 중동 전쟁 때 찍은 사진에는 이집트, 시리아 군의 동향이 확실하게 찍혀 있었으나, NRO가 사진을 입수한 것은 전쟁이 다 끝난 후의 일이었다. 이러한 일을 계기로 미국은 화상을 전송할 수 있는 정찰 위성 개발에 박차를 가하게 되었다.

1977년 1월, 워싱턴에서는 지미 카터 대통령 취임식이 개최되었는데, 이 즈음 NRO에서도 기념해야 할 일이 일어났다. 정찰 위성의 화상 전송에 성공한 것이었다. 이때 보낸 화상은 초기에 시험했던 TV 방식의 화상이 아니었는데, 정찰 위성에서 촬영한 모노크롬 화상을 구성하는 화소의 흑, 백, 회색라는 색의 농도를 숫자로 변환(화상의 디지털화)해 전송하고, 그걸 수신한 NRO의 현상 컴퓨터가 막대한 수의 숫자를 다시금 화소의 농도로 변환해 모노크롬 화상을 만들어내는 방식이었다. 이렇게 완성된 화상은 놀랍도록 선명하고 높은 해상도를 지니고 있었으며, 위성이 촬영한 화상을 입수하는 데까지 불과 몇 분밖에 걸리지 않았다. 또, 이 화상 전송 방식은 전송하는 숫자를 암호화하면 설령 적이 전파를 방수한다 해도 해독(당시 미국의 가상 적국이었던 소련이 해독할 수 있는 컴퓨터를 지니고 있었을 때의 얘기지만)하는 것이 불가능하다는 이점도 있었다..

이 화상 전송에 성공한 위성은 바로 1976년 12월에 반덴버그 기지에서 발사된 KH-11 케넨(kennen)이었다.

타이탄 ⅢD 로켓에 탑재된 KH-11은 극궤도에 대해 경사 97도, 300×500km의 궤도에 올라 있었는데, 이 위성이 화상을 디지털화해 전송하는 것에 성공한 이유로는, CCD 소자(개체 촬영 소자)와 반도체 기술 향상에 의해 제조가 가능해진 초소형 정밀 회로를 들 수 있다. 1980년대의 기술 혁신 후 경이

적인 속도로 발전한 반도체와 CCD 기술에
비하면 원시적이었지만, 당시로서는 최신 기
술이었다. 무엇보다 CCD는 1970년 국제 전
기 전자 학회에서 처음 등장했던 것으로(이
시점에서는 실용화하겠다는 목표조차 세워
지지 않았었다), 미국은 겨우 6년 정도 만에
당시의 아날로그 기술로 실용화에 성공, 정
찰 위성에 탑재했던 것이다.

SECRETARIAT PRESIDENTIAL, IRAQ

1998년 12월에 실시된 사막의 여우 작전에서, 발사된 미사일의 전과 확인을 위해 KH-11이 촬영한 이라크 군
시설의 사진. 이 작전은 대량 파괴 병기를 은폐하고 있는 것으로 보이는 이라크가 UN 사찰단을 받아들이길 거
부한 것에 대해, 미국과 영국이 토마호크 및 AGM-86C ALCM(공중 발사 순항 미사일)로 폭격을 실행한 것이
다. 화상 정찰 위성은 리얼타임으로 화상 정보 수집이 가능했다.

07. 화상 전송 정찰 위성(2)

현상한 필름을 촬영해 송신한다

제1장 스파이 장비

제2장 정보 수집 기재

제3장 정찰기와 무인기

제4장 스파이 위성

당시까지의 사진 정찰 위성이 지닌 결함이었던, 사진 회수부터 분석까지 생기는 타임 로스를 줄이기 위해 개발된 것이 화상 전송 정찰 위성이다. 최초의 SAMOS(위성 및 미사일 감시 시스템)는 디스커버러와 마찬가지로 WS117 계획(미 공군의 정찰 방위 계획)으로 개발이 시작된 스파이 위성이다. 사모스는 1960년 10월부터 1962년 11월까지 모든 발사가 캘리포니아 주의 반덴버그 공군 기지에서 행해졌다(1973년까지 11회 발사되었다고 하는데, 자세한 내용은 기밀 사항으로 되어 있다).

발사된 사모스에는 최소한 4종류의 타입이 다른 카메라가 탑재되어 있었다고 하며, 능력만으로 2세대로 분류할 수 있다고 한다. 또, 발사된 위성 중 일부는 전자 통신을 탐지하는 *페릿 장치를 탑재해 SIGINT 임무도 수행했다.

사모스는 아틀러스, 아제나 A/B, 타이탄Ⅲ B 로켓에 탑재되어 발사됐다. 사진은 아틀라스 로켓에 탑재되어 발사되는 사모스.

※페릿 장치 = 전자 통신을 방수하여 정보를 「찾아내고 캐내는」 장치(현대의 SIGINT용 기재를 말한다).

●초기의 화상 전송 정찰 위성

▼내부 배치 상상도

귀찮은 필름 회수를 하지 않아도 촬영한 사진을 볼 수 있는 것이 화상 전송 위성이었다. 내부는 버스(궤도 보정용 로켓 장치부), 촬영용 카메라와 현상부, 필름 스캔과 화상 전송용 TV 송신 장치로 구성되어 있다. 촬영 시에는 위성의 끝부분을 아래로 해 카메라가 목표를 향하게 만들었다.

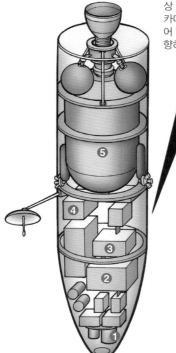

▼필름/TV 전송 병용 시스템

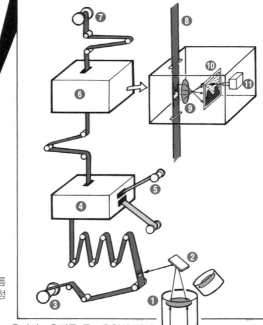

❶카메라 부 ❷필름 현상부 ❸필름 스캔 부 ❹화상 전송부 ❺궤도 보정용 로켓 장치부

❶카메라 렌즈(광각 렌즈와 망원 렌즈) ❷미러 ❸필름 롤 ❹현상 장치와 건조기 ❺현상 웹 ❻스캐너 ❼필름 되감기 릴 ❽필름 ❾촬상 렌즈 ❿광전면 ⓫전자총

▼SAMOS 계획

이 정찰 위성은 극주회 저궤도로 돌면서 필름식 카메라로 촬영하며, 위성에서 필름을 현상한 다음, 현상한 필름을 모노크롬 TV 장치로 촬영하여 미국 상공에 도달했을 때 지상국으로 송신하는 방식이었다. 하지만 당시의 TV 기술로는 화질이 너무 나빴고, 도저히 정보 분석용으로는 사용할 수 없었다. 그렇기 때문에 1963년 단계에 계획의 중요성을 잃고 말았다.

08. 화상 전송 정찰 위성(3)

본격적인 화상 전송이 가능해진 KH-11

1976년 12월에 발사된 KH-11 초호기는 미국이 보유한 최초의 본격적인 화상 전송 정찰 위성이 되었다. 반사식 망원 카메라에 의해 촬영된 화상은 CCD를 이용해 전기 신호로 변환되어, 지상의 수신국으로 전송된

다. 엄청난 고가의 위성이기 때문에, 궤도 수정용 버스(Spacecraft Bus)에 의해 고도를 유지하며, 약 3년의 수명을 지녔다. 1998년까지 8기가 발사되었다.

▼KH-11의 반사식 망원 카메라의 구조

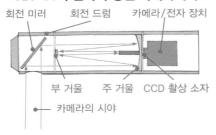

회전 미러   회전 드럼   카메라/전자 장치
부 거울   주 거울   CCD 촬상 소자
카메라의 시야

KH-11의 반사식 망원 카메라는 카세그레인 식이다. 광학 기기의 대표라 할 수 있는 천체 망원경은 크게 *굴절식과 *반사식이 있다. 굴절 망원경을 대표하는 것은 갈릴레오 식과 케플러 식. 한편, 반사 방원경을 대표하는 것은 뉴턴 식과 카세그레인 식이다. 카세그레인 식은 조정이 어렵지만, 높은 분해능을 얻을 수 있기 때문에 구경 30cm 이상의 망원경에 자주 쓰인다. KH-11은 망원경의 접안 렌즈 부분에 CCD 촬상 소자와 카메라를 장착했다.

▼AFP-731 스텔스 이콘(KH-12)

KH-11의 능력을 개량해 대형화한 것이 KH-12로, 더욱 우수한 품질의 화상을 얻을 수 있었으나 크기가 커진 만큼 지상에서 발견되기도 쉬워졌다. 때문에 지상에서의 레이저 조사 공격으로 CCD가 파괴되지 않도록(CCD는 레이저 등의 강력한 빛에 약하다) 스텔스 화를 시도한 것이 스텔스 이콘이다. 레이더 탐지를 막기 위해 외피에 레이더 흡수재를 사용하고, 전체를 검게 칠하는 등 시인성을 낮게 했다. 고도 800km의 궤도상을 돌며, 스타라이트 스코프를 이용한 야간 정찰도 가능하다고 한다.

※굴절 망원경 = 대물 렌즈를 통해 모은 빛의 상을 접안 렌즈로 확대해 보는 구조의 망원경.
※반사 망원경 = 오목 거울의 표면을 도금한 주 거울에 빛을 반사시켜 상을 맺는 구조의 망원경. 초점 거리가 긴 렌즈를 사용한 대구경 망원경이라도 콤팩트하게 만들 수 있기 때문에, 대구경 망원경은 대부분 이 방식이 쓰인다.

●천체 망원경의 종류

◄굴절식
천체 망원경

◄반사식
천체 망원경

《카세그레인 식》

빛
주 거울
접안 렌즈
부 거울
초점

《케플러 식》

대물 렌즈
빛
접안 렌즈

《갈릴레오 식》

빛 대물 렌즈
접안 렌즈

《뉴튼 식》

빛
주 거울
대각선 거울
접안 렌즈
초점

●화상 전송 정찰 위성 KH-11
(케넨/크리스탈)

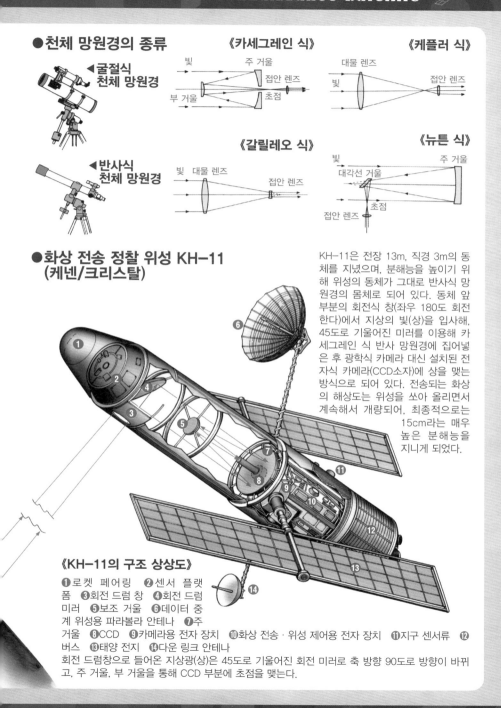

KH-11은 전장 13m, 직경 3m의 동체를 지녔으며, 분해능을 높이기 위해 위성의 동체가 그대로 반사식 망원경의 몸체로 되어 있다. 동체 앞부분의 회전식 창(좌우 180도 회전한다)에서 지상의 빛(상)을 입사해, 45도로 기울어진 미러를 이용해 카세그레인 식 반사 망원경에 집어넣은 후 광학식 카메라 대신 설치된 전자식 카메라(CCD소자)에 상을 맺는 방식으로 되어 있다. 전송되는 화상의 해상도는 위성을 쏘아 올리면서 계속해서 개량되어, 최종적으로는 15cm라는 매우 높은 분해능을 지니게 되었다.

《KH-11의 구조 상상도》

❶로켓 페어링 ❷센서 플랫폼 ❸회전 드럼 창 ❹회전 드럼 미러 ❺보조 거울 ❻데이터 중계 위성용 파라볼라 안테나 ❼주 거울 ❽CCD ❾카메라용 전자 장치 ❿화상 전송·위성 제어용 전자 장치 ⓫지구 센서류 ⓬버스 ⓭태양 전지 ⓮다운 링크 안테나

회전 드럼창으로 들어온 지상광(상)은 45도로 기울어진 회전 미러로 축 방향 90도로 방향이 바뀌고, 주 거울, 부 거울을 통해 CCD 부분에 초점을 맺는다.

09. 망원경의 성능

망원경의 분해능이란 무엇을 의미하는가

망원경은 멀리 있는 물건을 크게 보기 위한 도구이다. 말하자면 렌즈를 통해 배율을 높여 대상물을 본다는 뜻이다. 육안으로 봤을 때보다 대상물을 더 크게 보기 위해, 망원경은 *대물 렌즈로 멀리 있는 물체의 빛을 초점에 모으고, 초점에 맺힌 상을 접안 렌즈로 더욱 확대한다. 실제로 망원경은 대물 렌즈가 1장이 아니라 여러 장의 렌즈가 조합되어 있지만, 그것은 상을 좀 더 뚜렷하게 하거나 밝게 하기 위한 것으로, 원리적으로는 몇 장을 조합한다 해도 대물 렌즈 하나로 취급한다. 몇 장의 렌즈를 겹친다 해도 그것과 마찬가지 크기의 상을 만드는 1장의 대물 렌즈의 초점거리와 똑같은데, 이것을 등가초점거리라고 한다. 또, 대물 렌즈의 초점에 맺히는 상 크기는 초점거리와 비례하며, 초점거리가 길수록 크게 보이게 된다.

하지만 망원경은 물체가 그냥 크게 보이기만 하면 되는 것은 아니다. 물체의 세부까지 확실히 알아볼 수 있지 않으면 소용이 없다. 망원경의 성능을 나타낼 때「분해능」이라는 말이 사용되는데, 분해능이란 세부까지 확실하게 구별할 수 있는 능력을 말한다. 좀 더 자세히 말하자면, 멀리 있는 물체를 보았을 때, 가까운 거리라면 접근해 있는 2개의 물체도 간단히 구별할 수 있지만, 멀리 있는 2개의 물체를 구별하는 데는 어느 정도 한계가 있다. 망원경을 통해 물체를 보는 경우도 마찬가지로, 어느 정도까지 접근한 2개의

물체를 구별할 수 있는지를 나타내는 것이 분해능이다. 어느 망원경의 분해능이 10cm라면, 그 망원경의 최고 유효 배율에 가까운 고배율로 10cm까지 접근한 2개의 물체를 구별할 수 있다는 것을 의미한다. 따라서 10cm보다 큰 물체라면 형태를 쉽게 식별할 수 있는 것이다. 일반적으로 망원경은 구경이 큰 것일수록 분해능이 높아진다. 또, 망원경의 분해능(θ)은 $\theta=1.22*\lambda/*D$, 천체망원경은 $\theta=116"/D$로 구해지며(116"는 각도 116초, D는 구경을 나타낸다), 2점을 구별할 수 있는 최소 각도로 표시된다.

또, 최고 유효 배율이란 망원경을 통해 물체를 봤을 때, 렌즈를 통해 보이는 물체의 상을 확인할 수 있는 실용적인 배율의 최고치를 말한다. 이것은 망원경의 렌즈 구경을 mm단위로 표시한 수치의 2배 정도이다. 예를 들어 대물 렌즈의 구경이 100mm인 망원경이라면, 최고 유효 배율은 100mm× 2=200으로, 200배가 된다.

망원경을 볼 때, 사진❶
처럼 보였다고 하자. 그
리고 망원경의 배율을 올
리면 사진❷처럼 보이는
데, 흐릿해지기 때문에
정보를 별로 얻을 수 없
다. 하지만 사진❶보다도
샤프하게 보이면, 사진❸
처럼 지형 등 더욱 세밀
한 정보를 얻을 수 있다.
여기서 말하는 샤프함이
망원경의 분해능이다.

❷

사진❶의
배율을 높인다

사진❶에
샤프 효과를 준다

❸

※대물 렌즈 = 굴절 망원경의
경우(반사 망원경에서는 주 거
울이다).
※λ = 빛의 파장.
※D = 대물 렌즈의 구경(직경).

10. 망원 카메라의 성능

그러면 해상도란 무엇을 의미하는가

정찰 위성이 탑재하는 망원 카메라(망원경과 카메라를 조합한 것)가 지상의 물체를 촬영할 때 문제가 되는 것이 *해상도이다. 이것은 「지상에 있는 물체를 어느 정도 크기까지 식별할 수 있는가」를 나타내는 능력이다. 카메라가 촬영하는 것은 망원경을 통해 만들어진 상이며, 망원경의 분해능이 높다 해도 사진이 얼마나 선명하게 찍히는지는 해상도에 달려 있다.

사진의 해상도를 높이려면(촬영하는 필름 성능도 영향을 미치지만, 그걸 무시할 경우), 이론 상으로는 렌즈의 초점거리를 길게 하면 된다. 카메라에 쓰이는 대물 렌즈는 초점거리의 길이로 상의 크기나 위치를 바꿀 수 있으며, 초점거리가 길수록 큰 상을 만들 수 있다. 다르게 말하면 렌즈의 구경을 크게 하면 된다.

예를 들어 정찰 위성의 망원카메라의 초점거리를 10m라고 하면, 해상도는 0.1m가 된다. 고도 200km 상공에서 길이 10cm의 물

●해상도를 수식으로 나타내면

위성의 고도가 같다면, 해상도는 탑재하는 망원 카메라 렌즈의 초점거리에 달려 있다. 초점거리가 길수록(구경이 클수록) 해상도가 높아며(해상도의 계산식으로 나오는 수치는 작아진다), 찍을 수 있는 최소 크기도 작아진다.
a: 물체에서 렌즈까지의 거리(정찰위성의 고도)
f: 렌즈의 초점거리(정찰 위성에 탑재된 망원 카메라의 렌즈를 이론 상 1장의 렌즈로 본다. 따라서 여기서는 렌즈 1장의 초점거리를 f라 한다)
b: 렌즈부터 상까지의 거리
d: 상의 크기
S: 촬영하는 물체의 실제 크기
R: 필름의 해상력(카메라를 통해 필름 위. 가로세로 1mm 구역에 찍을 수 있는 선 숫자로 표시된다. 수식적으로는 R=1000÷d의 근사치이다)
이처럼 각 문자의 의미를 정의하면, 각각의 문자 사이에는 다음(오른쪽의 대사)과 같은 관계가 성립한다.

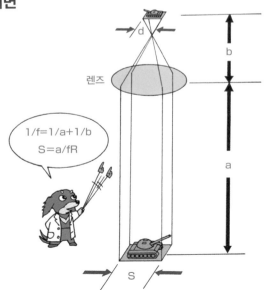

$$1/f=1/a+1/b$$
$$S=a/fR$$

※그림은 해상도의 수식화를 직감적으로 이미지할 수 있도록 나타낸 것. f(렌즈의 초점거리)를 넣으면 그림이 무척 복잡해지기 때문에, 이 그림에는 집어넣지 않았다.

건까지 판별할 수 있다는 말이다. 따라서 정찰 위성의 경우, 궤도 고도가 동일하다면 탑재하는 카메라의 망원경 구경을 크게 하면 된다.

단순히 말하면 렌즈 구경이 2배가 되면 해상도도 2배가 된다(망원경의 분해능이 2배가 된다). 정찰 위성의 망원 카메라가 대구경 렌즈를 사용한 반사 망원식인 것은 이 때문이다. 반사식이라면 초점거리가 긴 대구경 렌즈를 사용해도 전체를 콤팩트하게 만들 수 있기 때문이다.

하지만 렌즈 구경을 크게 한다고 해서 무조건 해상도가 높은 사진을 얻을 수 있는 것은 아니다. 지구를 둘러싼 대기나 온도, 습도 차이 등으로 인해 밀도가 균일하지 않으며, 이로 인해 대기를 통과하는 빛의 굴절율이 장소에 따라 미묘하게 달라진다(밤하늘의 별이 반짝이는 것처럼 보이는 것도 바로 이 때문이다).

천체 망원경에는 대기의 영향으로 별이 흔들리게 보이는 시상 효과(seeing effect)가 발생하는데, 정찰 위성이 공중에서 지상을 봤을 때도 마찬가지로 시상 효과가 발생한다. 때문에 하늘이 맑아 상당히 조건이 좋을 때에도, 해상도(또는 분해능)는 *10~15cm 정도가 한계이다.

또, 대구경 렌즈가 달린 망원 카메라를 탑재한다는 것은 위성의 크기나 중량, 심지어 비용까지 증가시키고 만다. 그렇지 않아도 정밀한 인공위성은 제작에 많은 비용이 드는데, 단순히 렌즈 구경을 크게 하는 것만으로도 제작 비용은 무서울 정도로 상승하게 된다. 또한 위성을 발사하는 데에도 *막대한 돈이 든다.

사진 ❶~❹는 해상도에 따라 촬영 결과물이 어떻게 달라지는 지를 보여주는 위성 사진. 각각 최대로 확대한 사진으로, ❶은 해상도 10cm, ❷는 해상도 50cm, ❸은 해상도 1m, ❹는 해상도 5m. 해상도 10cm에서는 자동차의 차종 식별까지 가능하지만, 해상도 5m가 되면 각각의 건물을 식별하는 것조차 어렵다는 것을 알 수 있다. 또, 정찰 위성의 사진 촬영에 사용되는 카메라의 필름은 모노크롬(초미립자의 감광제를 사용한 것)이다. 컬러 필름을 이용하면 색으로 속이거나, 필름의 입자가 크기 때문에 해상도가 떨어지기도 하기에 사진 판별에는 사용할 수 없기 때문이다.

※해상도 = 분해능과 비슷한 의미로 사용되는 말이지만, 여기서는 망원경의 성능을 나타내는 것은 분해능, 카메라(또는 카메라로 촬영한 사진)의 성능에는 해상도라는 용어를 사용한다.
※10~15cm가 한계 = 가장 해상도가 높은 사진 정찰 위성도 이 정도라고 하는데, 이 정도 해상도라면 사진으로 전차나 차량의 차종을 식별할 수 있다. 전차라면 T-72인지 T-80인지, 자동차라면 크라운인지 아니면 세드릭인지 같은 식별은 간단하다.
※막대한 돈이 든다 = 인공위성 발사 비용은 그램당 6만 달러 정도라고 한다.

11. 전자식 카메라의 성능

정찰 위성도 아날로그에서 디지털로

제1장 스파이 장비

제2장 정보 수집 기재

제3장 정찰기와 무인기

제4장 스파이 위성

사진 등 2차원 아날로그 화상은, 예를 들면 모노크롬 사진이 미세한 입자들의 명암(농담)으로 표시되는 것처럼, 농도나 도트의 강약, 크기 등으로 화상을 표현하며, 컬러 사진의 경우는 여기에 색 정보가 추가된다. 이러한 입자 같은 최소 단위가 모여 화상이 만들어지는데 그것을 화소라 한다. 기본적으로 화소는 화상을 구성하는 정보이기 때문에, 많을수록 화상이 세밀하고 정밀해진다.

한편, 전자식 카메라와 컴퓨터를 통해 얻을 수 있는 디지털 화상은 화소가 수치로 표시된다. 디지털 화상의 화소란, 하나의 화면에 모눈종이 같은 격자를 치고 세밀하게 분할한 것이라 생각하면 된다. 격자로 분할된 것들 하나하나가 화상을 구성하는 기본이 되는 화소이다. 예를 들어 세로 8cm, 가로 12cm의 사진에 눈금 1mm짜리 모눈종이를 씌우면 세로 80, 가로 120으로 나뉘어 화소 수는 120×80이 된다. 결과물인 화상은 화소 수가 많을수록 선명해진다. 각각의 화소의 밝기를 측정하고, 화소의 밝기에 따라 *256단계(계조)로 할당한다. 그리고 할당한 것들 중 가장 밝은 흰색을 255, 가장 어두운 검은 색을 0이 되도록 정수로 표시한 것이 화소의 수치이다. 화상을 수치로 나타내는 것은, 정찰 위성이 촬영한 화상을 전송할 때 정보를 수치로 보내며, 수신한 수치를 컴퓨터가 화상으로 재현하기 때문이다.

정밀한 화상을 얻으려면 화소가 세밀할수록 좋지만, 실제로는 적은 쪽이 화상의 전송, 처리, 출력이나 보존 등이 훨씬 수월하다. 세밀해진 만큼, 데이터양이 비약적으로 늘어나 컴퓨터의 계산에 시간이 걸리기 때문이다. 현대의 화상 정찰 위성이 보내는 수백만 이상의 화소를 다루려면, 연산 속도가 빠르고 막대한 데이터를 처리할 수 있는 슈퍼컴퓨터가 반드시 필요하다.

또, 취급하는 화상이 모노크롬이라면 전술한 것처럼 밝기(농담) 정보만 있으면 되지만, 컬러일 경우에는 더 많은 정보가 필요해진다. 위성이 촬영해 송신하는 화상이 컬러일 경우, 청, 녹, 적의 3원색의 색정보로 휘도, 채도 등을 표시하는 신호를 보내야만 재현할 수 있기 때문이다.

필름을 회수하는 방식의 광학식 정찰 위성과 비교했을 때, 같은 광학식이라 해도 1980년대 이후에는 카메라의 화상을 전송하는 방식이 훨씬 발달했다.

어떤 방식을 쓴다 해도, 카메라의 렌즈를 통해 목표를 포착하는 것은 마찬가지로, 그 상을 필름에 기록할 것인지, CCD를 통해 주사해 화상 전송할 것인지의 차이일 뿐이다.

같은 구경의 렌즈를 통과한 상을 직접 기록한 필름과, 상을 주사해 전송시킨 전자 화

※256단계로 할당한다 = 이 조작을 양자화라고 하며, 단계에 할당한 숫자를 계조수라고 한다. 프린트 등에 가장 많이 쓰이는 RGB 컬러 화상은 R(적), G(녹), B(청)가 각각 256 계조를 지니고 있으며, 각각의 색의 계조를 조합해 색을 만든다.

상을 비교하면, 전자 쪽이 해상도가 높고 선명하다. CCD 소자의 수를 늘려 해상도를 높이면 필름 못지 않은 화상을 얻을 수 있었다. 하지만 고도 200km 궤도상에 있는 정찰 위성이 지표면을 10km 폭으로 주사해 10~15cm 정도의 해상도를 지닌 화상을 얻으려면, 10만 개 이상의 화소(CCD 소자의 수)를 면 상태로 배치한 CCD가 필요했다. 이것은 CCD가 출현한 1970년대의 기술로는 불가능한 일이었다.

1980년대 후반에 크게 발달한 초 *LSI(대규모 집적 회로) 제조 기술은 1평방cm 당 244만개의 화소를 지닌 CCD를 만들 수 있게 되었다(대형 CCD는 화소 수가 더욱 많다). 이로 인해 전자식 카메라의 성능은 경이적으로 향상되었다.

전자식 카메라로 촬영된 디지털 화상은 컴퓨터 처리하면 더욱 선명한 화상이 된다. 디지털 화상은 원본의 정보가 부족하다 해도, 컴퓨터로 정보를 보완할 수 있다. 예를 들어 해상도가 10cm인 정찰 위성의 화상은, 찍혀 있는 차의 차종은 판별할 수 있지만 번호판까지 읽을 수는 없다. 이럴 때 컴퓨터로 정보를 부가한다면, 번호판을 읽을 수 있을 때도 있다. 또, 최근의 위성은 스테레오 촬영이 가능하기 때문에, 컴퓨터 처리에 의해 입체 화상을 만드는 것도 가능하다. 이러한 이점이 있기 때문에, 정찰 위성에서는 화상 전송식이 크게 발달한 것이다. 디지털 화상은 종래의 아날로그 화상처럼 사진이나 TV 같은 광학 화상과 전자 화상의 구별 없이 컴퓨터에서 다루며, 레이더로 얻은 전파 정보로도 화상을 만들 수 있다.

미 공군의 DMSP(방위 기상 위성 계획)로 발사된 DMSP 5D-2. 1982년~1997년까지 9기가 발사되었으며, 현재도 운용되고 있다. 당초 DMSP는 *코로나 등의 사진 정찰 위성을 적외선 카메라로 보완하는 위성으로서 군사 기밀로 취급되었으나, 1972년 기밀이 해제되어 데이터의 민간 이용이 가능해졌다. 현재는 가시광선 및 적외선 카메라 등의 관측 기재(CCD를 이용한 관측 기재)가 탑재되어, 기상 관측에 쓰인다.

※LSI = Large-Scale Integration의 약자. ※DMSP = Defense Meteorological Satellite Program의 약자.
※코로나 = KH-4 위성부터 붙게 된 시리즈 명칭으로, 이전 모델인 KH-1, KH-2, KH-3도 여기에 편입되었다.

12. 멀티 스펙트럼 화상

복수의 관측 정보를 디지털 화상으로 만든다

제1장 스파이 장비

제2장 정보 수집 기재

제3장 정찰기와 무인기

제4장 스파이 위성

인공위성이나 항공기가 촬영한 화상에는 *가시화상과 적외화상이 있다. 가시화상은 인간이 볼 수 있는 전자파(가시광 범위)의 반사를 관측한 것이다. 태양에서 도달한 빛(가시광)은 지구상의 다양한 것들에 반사·산란되며, 인간은 그것을 풍경으로 보게 된다. 따라서 태양광이 없으면 캄캄한 어둠이라 아무것도 보이지 않는다.

한편, 적외화상은 지구상의 다양한 물체가 발하는 적외광(열) 범위의 전자파를 관측한 것이다. 적외광이므로 주야간이나 날씨와 관계없이(태양빛이 없는 상태라 해도) 24시간 관측이 가능하다는 이점이 있다. 당연히, 가시화상과 적외화상이 완전히 같은 정보를 얻을 수 있는 것은 아니다.

U-2S나 *ORS-1 위성에 탑재되어 있는 SYERS-2(멀티 스펙트럼 이미저)는 멀티 스펙트럼 화상을 촬영하기 위한 센서 장치다. 멀티 스펙트럼 화상이란 적외선을 사용한 화상의 하나다. 특정 파장대의 전자파만 관측하는 복수의 센서를 조합, 복수 파장대의 정보를 모으는 것이 멀티 스펙트럼 센서로, 이러한 관측 정보를 디지털화하여 화상으로 만든 것이 멀티 스펙트럼 화상이다.

적외선은 인간의 눈으로는 볼 수 없는 빛이며, 가시광의 적색보다 파장이 길고, 밀리파장의 전파보다 파장이 짧은 전자파다. 대역에 따라 *NIR(근적외선: 이미지 인텐시파

ORS-1(USA-231이라고도 불린다)은 미국 국방성의 정찰위성으로, 2011년 발사되었다. 미 공군이 운용하며, 위성은 극궤도를 돌며 300km의 궤도상에서 탑재한 멀티 스펙트럼 이미저 SYERS-2로 동남 아시아의 화상 정보를 수집한다. 일러스트는 미 공군이 발표한 ORS-1의 이미지 화상.

※가시화상과 적외화상 = 기상 위성 등은 적외화상의 일부인 수증기 화상(대기 중의 수증기와 구름의 적외 방사)도 관측한다.
※ORS-1 = Operationally Responsive Space-1의 약자.　※SYERS-2 = Senior Year Electro-optical Reconnaissance System-2의 약자.

이어 등의 암시 장치 사용), *SWIR(단파장 적외선), *MWIR(중간파장 적외선: 미사일 유도 등에 사용), *LWIR 및 *TIR(장파장 적외선 및 열적외선: 인체 등의 열화상에 사용), *FIR(원적외선)으로 분류된다. 복수의 대역의 원적외선을 사용하면 교묘히 위장된 지표상의 물체도 주변과 다른 적외선을 발하기 때문에 간단히 식별할 수 있다.

SYERS-2는 *MSI 카메라를 사용해 녹색 및 적색 가시광, 팬크로매틱(가시광의 대부분을 감지하고 흰색부터 검은색까지의 그레이 스케일로 표시. 화상은 모노크롬이 된다. 적외선을 이용한 멀티 스펙트럼 화상보다도 분해능이 높다), NIR, SWIR1, SWIR2, MWIR 등 7개의 센서로 각각의 파장대의 전자파 정보를 관측하며, 팬크로매틱 화상이나 멀티 스펙트럼 화상을 만든다.

또, 멀티 스펙트럼 화상은 각 파장대의 화상에 적, 녹, 청의 색을 할당함으로써, 인간의 눈에 보이는 것과 똑같은 트루 컬러 화상이나 현실적이지 않게 착색한 펄스 컬러 화상(예를 들면 식물을 붉은 색으로 강조한 듯한 화상) 표시가 가능하다. 멀티 스펙트럼 화상은 컬러로 표시할 수 있기 때문에, 군용 이외에도 농작물 조사, 해양 조사, 식물 조사, 재해 조사 등 민간에서도 자주 쓰인다.

 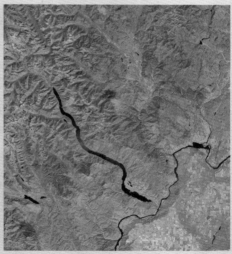

2014년 7~8월에 미국의 워싱턴 주에서 발생한 미국 사상 최대의 산불이었던 칼턴 콤플렉스의 위성 화상. 양쪽 다 멀티 스펙트럼 화상이지만, 왼쪽이 트루 컬러 화상, 오른쪽이 펄스 컬러 화상(붉은 부분이 산불로 인해 소실된 장소)이다.

※NIR = Near-InfraRed의 약자.　※SWIR = Short-Wavelength InfraRed의 약자.
※MWIR = Mid-Wavelength InfraRed의 약자.　※LWIR = Long-Wavelength InfraRed의 약자.
※TIR = Thermal InfraRed의 약자.　※FIR = Far InfraRed의 약자.　※MSI = MultiSpectral Image의 약자.

13. 정찰 위성의 화상 송신법

화상 전송 위성에 사용된 TV 송신 기술

●레이더 정찰 위성 라크로스

초기의 화상 전송 위성에는 TV 송신 기술이 사용되었다. 탑재된 화상 전송 장치는 촬상관(이미지 오시콘)을 사용한 것으로, 모노크롬 TV의 영상 송신과 같은 구조였다. 하지만, 아직 반도체 등이 발명되지 않은 시대였으므로 장치가 크고 복잡했으며, 화질도 좋지 않았다.

▼촬상관(이미지 오시콘)의 구조

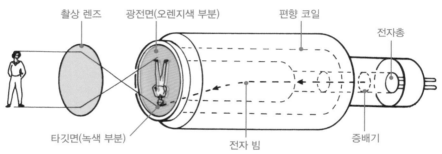

촬상 렌즈　　광전면(오렌지색 부분)　　편향 코일　　전자총

타깃면(녹색 부분)　　전자 빔　　증배기

촬상 렌즈로 광전면에 맺힌 상의 밝기에 맞춰, 광전면에서 타깃을 향해 전자가 날아간다. 전자로 인해 타깃에 맺힌 전자상을 전자총에서 발사된 빔이 쏘이면서 전자를 중화시키고, 나머지는 돌아간다. 돌아간 빔 수가 빛의 세기를 전하며, 편향 코일은 빔이 타깃을 주사(타깃 면의 뒤쪽을 왼쪽에서 오른쪽으로, 위에서 아래로 쏘인다)하기 위해 빔을 편향시키는 움직임을 취한다. 돌아온 빔은 증배기로 증폭되고, 연속된 전기 신호로 출력된다.

▼CCD 카메라

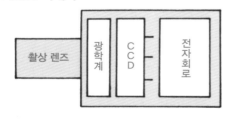

촬상 렌즈　　광학계　　CCD　　전자회로

카메라로 찍은 상을 전기 신호로 바꾸는 장치로 쓰이는 촬상관 대신 1970년대 초반에 나타난 것이 *개체 촬상 소자였다. 전자가 진공관의 전자 움직임을 이용하는 것에 비해, 후자는 반도체 내부의 전자 움직임을 이용한다. 개체 촬상 소자는 촬상관 같은 전자관과는 다르게 가볍고 소형화할 수 있었으며, 기계적으로도 튼튼하고 소비 전력도 적다는 이점이 있다. CCD(전하 결합 소자)로 대표되는 개체 촬상 소자는 초기에는 촬상관에 미치지 못했지만, 1980년대 반도체 기술이 크게 발전하면서 CCD를 통해 얻을 수 있는 화상은 사진에 지지 않을 정도로 높은 해상도를 지니게 되었다.

※개체 촬상 소자 = 다수의 광전 변환 소자(빛이 지닌 정보를 전기 신호로 변환하는 소자)를 모은 것으로, 반도체의 이미지 센서.
※CMOS = Complementary Metal Oxide Semiconductor의 약자. 상보성 금속 산화막 반도체를 이용한 개체 촬상 소자.

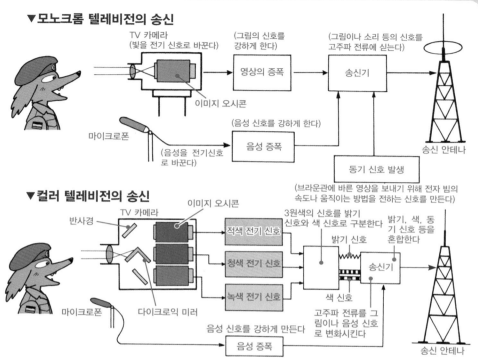

▼모노크롬 텔레비전의 송신

TV 카메라
(빛을 전기 신호로 바꾼다)

(그림의 신호를 강하게 한다)

(그림이나 소리 등의 신호를 고주파 전류에 싣는다)

영상의 증폭

송신기

이미지 오시콘

송신 안테나

마이크로폰

(음성을 전기신호로 바꾼다)

(음성 신호를 강하게 한다)

음성 증폭

동기 신호 발생

(브라운관에 바른 영상을 보내기 위해 전자 빔의 속도나 움직이는 방법을 전하는 신호를 만든다)

▼컬러 텔레비전의 송신

TV 카메라

반사경

이미지 오시콘

적색 전기 신호

청색 전기 신호

녹색 전기 신호

다이크로익 미러

마이크로폰

3원색의 신호를 밝기 신호와 색 신호로 구분한다

밝기 신호

색 신호

고주파 전류를 그림이나 음성 신호로 변화시킨다

밝기, 색, 동기 신호 등을 혼합한다

송신기

송신 안테나

음성 신호를 강하게 만든다

음성 증폭

TV 송신의 원리는 TV 카메라로 찍은 영상의 명암을 이미지 오시콘을 이용해 영상 전류(빛의 강약을 전류의 강약으로 바꾼 것. 그림을 바르게 송신하기 위한 신호)와 마이크로폰에서 전해지는 음성 신호와 함께 송신기에서 고주파에 실어 안테나를 이용해 송출하는 것이다. 컬러 텔레비전도 기본적으로는 모노크롬의 구조와 동일하지만, 좀 더 복잡하게 되어 있다. 카메라 렌즈를 통과한 상은 다이클록 미러를 거쳐 적·녹·청의 빛의 3원색으로 분해되며, 3개의 이미지 오시콘으로 각각의 색 화상을 밝기와 색 신호로 바꾼 후 송신기에서 하나로 만들어 송출한다.

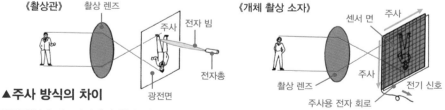

《촬상관》

촬상 렌즈

전자 빔

주사

전자총

광전면

《개체 촬상 소자》

센서 면

주사

촬상 렌즈

주사

전기 신호

주사용 전자 회로

▲주사 방식의 차이

광전면(실제로는 타깃면)에 촬상 렌즈를 통해 찍은 전자 상을, 전자총에서 발사된 전자 빔이 좌에서 우, 위에서 아래로 주사해 연속된 전기 신호로 바꾸는 것이 촬상관이다. 이에 비해 개체 촬상 소자는 화소가 되는 세밀한 수광 유닛(광전 변환 소자)를 늘어놓은 센서면에 촬상 렌즈로 상을 맺히게 하고, 빛의 세기를 각 수광 유닛이 감지해 발생하는 전자를 전기 신호로 읽어 들이는 방식이다. 각각의 수광 유닛을 구성하는 반도체 안에 발생한 전자는 어떤 전기 신호로 변환해 꺼내느냐에 따라(주사용 전자 회로가 수행한다) *CMOS와 CCD의 2개의 주사 방식이 있다. 당연하지만 화소가 되는 수광 유닛 수는 많을수록 찍혀 나오는 화상이 선명해진다.

14. 정찰 위성의 화상 촬영법

자세를 바꾸고 궤도를 바꿔 촬영 가능

실제로 운용되는 정찰 위성은 최고 기밀이며, 활동 내용은 물론이고 상세한 데이터도 정식으로는 발표되지 않았다. 예를 들어 미국의 사진 정찰 위성(또는 화

궤도상의 P점의 정찰 위성이 직하에 있는 A 점을 촬영하고, 다시금 궤도상을 한 바퀴 돌아 P점으로 돌아왔을 때 지상의 A점은 이미 직하가 아니다. 예를 들어 위성이 90분 만에 궤도를 일주한다고 하면, 지구는 그 동안 서쪽으로 *22.5도 움직이게 된다. 그렇게 때문에 기본적으로는 정찰 위성이 하루에 같은 지점을 똑바로 위에서 촬영할 수 있는 것은 *한 번 뿐이다. 1980년대 이후 발사된 정찰 위성은 상당히 자유롭게 자세 변경이 가능하게 되었다. 궤도 경사각(적도와 위성의 궤도가 이루는 각)의 변경도 가능하게 되었다.

▼적도와 지구의 자전

자전 방향
P
A
A'
지구
궤도

▼적도 경사각의 변경

궤도B
궤도A
궤도 경사각∠B
적도면
궤도경사각∠A

정찰 위성 중에서 최고의 해상도를 확보했던 것이 KH-8 갬빗으로, 고 정밀 정찰용 망원 카메라를 장비했다. 아제나 D 로켓을 이용한 버스로 궤도의 고도를 낮춰 목표를 촬영하고, 로켓을 점화해 다시 궤도 고도로 올라갈 수 있었다. 사진의 해상도는 15cm로 경이로울 만큼 높았다.

아제나D (버스)
망원 카메라 수납부
필름 수납 캡슐
망원 카메라
태양전지 패널
지구 센서
◀사진 정찰 위성 KH-8

※22.5도 = 지구는 약 24시간에 1회전하므로, 1시간에 15도 움직이는 것이 된다.
※한 번 뿐이다 = 다음에 촬영할 수 있는 것은 위성이 몇 바퀴 하는 동안 지구가 자전해 원래 위치와 다시 일치했을 때(그 동안에 걸리는 시간은 위성의 주기에 따라 다르다)가 된다. 주기가 90분인 위성이라면 24시간에 16바퀴를 돌아 지구의 자전과 일치하게 되므로, 24시간 후가 된다.

상 전송 정찰 위성)에 의해 촬영된 사진은 막대한 숫자일 테지만, 공개된 사진은 극히 일부이고 오래된 위성의 것들뿐이다. 성능이 알려져 버리기 때문에, 현재 사용하는 위성의 사진은 절대로 공개되지 않는다(설령 공개된다 해도 중요하지 않은 것들뿐이다). 따라서 정찰 위성에 관한 것은 현재 입수할 수 있는 단편적인 정보로 추측할 수밖에 없다.

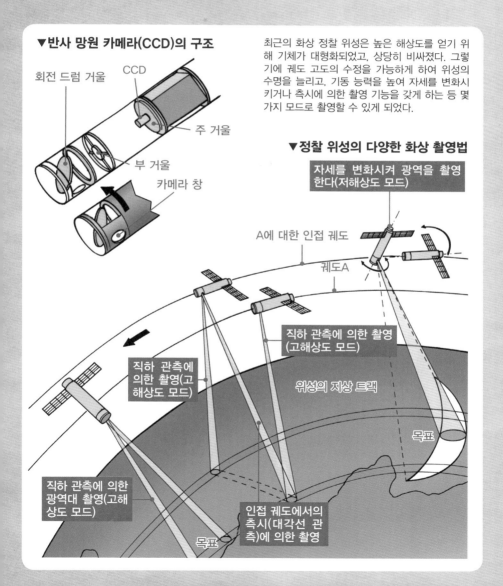

▼반사 망원 카메라(CCD)의 구조

회전 드럼 거울 · CCD · 주 거울 · 부 거울 · 카메라 창

최근의 화상 정찰 위성은 높은 해상도를 얻기 위해 기체가 대형화되었고, 상당히 비싸졌다. 그렇기에 궤도 고도의 수정을 가능하게 하여 위성의 수명을 늘리고, 기동 능력을 높여 자세를 변화시키거나 측시에 의한 촬영 기능을 갖게 하는 등 몇 가지 모드로 촬영할 수 있게 되었다.

▼정찰 위성의 다양한 화상 촬영법

자세를 변화시켜 광역을 촬영한다(저해상도 모드)

A에 대한 인접 궤도 · 궤도A · 직하 관측에 의한 촬영(고해상도 모드) · 위성의 지상 트랙 · 직하 관측에 의한 촬영(고해상도 모드) · 직하 관측에 의한 광역대 촬영(고해상도 모드) · 목표 · 인접 궤도에서의 측시(대각선 관측)에 의한 촬영 · 목표

15. 전자 정찰 위성(1)

「보는」것이 아니라 「듣는」 정찰 위성

제1장 스파이 장비

정보를 수집하기 위한 스파이 위성 중에서 사진 또는 화상 전송식 정찰 위성이 감시의 대상이 되는 나라의 시각 정보를 수집하는 것과 달리, 다양한 전파를 방수해 전자 정보(ELINT)를 모으는 것이 ELINT 위성이라 불리는 전자 정찰 위성이다.

레이더나 전자 기기가 발하는 전파를 방수해, 사용 주파수, 발신 패턴 등으로 정보나 성능을 분석하는 것은 상대국의 레이더 교란이나 기만을 위한 단서가 된다. 또한, 무선 방수(COMINT)는 직접 정보를 얻는 수단으로 유효하다.

1970년대에 발사된 미국의 전자 정찰 위성 라이오라이트는 최초의 본격적인 ELINT 위성이었다. 준극궤도에 올려진 이 위성은 구 소련의 신형 탄도 미사일이 발신하는 텔레메트리 신호를 방수해 기록, 미국이 보유한 지상국 상공에 왔을 때 기록한 데이터를 송신했다.

제2장 정보 수집 기재

탄도 미사일이 발신하는 텔레메트리 신호는 「*전파 창(radio window)」이라 불리는 1GHz~10GHz 주파수대의 전파를 사용한다. 이 주파수대의 전파는 우주 통신에도 자주 쓰이며, 이 전파 창을 파장으로 말하면 파장 30~3cm로 UFH에서 *SHF의 마이크로파에 해당한다. 이 파장대의 전파는 직진성이 높으며, 안테나로 송신했을 때 다른 전파

제3장 정찰기와 무인기

처럼 사이드 로브라는 형태의 횡방향으로 누수되는 전파가 적다. 그렇기 때문에 우주 통신에 적합하며, 높은 비닉성이 요구되는 군사 통신에도 자주 쓰인다. 그렇지만 아무리 직진성이 높다 해도 누수되는 전파가 없는 것은 아니었으며, 라이오라이트는 그 얼마 되지 않는 사이드 로브를 커다란 우산처럼 생긴 안테나(반사경식 안테나)로 캐치해 정보를 수집했다. 위성은 소형 전파 망원경 같은 구조로 되어 있으며, 고도의 지향성을 지닌 안테나를 장비하고 있어 메인 로브의 1/1000 에너지의 사이드 로브를 캐치할 수 있었다.

라이오라이트에 이어 발사된 것이 ELINT 위성 매그넘(중량 2.7톤, 메인 안테나의 직경이 150m나 되었다. 1985년부터 94년까지 4기가 스페이스 셔틀로 발사되었다)과 COMINT 위성 샬레(중량 1톤. 1975년부터 89년까지 5기가 발사되었다)이다.

1978~79년에 발생한 이란 혁명의 영향으로 지금까지 이란 영내에 있던 통신 방수 시설을 사용할 수 없게 되었기 때문에, 정지 궤도에 이러한 전자 정찰 위성을 띄워 소련 국내에서 새어나오는 전파를 방수했던 것이다. 그 후, 소련 붕괴의 영향 등도 있어 ELINT 위성, COMINT 위성의 구별이 사라지고, SIGINT 위성이라 총칭하게 되었다.

제4장 스파이 위성

※전파 창 = 1GHz~10GHz의 주파수 범위는 우주 잡음이 적고, 대기권에서 비나 공기 분자의 영향에 의한 전파 감쇠가 적기 때문에 이렇게 불렸다. ※SHF = Super High Frequency의 약자.

현재 미국의 SIGINT 위성은 1994년부터 97년까지 3기가 발사된 트럼펫 1, 2, 3과, 제식 명칭 NEMESIS1, 2(트럼펫 4, 5에 해당. 이것들은 *몰니야 궤도를 돌고 있으며, 옛날의 라이오라이트처럼 직경 150m에 달하는 거대한 전파 반사 안테나를 지녔다), 오리온(1995년부터 2010년까지 5기가 발사되어 정지 궤도상을 돈다) 등이 있다.

미국처럼 대규모로 본격적으로 시행하진 않았지만, 러시아(구 소련)는 복수(2~4기)의 주회 궤도 전자 정찰 위성을 저고도의 동일 궤도에 띄워 360도로 지구 전체를 커버하듯이 배치하여 통신 등을 방수하는 시스템을 취하고 있다. 또, 프랑스에서도 1990년 클레멘타인이라 불리는 전자 정찰 위성을 소련처럼 저궤도의 주회 궤도에 띄워 운용 중이며, 2001년에는 엘리사를 발사했다.

트럼펫 등의 SIGINT 위성을 쏘아올린 타이탄Ⅳ.

※몰니야 궤도 = 궤도 경사각 63.4도로, 공전 주기가 지구의 자전 주기의 절반인 타원 궤도. 러시아의 통신 위성 몰니야가 투입된 것이 최초이며, 고위도 지방을 장시간 관측할 수 있다는 이점이 있다.

16. 전자 정찰 위성(2)

정지 위성은 위성 궤도에서 멈춘 것이 아니다

ELINT 위성, COMINT 위성 둘 모두를 통칭하는 SIGINT 위성은 전부 정지 궤도 상에 올라 있다. 정지 궤도상에 전자 정찰 위성을 복수 설치하면 지구상의 여러 장소의 전파를 방수할 수 있기 때문이다.

정지 궤도상의 인공위성(*정지 위성)은 지상에서 보면 공중의 같은 위치에 정지해 있는 것처럼 보인다. 하지만 이것은 실제로 위성이 멈춰 있는 것이 아니고, 지구의 자전(약 24시간에 1회전)과 인공위성의 지구 주회(위성도 약 24시간 만에 지구를 1바퀴 돈다)가 동기화되었기 때문이다. 인공위성이 적도 상공 약 3만 6,000km에서 동쪽에서 서쪽으로 도는 원 궤도에 올라가면 주회 주기가 24시간이 된다.

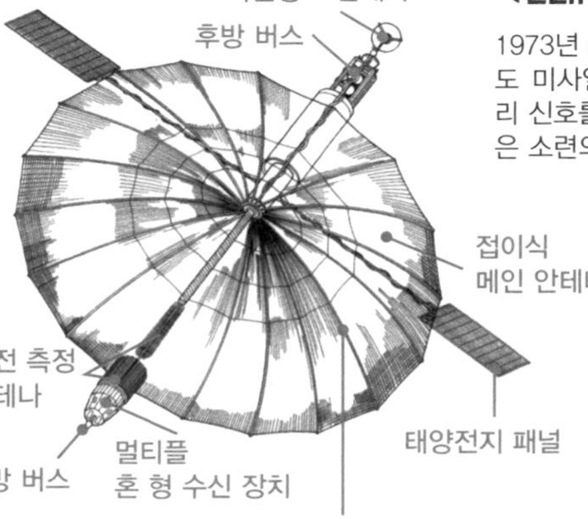

◀ELINT 위성 라이오라이트

1973년 5월에 발사된 라이오라이트는 소련의 신형 탄도 미사일 발사 실험 시 미사일이 발신하는 텔레메트리 신호를 방수, 미국 본토로 송신했다. 이로 인해 미국은 소련의 미사일 개발 상황을 알 수 있었다.

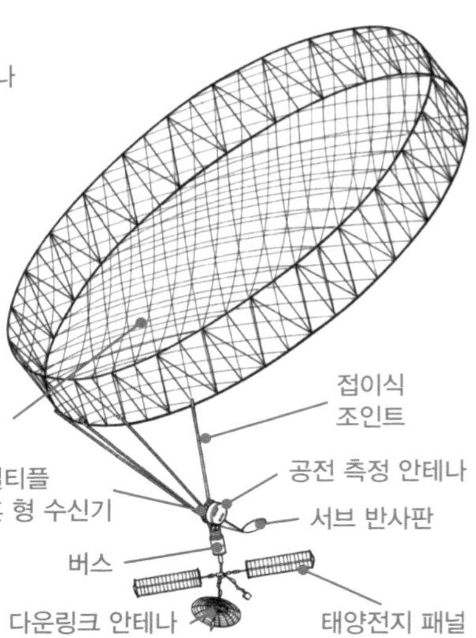

다운링크 안테나
후방 버스
접이식 메인 안테나
공전 측정 안테나
전방 버스
멀티플 혼 형 수신 장치
태양전지 패널
접이식 리브 조인트

메인 안테나
접이식 조인트
멀티플 혼 형 수신기
공전 측정 안테나
서브 반사판
버스
다운링크 안테나
태양전지 패널

SIGINT 위성 개량형 볼텍스▶

미국이 발사한 COMINT 위성 샬레(후에 SIGINT 위성으로 명칭이 볼텍스로 변경되었다)의 후계기가 된 위성.

※정지 위성 = 전자 정찰 위성과 같은 이유로, 기상 위성이나 방송 위성도 정지 위성이다. 현재는 정지 궤도에 거의 0.5도 간격으로 위성이 늘어서 있다고 한다.

Reconnaissance Satellite

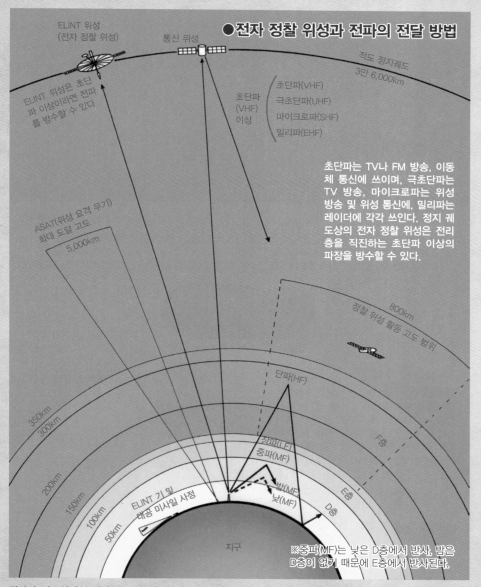

●전자 정찰 위성과 전파의 전달 방법

ELINT 위성
(전자 정찰 위성)

통신 위성

직도 정지궤도
3만 6,000km

ELINT 위성은 초단파 이상이라면 전파를 방수할 수 있다

초단파
(VHF)
이상

초단파(VHF)
극초단파(UHF)
마이크로파(SHF)
밀리파(EHF)

초단파는 TV나 FM 방송, 이동체 통신에 쓰이며, 극초단파는 TV 방송, 마이크로파는 위성 방송 및 위성 통신에, 밀리파는 레이더에 각각 쓰인다. 정지 궤도상의 전자 정찰 위성은 전리층을 직진하는 초단파 이상의 파장을 방수할 수 있다.

ASAT(위성 요격 무기)
최대 도달 고도
5,000km

800km

정찰 위성 활동 고도 범위

350km
300km

200km

150km

100km

50km

단파(HF)

장파(LF)
중파(MF)

밤(MF)
낮(MF)

F층

E층

D층

ELINT 기밀
태공 미사일 사정

지구

※중파(MF)는 낮은 D층에서 반사, 밤은 D층이 없기 때문에 E층에서 반사된다.

전파가 지표상에서 전달되는 방식은 주파수에 따라 다르며, *전리층의 상황에 따라서도 변한다. 전리층은 지표에서 고도 50~90km의 D층, 90~150km의 E층, 150~350km의 F층으로 나뉘며, 장파나 중파는 D층에서 반사되고, 단파는 F층에서 반사된다. 전파의 파장이 길수록 하층부에서 반사되고 만다. 이 때문에, 장파는 근거리 통신이나 선박·항공기 통신에 쓰이고, 중파는 AM 방송에 쓰인다. 비교적 F층의 높은 곳에서 반사되는 단파는 지표파보다도 멀리 지구 반대편까지 닿기 때문에 원거리 통신 및 단파 방송에 이용된다.

※전리층 = 지구 대기 상층부의 질소나 산소 등의 분자나 원자가 우주에서 오는 자외선이나 엑스선 등에 의해 전리(이온화)한 영역. 이 영역은 전파를 반사하는 성질을 지녔다(초단파 이상의 전파는 전리층을 뚫고 직진한다).

17. 레이더 정찰 위성(1)

합성 개구 레이더를 탑재한 정찰 위성

제1장 스파이 장비

SAR(합성 개구 레이더) 자체는 그다지 새로운 기술은 아니지만, 정찰 위성에 탑재하기 위해서는 분해능을 높여 보다 선명한 화상을 얻을 수 있게 해야만 했다. 당초 SAR은 정찰 위성에 쓸 수 있을 정도로 화질이 좋은 레이더 화상을 얻을 수는 없었기 때문에, 개발이 곤란했다. 하지만 역시 광학계 정찰 위성은 악천후 시 등에는 도움이 되지 않았기 때문에, 주야간의 차이나 날씨에 좌우되지 않고 지상의 화상을 얻을 수 있는 레이더 정찰 위성의 개발 필요성이 지속적으로 제기되고 있었다.

이런 요청의 실용화를 가능하게 한 것이

1970년대 후반부터 시작된 기술 혁신이었다. 밀리미터파를 발사해 반사 에코에 포함된 *도플러 편이의 변화를 이용하여, 지상의 인접한 목표를 구별하는 기술(도플러 빔 샤프닝)과 레이더 반사 정보를 고속 처리할 수 있는 컴퓨터로 인해 문제 해결의 가능성이 보였다. 그리고 1983년부터 본격적인 레이더 정찰 위성 개발이 시작된 것이다.

합성 개구 레이더는 자원 탐사 위성 등에도 탑재되어, 해면파나 지상의 정보를 레이더 화상으로 발신한다.

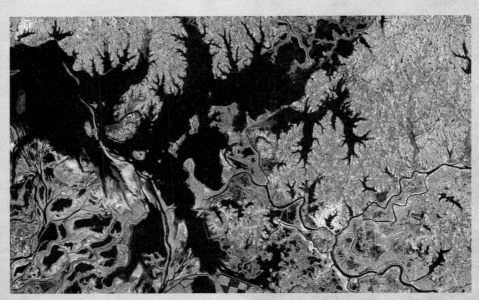

*ESA(유럽 우주 기구)가 발사한 지구 측정 위성 센티넬-1A가 찍은 합성 개구 레이더 화상. 장소는 중국 남부의 장시성 포양후. SAR은 광학 장비만으로는 얻을 수 없는 화상을 얻을 수 있었다.

●레이더 정찰 위성 라크로스

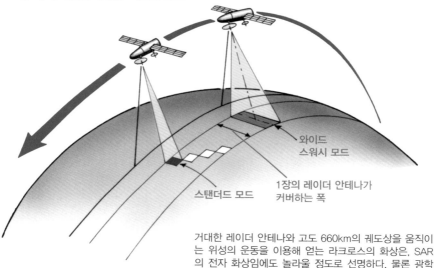

와이드
스워시 모드

1장의 레이더 안테나가
커버하는 폭

스탠더드 모드

거대한 레이더 안테나와 고도 660km의 궤도상을 움직이는 위성의 운동을 이용해 얻는 라크로스의 화상은, SAR의 전자 화상임에도 놀라울 정도로 선명하다. 물론 광학계를 이용한 정찰 위성에 비하면 화질이 떨어지기에 정밀 탐사에는 어울리지 않는다. 하지만 주야간이나 날씨에 좌우되지 않고 정찰이 가능하며, 발사하는 레이더 파의 빔 폭을 전환해 정찰 용도에 따른 다양한 화상 모드를 사용할 수 있다. 이러한 레이더 정찰 위성은 단독으로 운용하는 것이 아니라, 광학계 정찰 위성을 보완하듯이 사용되었다.

▼레이더 정찰 위성 (라크로스 원형)

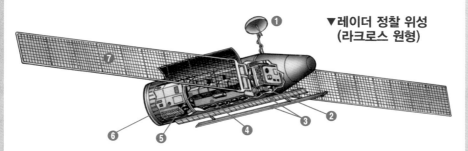

❶중계 위성용 파라볼라 안테나　❷디지털 빔 샤프닝 안테나
❸SAR 레이더 안테나　❹센서류(지구 센서, 고도계 등)
❺전자 장치　❻궤도 수정용 버스　❼태양전지

레이더로 얻은 화상을 컴퓨터로 더욱 명확한 전자 화상으로 만들어내는 기술을 응용한 것이 레이더 정찰위성이다. 미국 최초의 레이더 정찰 위성이 된 라크로스 1호기는 1988년 12월에 발사되었다. 그 후, 2005년까지 5기가 발사되었으며, 2013년 단계에서는 3기가 운용되고 있었다. 동체 전장 14.5m, 직경 4m, 동체 아래의 SAR 안테나는 폭 1m, 길이 14m로, 동체 축선에 따라 좌우로 1장씩 달려 있었다. 레이더의 분해능은 1m 정도라고 한다.

※도플러 편이의 변화 = 발사한 송신파는 지상의 다양한 물체에 닿아 반사되며, 반사되어 돌아온 반사파는 주파수가 변하는데, 바로 그 변화를 말한다.　※ESA = European Space Agency의 약자. 1975년 설립되었으며, 본부는 프랑스.

18. 레이더 정찰 위성(2)

합성 개구 레이더의 단점을 보완하는 기술

SAR(*합성 개구 레이더)가 탑재된 레이더 정찰 위성은 위성의 비행 방향(이동 방향)의 분해능을 높일 수 있지만, 비행 방향과 직교하는 방향의 분해능은 변하지 않는다. 직교하는 방향의 분해능을 높이기 위해서는 송수신파의 펄스 폭을 좁게 하면 되지만, 실제로는 펄스 압축 기술을 이용해 송신 전력이 크고, 펄스 폭이 좁아보이도록 만든 송수신파를 사용하고 있다. 합성 개구 레이더는 합성 개구 기술과 펄스 압축 기술을 이용해, 정밀한 화상을 얻을 수 있게 한 것이다.

위성에 탑재된 X밴드(9GHz대의 마이크로파)의 합성 개구 레이더의 화상.

●토파즈

*FIA(미래 이미지 구축)는 2000년대 초, 미국의 NRO(국립 정찰국)가 계획한 신세대 정찰 위성 개발 계획이었으나, 2005년에 취소되었다. 이 시점에서 광학 정찰 위성의 개발은 끝났으나, 진행 중이던 FIA 레이더 위성 프로그램은 보잉 사(社)가 독자적으로 개발을 추진, 실용화한 것이 FIA 레이더 토파즈(토파즈는 코드네임)이다. 합성 개구 레이더(주파수대는 불명이지만, 아마도 X 밴드나 C 밴드 등의 마이크로파를 사용)에 의해 지상을 정찰하는 위성으로, 분해능은 1m 미만이라고 한다. 당연하지만 자세한 사항은 기밀이다.

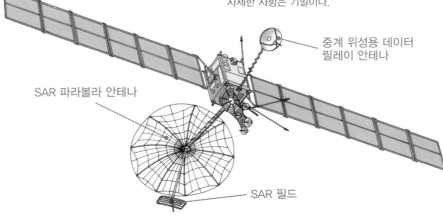

중계 위성용 데이터 릴레이 안테나

SAR 파라볼라 안테나

SAR 필드

※합성 개구 레이더 = 민간용 합성 개구 레이더 탑재 위성의 분해능은 상당히 높아, X 밴드를 사용해 1~16m 정도였다. 군용은 이것보다 훨씬 높을 것이니 보통 1m 미만으로 보고 있다.　※FIA = Future Imagery Architecture의 약자.

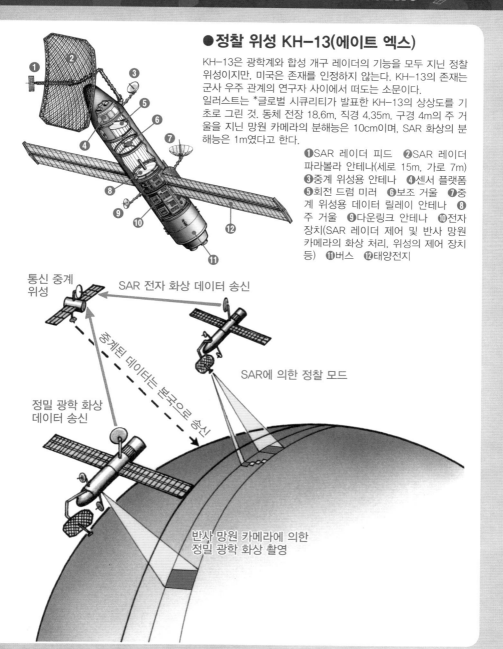

●정찰 위성 KH-13(에이트 엑스)

KH-13은 광학계와 합성 개구 레이더의 기능을 모두 지닌 정찰 위성이지만, 미국은 존재를 인정하지 않는다. KH-13의 존재는 군사 우주 관계의 연구자 사이에서 떠도는 소문이다.

일러스트는 *글로벌 시큐리티가 발표한 KH-13의 상상도를 기초로 그린 것. 동체 전장 18.6m, 직경 4.35m, 구경 4m의 주 거울을 지닌 망원 카메라의 분해능은 10cm이며, SAR 화상의 분해능은 1m였다고 한다.

❶SAR 레이더 피드 ❷SAR 레이더 파라볼라 안테나(세로 15m, 가로 7m) ❸중계 위성용 안테나 ❹센서 플랫폼 ❺회전 드럼 미러 ❻보조 거울 ❼중계 위성용 데이터 릴레이 안테나 ❽주 거울 ❾다운링크 안테나 ❿전자 장치(SAR 레이더 제어 및 반사 망원 카메라의 화상 처리, 위성의 제어 장치 등) ⓫버스 ⓬태양전지

통신 중계 위성

SAR 전자 화상 데이터 송신

중계된 데이터는 본국으로 송신

SAR에 의한 정찰 모드

정밀 광학 화상 데이터 송신

반사 망원 카메라에 의한 정밀 광학 화상 촬영

※글로벌 시큐리티 = 우주, 병기, 군사 기술 등에 관한 정보를 제공하는 싱크 탱크. 2000년 설립되었으며, 본부는 미국의 버지니아 주에 있다.

19. 조기 경계 위성

탄도 미사일 발사를 재빨리 탐지한다

제1장 스파이 장비

제2장 정보 수집 기재

제3장 정찰기와 무인기

제4장 스파이 위성

동서 냉전 시대, 소련이 발사하는 탄도 미사일—핵탄두를 장비한 ICBM(대륙간 탄도 미사일)이나 *SLBM(잠수함 발사 탄도 미사일) 등을 발사 직후에 탐지하기 위해, 미국이 개발한 조기 경계 위성이 *DSP(국방 지원 계획) 위성이다.

발사된 탄도 미사일은 상당히 높은 고도까지 *상승하기 때문에 지상에 설치된 레이더로는 탐지할 수 없다. 그래서 미사일의 로켓 엔진이 발하는 열(적외선)을 감지하는 장치를 인공위성에 탑재, 우주에서 감시하고 있으면 미사일 발사를 빠른 단계에 탐지할 수 있다는 것이 조기 경계 위성의 발상이었다(

이것은 발사 지점이 불명확하고 비상 거리가 짧은 SLBM에 특히 유효하다고 한다).

DSP 위성은 미사일의 적외선을 감지하기 위해 구경 91cm의 슈미트 망원 카메라(적외선 탐지 카메라)를 탑재했으며, 적도 정지 궤도(인도양 적도 상공 약 3만 6,000km의 원궤도) 또는 동기 궤도에 떠 있었다. 위성은 망원경 부분을 포함해 전장 10.3m, 기재를 탑재한 동체 부분의 직경이 2.74m, 중량이 920kg이었다(1990년대에 들어와 발사된 위성은 전장이 8.5m로 짧아졌으나, 중량은 상당히 증가했다).

궤도상의 위성은 궤도를 돌면서 스러스터

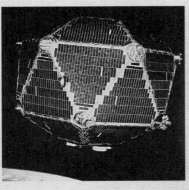

[좌] 조기 경계 위성과 비슷한 임무를 수행하는 위성으로 핵폭발 탐지 위성이 있다. 이것은 핵폭발 탐지 전문 위성으로, 핵폭발이 발하는 방사선과 전자파를 탐지하는 센서를 탑재하고 있다. 1963년 미국과 소련이 핵실험 금지 조약을 체결했는데, 그 조약 위반을 감시하기 위해 발사되었다. 일러스트는 미국의 핵폭발 탐지 위성 벨라. 고도 약 11만 km라는 높은 궤도에 발사되었으며, 동일 궤도상에 60도 간격으로 6기(2기 1조로 활동)의 위성이 늘어서 공중에서 핵폭발을 감시하고 있다.
[우] 1991년 걸프 전쟁에서, DSP 위성은 이라크 군이 발사한 스커드 미사일(탄도 미사일인 스커드B를 개조한 알 후세인 미사일)을 탐지, 경보를 내림과 동시에 발사 지점을 특정하는 임무에서 활약했다.

※SLBM = Submarine Launched Ballistic Missile의 약자. ※DSP = Defense Support Program의 약자.
※상승하기 때문에 지상에 설치된 레이더로는 탐지할 수 없다 = 탄도 미사일은 사정거리가 길고 비행 시간도 길기 때문에, 단파를 이용해 탐지거리가 긴 OTH(초수평선) 레이더 등으로 탐지하는 방법도 있지만, 이것만으로는 전부를 커버할 수 없다.

(추진 장치)를 이용해 궤도를 유지하며, 기체의 자세 안정은 위성 자체가 회전하며 제어한다. 이 때문에 위성은 스러스터의 연료를 모두 소비하면 폐기되며, 수명은 5~6년 정도로 간주되고 있다. 또, 궤도상의 위성으로 지구상을 빈틈없이 감시하려면 복수의 위성이 필요하다.

DSP 위성은 1970년 11월에 발사된 이후로, 2007년 11월까지 23기가 발사되었다. 그리고 DSP 위성과 교대하게 된 것이 2008년에 최초의 기체가 발사된 *SBIRS(우주 배치 적외선 시스템)이다. 이름 그대로 적대국이 발사한 탄도 미사일이 발하는 적외선을 식별 · 추적하고, 요격을 위한 정보를 수집하는 것이 임무. 계획은 DSP 위성 대신 고위도의 타원형 궤도와 정지 궤도에 합계 6기를 배치해 경계 · 감시하는 SBIRT-High와, 부스트 단계를 끝낸 탄도 미사일을 추적할 수 있도록 저궤도에 20기를 배치해 수색 · 추적하는 SBIRS-Low를 조합해 위성 네트워크를 구성하는 것이다. 현재 각각 2호기까지 발사되어 있지만, 예산이 대폭 증가하는 바람에 계획을 어디까지 실현할 수 있을지는 불명이다.
참고로 SBIRS-Low는 2000년 경에 브릴리언트 아이즈라는 명칭으로 계획되었던 조기 경계 위성이며, 아래의 일러스트는 그 개념도이다. 고도 1,850km의 주회 궤도상에 적외선 탐지 센서와 광학 센서를 탑재한 위성을 다수 배치해 탄도 미사일을 감시하려 했던 것. DSP 위성보다도 궤도 고도가 훨씬 낮은 것은 탐지 감도를 높이기 위해서였으나, 그 반대급부로 배치하는 위성의 숫자를 늘려야만 했다.

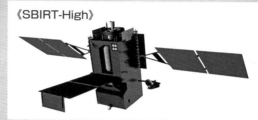

《SBIRT-High》

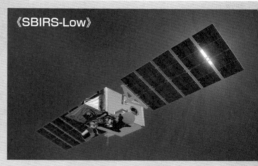

《SBIRS-Low》

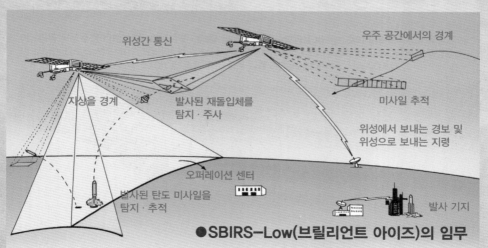

위성간 통신

우주 공간에서의 경계

지상을 경계

발사된 재돌입체를 탐지 · 주사

미사일 추적

위성에서 보내는 경보 및 위성으로 보내는 지령

오퍼레이션 센터

발사된 탄도 미사일을 탐지 · 추적

발사 기지

●SBIRS-Low(브릴리언트 아이즈)의 임무

※SBIRS = Space-Band InfraRed System의 약자.

20. GPS 위성

인공위성으로 자신의 위치를 알 수 있다

제1장 스파이 장비

제2장 정보 수집 기재

제3장 정찰기와 무인기

제4장 스파이 위성

*GPS(전 지구 위치 파악 시스템)은 GPS 위성(항법 위성 *내브스타)를 사용한 항법 시스템으로, 언제 어디서든 높은 정확도로 자신의 위치를 알 수 있다. 항법 데이터가 되는 신호를 발신하는 *약 30기의 GPS 위성은 고도 2만 200km의 위성 궤도상에 배치되며, 각 위성은 식별 신호, 우주 공간에서의 현재 위치, 원자시계에 의한 현재 시간 등의 정보를 계속해서 발신하는데, 이 중 4개의 위성에서 발신되는 정보를 GPS 수신기로 수신하면 이용자는 자신의 위치(위도·경도의 좌표, 현재 시간)를 알 수 있다.

1991년 걸프전에서 지형의 목표가 되는 지표가 아무것도 없는 사막이라 해도, 미국을 중심으로 하는 다국적군은 GPS를 이용해 자기 위치를 정확하게 파악하고, 종횡무진으

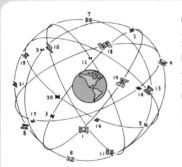

GPS 위성의 궤도에 대한 개념도. 궤도상에 배치된 GPS 위성과 각각의 위성을 컨트롤하는 제어국, 발신하는 신호 정보가 정확한지를 감시하는 모니터국으로 구성되어 있다. GPS 위성은 L 밴드의 1575.42MHz(L1)와 1227.6MHz(L2)의 주파수를 중심으로 신호(각 위성에 개별 코드가 할당되어 있다)를 발신하는데, 유사한 랜덤 코드로 변조된 *P 코드(정밀도 높음)와 *C/A 코드(정밀도 낮음)가 있다. P 코드는 군사용으로 정밀도가 높았으나, 민간에 개방되어 있는 C/A 코드는 2000년경까지는 고의로 오차 데이터를 추가해 일부러 정밀도를 낮춘 것이었다.

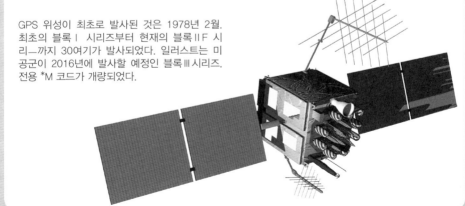

GPS 위성이 최초로 발사된 것은 1978년 2월. 최초의 블록Ⅰ 시리즈부터 현재의 블록ⅡF 시리즈까지 30여기가 발사되었다. 일러스트는 미 공군이 2016년에 발사할 예정인 블록Ⅲ 시리즈. 전용 *M 코드가 개량되었다.

※GPS = Global Positioning System의 약자. 지구상의 자신의 현재 위치를 측정하는 시스템으로, 전 지구 위치 파악 시스템이라고도 한다. ※내브스타 = NAVSTAR, NAVigation Satellite with Time And Ranging의 약자. ※약 30기의 GPS 위성 = 각각의 위성은 적도에서 55도 기울어진 궤도 경사각을 취하며, 12시간만에 지구를 한 바퀴 돌도록 배치되어 있다.

로 활약할 수 있었다. GPS를 사용하면 아군의 위치나 적 부대의 위치를 동일 좌표계의 지도에 리얼타임으로 표시하는 것도 가능하며, 이것은 작전 입안에 매우 큰 도움이 되었다.

현재는 항공기부터 포탄까지 GPS를 이용

하고 있으며, 자동차의 내비게이션을 시작으로 민간 생활에도 떼려야 뗄 수 없는 항법 장치가 되었다. GPS 위성은 *미국이 개발한 시스템으로, 현재 GPS 위성은 미 공군 제50 우주 항공단이 관리 · 운용한다.

●GPS의 원리

GPS 위성(X, Y, Z)

R: 위성으로 부터의 거리

P: 수신 위치

지구

Z

X

Y

(1) 위성의 위치 결정

위성의 위치(X, Y, Z)는 항법 정보에 포함된 궤도 데이터로 계산할 수 있다. 위성까지의 거리는 전파 속도 C와 반송 전파의 도달 시간를 이용해 구할 수 있다.

(2) 3개의 위성으로 결정되는 수신 위치

이 원리를 기초로, 1개의 수신기로 4기의 위성 정보를 수신하면 위치를 결정할 수 있다. 3기의 위성을 중심으로 하는 3개의 구면의 교차점의 위치(반경이 R1 = C · t1, R2 = C · t2, R3 = C · t3, C: 전파 속도, t: 각각의 위성에서 수신 위치까지의 도달 시간)가 수신기의 위치(수신점)가 된다.

반경 R1의 구
반경 R2의 구
위성1
위성2
거리R1
거리R2
위성3
거리R3
반경 R3의 구

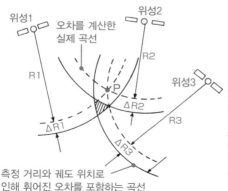

위성1
오차를 계산한 실제 곡선
위성2
R2
R1
ΔR2
P
위성3
ΔR1
R3
ΔR3

측정 거리와 궤도 위치로 인해 휘어진 오차를 포함하는 곡선

(3) 오프셋

그런데 위성의 표준 시간과 수신기 시계의 시간 차이(이것을 오프셋이라 한다)가 있기 때문에, 3기의 위성으로는 수신점이 일치하지 않는다. 차이를 보정해 진짜 위치를 결정하려면 3개의 위성으로는 불가능하기 때문에, 4번째 위성의 정보를 이용한다. 이것이 GPS에 의한 위치 결정에서 위성을 4기 사용하는 이유이다.

※미국이 개발한 시스템 = 러시아 판 GPS인 GLONASS나 EU판 GPS인 Galileo도 있다.
※P 코드 = Presision 또는 Protect code의 약자.   ※C/A 코드 = Coarse / Acquisition code의 약자.
※M 코드 = GPS 신호가 재밍(방해)받는다 해도 운용할 수 있는 송신 신호.

21. 구 소련의 인공위성

우주 개발의 선구자였던 소련의 위성

1957년 10월 *스푸트니크 1호 발사에 성공해 첫 번째 인공위성 발사 성공 국가로 인류 역사에 이름을 남긴 것은 소련(당시)이었다. 계속해서 발사된 스푸트니크 2호에는 우주견 라이카가 탑승했다. 소련의 로켓 기술은 착실하게 축적을 거듭했고, 계속해서 대형화한 스푸트니크 8호까지 발사되었다.

그리고 1961년 4월에는 *유리 가가린 소령이 탑승한 세계 최초의 유인 우주선 보스토크 1호가 발사되었고, 지구를 주회하는 궤도 비행에 성공했다(이때 「지구는 파랗다」라고 한 가가린의 말은 너무나도 유명하다).

이처럼 초기의 우주 개발에서 미국과 큰 격차를 벌렸던 소련이 최초로 발사했던 정찰 위성이 체니트2였다. 체니트1이 아닌 이유는 최초의 정찰 위성으로 계획되었던 체니트1(미국의 디스커버러와 비슷한 구조)이 정찰 위성의 존재도 숨겨야 하고 경제성도 고려해야 했기에 계획이 전면적으로 변경되었기 때문이다. 계획이 바뀌면서 처음부터 위성을 설계하는 것이 아니라 유인 우주선인 보스토크의 선체를 이용하기로 하고, 사진 정찰용 카메라를 특징적인 구형 캡슐 안에 탑재하게 되었다.

체니트2의 1호기는 1961년 12월에 튜타람(현재의 카자흐스탄 공화국의 *바이코누르 우주 기지)에서 발사되었으나, 궤도에 오르기 전에 실패하고 만다. 그 후, 체니트2는 개량을 거치면서 1967년까지 30기가 발사되었으며, 정찰위성으로서 만족스러운 성과를 얻을 수 있게 된 것은 11호기 이후의 일이었다.

인류 최초의 인공위성 스푸트니크 1호는 ICBM을 전용한 R-7 로켓으로 발사되었다. 직경 58cm의 구형이며 중량은 83.6kg. 4개의 안테나는 2.4m로, 20MHz와 40Mhz의 2 밴드 전파를 발신했다. 위성 궤도를 비상하는 「붉은 별」 때문에 미국은 공포에 떨었다.(스푸트니크 쇼크). 이것은 말하자면, 소련이 하늘에서 미국 본토를 핵공격할 수 있는 수단을 가진 것이나 다름없었기 때문이다. 미국의 최초의 인공위성 익스플로러 1호가 발사된 것은 약 4개월 후인 1월 31일이었다. 사진은 미국 국립 항공 우주 박물관에 전시되어 있는 스푸트니크 1호의 레플리카.

제1장 스파이 장비
제2장 정보 수집 기재
제3장 정찰기와 무인기
제4장 스파이 위성

Reconnaissance Satellite

이 정찰 위성의 능력은 초점거리 100mm의 망원 카메라 3대를 탑재해 폭 180km 범위에서 특정 목표의 촬영이 가능했으며, 해상도는 2~3m였다고 한다.

뒤를 이은 소련의 정찰 위성은 체니트2를 개량한 체니트4로, 사진 해상도를 올리기 위해 초점거리가 더 긴 카메라가 탑재되었다. 최종적으로 소련은 사진 정찰 위성을 제4세대에 해당하는 얀타까지 개발해 발사했다.

얀타는 유인우주선 소유즈의 기체를 이용한 것으로, 대형 망원 카메라(사진 해상도 75cm)와 광각 카메라(10m)를 탑재했다. 촬영된 필름은 미국의 사진 정찰 위성처럼 2개의 회수 캡슐에 수납해 투하하는 방식이었다. 1975년 1호기가 발사된 이후, 얀타는 1990년대 초까지 계속해서 발사되었으며, 포클랜드 분쟁 등 전 세계에서 일어난 전쟁 등을 감시했다.

소련은 1980년 이후 미국의 정찰 위성처럼 화상 전송 방식을 사용하는 정찰 위성을 쉽사리 개발하지 못하다가, 80년대 중반이 지났을 때에 비로소 비디오 식 CCD 카메라를 탑재한 위성을 사용하게 되었다. 그렇다고 해도 미국처럼 대구경의 망원 카메라를 탑재하기 위해 새로운 기체를 설계하고, 위성의 성능을 극한까지 끌어올린 것이 아니라, 그때까지의 정찰 위성처럼 유인 우주선 소유즈의 기체를 이용한 것이었다. 당연하게도 기기 크기(직경 2.15m의 캡슐)가 정해져 있었기 때문에, 대구경 망원 카메라는 탑재할 수 없었다.

특유의 범종 모양 선체가 특징인 소유즈 우주선. 사진 정찰 위성 얀타는 인간이 탑승하는 구형 캡슐 부분에 카메라를 탑재했다. 사진은 아폴로/소유즈 테스트 계획을 위해 개조한 소유즈 19호. 1975년 7월에 발사되었으며, 지구 주회 궤도에서 아폴로 우주선과의 도킹에 성공했다.

※스푸트니크 = 러시아 어로 「위성」을 뜻한다.   ※유리 가가린 = 인류 최초의 유인 우주 비행에 성공했지만, 소련에서는 그 이전에도 우주 비행을 한 인물이 있었던 모양이다(정치적인 이유로 기록이 봉인되어 있는 듯하다).   ※바이코누르 우주 기지 = 구 소련 시대부터 현재까지 러시아가 유인 우주선을 발사하는 장소. 실제 바이코누르는 튜라탐에서 500km 떨어진 곳에 있지만, 정확한 장소를 숨기기 위해 이 이름이 붙었다.

22. 일본의 인공위성

군사위성이 아닌 일본의 정보 수집 위성

제1장 스파이 장비

1998년 8월 북한이 강행한 미사일 발사 실험(대포동 1호의 발사)은 일본을 비롯한 주변국에 큰 위협을 주었다. 이 사건을 계기로 일본도 독자적인 정찰 능력을 획득하기 위해, 국산 정보 수집 위성 보유를 결정, 개발을 시작했다. 정보 수집 위성이라 불리는

것은 「군사 이용에 특화한 위성이 아니라, 재해 시의 대응이나 정책 결정을 위한 화상 정보를 수집하는 위성을 정찰 위성으로 이용한다」라고 되어 있기 때문이다(「우주 이용은 평화적인 목적으로 한정한다」라는 1969년의 중의원 결의에 얽매여 있기 때문이다).

●*IGS(정보 수집 위성)

▼IGS-R(레이더 위성)

SAR
(합성 개구 레이더)

SAR을 탑재한 레이더 위성 IGS-R은 합성 개구 레이더에 의해 구름을 통과하는 전파로 지표를 관측한다. 초기의 1호기는 분해능이 1~3m였지만, 현재는 약 1m 가까이까지 향상되었다고 한다(이 숫자가 사실이라면, 미국의 라크로스와 비슷한 수준의 분해능을 지닌 것이 된다). 2003년에 발사된 1호기부터 4호기 및 예비기를 포함해 총 5기가 발사되었다. 운용을 종료한 것과 발사에 실패한 것을 제외하고, 현재 3호기와 4호기가 실제 가동되고 있다.

▼IGS-O(광학 위성)

팬크로매틱 센서 및
멀티 스펙트럼 센서

IGS-O는 2003년에 발사된 1호기부터 5호기까지 있으며, 분해능은 초기 위성의 약 1m부터 최신형인 5호기에서는 40cm급(30cm급으로 취급하는 데이터도 있다)까지 향상되었다. 5호기에 탑재된 팬크로매틱 센서는 「다이치(*ALOS)」의 후계기 ALOS-3에 탑재된 *PRISM-2(팬크로매틱 입체시 센서)를 발전시킨 것이라고 한다. 또, 멀티 스펙트럼 센서는 가시역에서 적외선역까지 복수의 파장대를 관측하고, 인간의 눈으로는 볼 수 없는 화상 정보를 얻는다.

제2장 정보 수집 기재

제3장 정찰기와 무인기

제4장 스파이 위성

최초의 정보 수집 위성은 2003년 3월말에 발사되었다. 정보 수집 위성은 레이더 위성과 광학 위성을 2기 1조로 하여 2조(4기) 체제로 운용하도록 되어 있는데, 실제로 4기 체제가 정립된 것은 2013년의 일이었다.

위성은 고도 약 490km의 원 궤도(궤도 경사각 약 97.3도)를 돌며, 주회 주기는 24시간. 필요로 하는 타국의 정보를 입수하기 위한 감시는 하루에 한 번 시행한다.

●러시아 및 중국의 정찰 위성

러시아의 정찰 위성은 크게 체니트 시리즈와 얀타 시리즈로 구별할 수 있다. 얀타는 1970년대부터 개량을 거듭해 온 화상 정찰 위성으로, 최신 위성이 2005년에 발사된 코발트M, 그 후계기가 된 것이 2008년에 1호기가 발사된 페르소나(반사 망원식 광학 시스템을 지닌 전자 광학 위성)이다. 고도 750km의 궤도를 돌며 분해능 50cm였으나, 전기 계통이 고장을 일으켰다. 2013년에 2호기, 2015년에 3호기가 발사되었다. 러시아에는 화상 정찰 위성 외에도 체리나, 리아나 등의 신호 정보 위성이 있지만, 이것들은 상세한 사항이 불명이다.

그리고 최근에 우주 진출과 해양 진출이 두드러지는 중국도 정찰 위성을 다수 보유하고 있다. 특징적인 것은 적의 추적이나 대함 탄도 미사일 유도가 가능한 정찰 위성 개발을 목표로 하고 있다는 점인데, 중국이 인공위성으로 대함 탄도 미사일을 운용할 수 있게 된다면, 미국의 항모 타격 전단에도 커다란 위협이 될 것이다.

2015년 2월에 발사된 러시아의 바-M1. 1981년부터 2005년까지 운용되었던 얀타 1KFT의 후계 위성으로 개발된 전자 광학 위성으로, 정찰 위성이라기보다는 러시아 최초의 매핑 위성이다. 전자 광학 카메라 시스템 「카라트」를 탑재해, 팬크로매틱 센서 및 멀티 스펙트럼 센서로 광범위에 걸친 입체적 디지털 화상 정보나 복수의 파장대의 디지털 화상 정보를 수집하며, 화상 정보는 지상국으로 송신된다. 고도 약 700km의 원 궤도(궤도 경사각 98.3도의 태양 동기 궤도)를 주회한다.

※IGS = Information Gathering Satellite의 약자. 일러스트는 인터넷 상에 공개된 육지 관측 기술 위성 「다이치」등의 자료를 기초로 그린 상상도이다. ※팬크로매틱 센서 = 가시광역의 파장대로 관측하며, 전방, 직하, 하방의 3방향의 화상을 촬영할 수 있는 광학 센서. ※ALOS = Advanced Land Observing Satellite의 약자. 「에이로스」라 부른다. ※PRISM-2 = Panchromatic Remote-sensing Instrument for Stereo Mapping의 약자.

●주요 참고 문헌

「지혜의 싸움(知恵の戦い)」 L · 파라고 저, 일간 노동 통신사(日刊労動通信社) (아사히 소노라마 朝日スノラマ)

「세계사를 움직이는 스파이 위성(世界史を動かすスパイ衛星)」 제프리 T 첼슨, 에바타 켄스케(江畑謙介) 역 (코분샤 光文社)

「하늘의 스파이 전쟁(空のスパイ戦争)」 딕 판 델 아트, 에바타 켄스케(江畑謙介) 역 (코분샤 光文社)

「일러스트로 알아보는 하이테크 병기의 구조(イラステでよむハイテク兵器のしくみ)」 방위 기술 협회 편 (일간 공업신문사 日刊工業新聞社)

「기네스 스파이 북(ギネス スパイブック)」 마크 로이드, 오오이데 켄(大出健) 역(大日本繪畵)

「스파이 북(スパイ・ブック)」 H. 키스 멜튼, 후시미 이완(伏見威蕃) 역 (코분샤 光文社)

「첩보 전쟁(諜報戦争)」 리처드 S. 프리드먼 외, 오치아이 노부히코(落合信彦) 역 (코분샤 光文社)

「언더그라운드 웨폰(アンダーグラウンド・ウェポン)」 토코이 마사미(床井雅美) (일본 출판사 日本出版社)

「암호의 모든 것을 알 수 있는 책(暗号のすべてがわかる本)」 스이타 토시아키(吹田智章) (기술평론사 技術評論社)

「리모트 센싱을 위한 합성 개구 레이더의 기초(リモートセンシングのための合成開口レーダの基礎)」 오오우치 카즈오(大内和夫) (도쿄 전기 대학 출판국 東京電氣大學出版局)

「하늘에서 지하를 탐험하려면(空から地下を探るには?)」 니시오 모토미츠(西尾元充) (치쿠마 쇼보 筑摩書房)

「인공위성(人工衛星)」 나가이 유(永井裕) (덴키쇼인 電氣書院)

「사진 렌즈의 기초와 발전(寫眞レンズの基礎と發展)」 오구라 토시노부(小倉敏布), (아사히 소노라마 朝日スノラマ)

「도해 렌즈를 알 수 있는 책(圖解 レンズがわかる本)」 나가타 신이치(永田信一) (일본 실업 출판사 日本實業出版社)

「스펙트럼 확산 통신(スペクトラム擴散通信)」 야마우치 유키지(山内雪路) (도쿄 전기 대학 출판국 東京電氣大學出版局)

「무선기기 시스템(無線器機システム)」 하기노 요시조(萩野芳造) · 코타키 쿠니오(小滝国雄) (도쿄 전기 대학 출판국 東京電氣大學出版局)

「알기 쉬운 디지털 무선(やさしいデジタル無線)」 타나카 료이치(田中良一) · 나카야마 히로시(中山浩) (전기 통신 협회 電氣通信協會)

「첫 번째 데이터 통신(はじめてのデータ通信)」 나카무라 마츠오(中村松夫) (덴키쇼인 電氣書院)

「입문 전파 응용(入門電波應用)」 후지모토 쿄헤이(藤本京平) (공립 출판 주식회사 共立出版株式會社)

「통신 기술(通信技術)」 마사다 에이스케(正田英介) 감수 · 요시나가 쥰(吉永淳) 엮음 (오옴 사 オーム社)

「위성 통신 입문(衛星通信入門)」 노사카 쿠니지(野坂邦史) · 무라타니 타쿠로(村谷拓郎) (오옴 사 オーム社)

「통신의 구조(通信のしくみ)」 이노우에 노부오(井上伸雄) (일본 실업 출판국 日本實業出版局)

「도해 전파의 구조(圖解 電波のしくみ)」 타코니시 킨지(谷腰欣司) (일본 실업 출판국 日本實業出版局)

「도해 잡학 전자회로(圖解雜學 電子回路)」 후쿠다 츠토무(福田務) · 타나카 요이치로(田中洋一郎) (나츠메샤 ナツメ社)

「도해 잡학 통신의 구조(圖解雜學 通信のしくみ)」 코바야시 나오유키(小林直行) (나츠메샤 ナツメ社)

「CCD 카메라 기술 입문(CCDカメラ技術入門)」 타케무라 야스오(竹村裕夫) (코로나샤 コロナ社)

「통신망(通信網)」 요코이 미츠루(横井滿) (코로나샤 コロナ社)

「이야기 · 컬러 화상 처리(お話・カラー畵像處理)」 코우 하쿠테츠(洪博哲) (CQ 출판사 CQ出版社)

「지금부터 시작하는 패킷 통신(いまから始めるパケット通信)」 COCOS-NET 편저 (CQ 출판사 CQ出版社)

「천체 망원경 입문(天體望遠鏡入門)」 타나카 치아키(田中千秋) (릿푸쇼보 立風書房)

「성좌와 망원경(星座と望遠鏡)」 마에하라 히데오(前原英夫) (마루젠 丸善)

「군사 연구(軍事研究)」 각호 (재팬 밀리터리 리뷰 ジャパン・ミリタリー・レビュー)

「군사 연구 별책 월드 인텔리전스 Vol.1 미국 정보기관의 전모(軍事研究別冊ワールド・インテリジェンス Vol.1 アメリカ情報機關の全貌)」 (재팬 밀리터리 리뷰 ジャパン・ミリタリー・レビュー)

"ELECTRONIC WARFARE" Doug Richardson (SALAMANDER)

"OSS Special Weapons & Equipment" H.Keith Melton (STERLING)

"SECRET WAR" Karen Farrington (BLITZ EDITIONS)

"TECHNOLOTGY IN WAR" Kenneth Macksey (ARMS AND ARMOUR PRESS)

●참고 웹사이트

U.S.ARMY, U.S.NAVY, U.S.AIR FORCE, US DOD, NASA, 육상 자위대, 항공 자위대, 해상 자위대, CIA, NSA, SIS, JAXA, BOEING, LOCKHEED MARTIN, Teledyne Ryan, BAE SYSTEMS, RAYTHEON, FAS, TASS, General Atomics, Israeli Aircraft Industries, Oerlikon, Lockhedd, Canadair, Raytheon, Boeing, Martin Marietta

●사진 제공 및 협조

U.S.ARMY, U.S.NAVY, U.S.AIR FORCE, US DOD, NASA, DARPA, CIA, NSA, National Archives, CIA MUSEUM, 육상 자위대, 항공 자위대, 해상 자위대

사카모토 아키라(坂本 明)

나가노 현 출신. 도쿄 이과 대학 졸업. 잡지 「항공 팬(航空ファン)」 편집부를 거쳐, 프리랜서 라이터&일러스트레이터로 활약. 메카닉과 테크놀로지에 조예가 깊으며, 일러스트를 구사하는 비주얼 해설로 수많은 밀리터리 팬의 지지를 받고 있다. 저서로 「최강 세계의 군용기 도감(最強 世界の軍用機圖鑑)」, 「최강 세계의 전투 함정 도감(最強 世界の戰鬪艦艇圖鑑)」, 「최강 세계의 특수 부대 도감(最強 世界の特殊部隊圖鑑)」, 「최강 세계의 미사일 로켓 병기 도감(最強 世界のミサイル · ロケット兵器圖鑑)」,(가쿠엔 플러스 學研プラス), 「대 테러 · 대 범죄 시큐리티 시스템(對テロ · 對犯罪セキュリティ · システム)」, 「밀리터리 유니폼 대도감(ミリタリーユニフォーム大圖鑑)」(분린도 文林堂), 「싸우는 제복(戰う制服)」(나미키 쇼보 並木書房) 등 다수. 최근에는 「워즈 오브 재팬 일본의 전투와 전쟁(ウォーズ · オブ · ジャパン 日本のいくさと戰爭)」,(카이세이샤 偕成社)에서 기마 무사나 화승총의 일러스트를 담당하는 등, 새로운 장르에도 적극적으로 참가하고 있다.

도해 첩보·정찰 장비

초판 1쇄 인쇄 2016년 12월 20일
초판 1쇄 발행 2016년 12월 25일

저자 : 사카모토 아키라
번역 : 문성호

펴낸이 : 이동섭
편집 : 이민규, 오세찬, 서찬웅
디자인 : 조세연, 이은영, 백승주
영업 · 마케팅 : 송정환
e-BOOK : 홍인표, 안진우, 김영빈
관리 : 이윤미

㈜에이케이커뮤니케이션즈
등록 1996년 7월 9일(제302-1996-00026호)
주소 : 04002 서울 마포구 동교로 17안길 28, 2층
TEL : 02-702-7963~5 FAX : 02-702-7988
http://www.amusementkorea.co.kr

ISBN 979-11-274-0371-3 03390

Sailkyou Sekai no Supaisoubi · Teisatsuheiki Zukan
© Akira Sakamoto 2015
First published in Japan 2015 by Gakken Plus Co., Ltd., Tokyo
Korean translation rights arranged with Gakken Plus Co., Ltd.,
through The English Agency (Japan) Ltd. and Danny Hong Agency

이 책의 한국어판 저작권은 일본 Gakken과의 독점계약으로
㈜에이케이커뮤니케이션즈에 있습니다.
저작권법에 의해 한국 내에서 보호를 받는 저작물이므로 무단전재와 무단복제를 금합니다.

이 도서의 국립중앙도서관 출판예정도서목록(CIP)은
서지정보유통지원시스템 홈페이지(http://seoji.nl.go.kr)와
국가자료공동목록시스템(http://www.nl.go.kr/kolisnet)에서 이용하실 수 있습니다.
(CIP제어번호: CIP2016027746)

*잘못된 책은 구입한 곳에서 무료로 바꿔드립니다.